기초유체역학

홍영호 저

화수목

머리말

유체역학에 대한 수업을 하면서 느낀 점은 유체역학이 어렵다고 하는 학습자들의 생각을 들어 보면 유체역학 자체가 어려운 것이 아니라 유체의 변화 현상을 설명하는데 사용되는 여러 가지 물리적인 특성에 대한 이해가 어렵기 때문이 아닌가 하는 생각이 들었다.

그런 이유로 유체역학을 쉽게 설명하고 유체역학에 대한 기초가 전혀 없는 학생들에게도 쉽게 접근할 수 있는 내용으로 학습할 수 있게 하는 방법에 대한 고민을 하게 된다. 이런 생각으로 학습자들에게 조금이나마 도움이 되었으면 하는 마음으로 유체역학 관련 도서가 많이 있음에도 불구하고 학생들이 보기 쉽게 책을 하나 쓰면 어떨까 하는 생각으로 이 책의 출간이 시작되었다.

유체역학을 전공하는 학습자들이 배워야 하는 분야는 정상상태에서 정지하고 있는 유체에 대한 특성부터 비정상 상태에서 이동하는 유체의 특성까지 다루어야 할 분야가 참 많다. 그러나 이 책은 유체역학의 가장 기초가 되는 부분을 중심으로 하여 유체역학을 전공 분야를 학습하는데 필요한 도구로 활용할 수 있도록 하기 위하여 유체의 현상에 대한 기초적인 내용을 중심으로 구성하였다.

이 책은 유체역학에 대한 정의와 유체의 물리적 특성에 대한 내용을 먼저 이해할 수 있도록 하였다. 유체에 대한 기본적인 물성을 바탕으로 유체와 관련된 힘 그리고 흐름형태에 대한 현상을 설명하였다. 더불어 정지 및 이동하는 유체에 대한 특성 및 마찰손실에 대한 내용을 통해 유체의 흐름현상에 대한 이해를 하는데 도움이 될 수 있게 하였다.

나름대로 학습자들에게 유체역학에 대한 이해를 쉽게 할 수 있게 하려고 노력하였으나 미진하고 부족한 부분이 있을 것이다. 책을 쓰고 나면 항상 아쉬움과 부족함이 남는다. 이후에도 계속해서 많은 분들의 지적을 겸허하게 참고 하여 아쉬움과 부족함을 채우려고 하겠다. 끝으로 이 책을 출판하는데 수고와 협조를 아끼지 않으신 도서출판 화수목 사장님과 편집 및 교정에 수고하신 편집부 직원 분께도 감사를 드립니다.

Chapter 01 유체역학

Chapter 02 유체의 물리적 특성

Chapter 03 유체역학에서의 힘

Chapter 04 유체의 속도 및 흐름 형태

Chapter 09 • 유량의 측정

제 1 장 유체역학

01 유체역학

유체역학(流體力學, fluid mechanics)이란 유체(액체와 기체)의 운동에 대해서 연구하는 학문이다. 정지상태에 있는 유체에 대해 연구하는 유체 정역학, 운동 중에 있는 유체에 대해 연구하는 유체 동역학으로 나뉜다. 또는 유체에 따라서 액체일 때는 수리학, 기체일 때는 기체역학으로 분류하기도 한다.

유체역학이란 움직이거나 정지상태에 있는 유체 및 이들 유체가 다른 고체나 유체와의 경계에 미치는 영향 등에 관한 학문으로서 역학의 기본법칙(질량, 운동량, 각운동량, 에너지, 엔트로피, 상태방정식 등)을 따르며 이론적으로 대부분 해결 가능 상태에 있다.

1 유체의 정의

유체역학 관점에서 모든 물체는 고체와 유체로 나누어진다. 유체와 고체의 차이는 전단력(Tangential Stress)에 대해서 고체는 정적 변형을 일으키나 유체는 아무리 작은 힘이라 할지라도 유체 내 전단력이 작용하는 한은 계속해서 변형이 일어나는 것이다. 따라서 『유체가 정지상태에 있다는 것은 전단응력(Shear Stress)이 0이다.』라고 할 수 있다.

유체는 기체와 액체로 나눌 수 있는 데 액체는 응집력이 강하여 자체의 체적을 가지며 중력장에서 자유평면을 유지하며 기체는 응집력이 약해서 일정한 체적을 갖지 못하여 구속 벽이 없는 한 한없이 팽창한다. 물론 콜로이드와 슬러리 등은 어느 정도의 전단응력(Shear Stress)에서는 고체처럼 견디나 일정수준 이상에서는 액체와 같다. 이상적인 흐름에서는 액체와 고체가 상존하며 임계점 이상에서는 기체와 액체의 구별이 불분명하기도 한다.

핵심 체크 유체로서 액체와 기체의 특징

- 액체는 응집력이 강하여 자체의 체적을 가지며 중력장에서 자유평면을 유지.
- 기체는 응집력이 약해서 일정한 체적을 갖지 못하여 구속 벽이 없는 한 팽창.

1.1 유체란

유체는 흐르는 물질로 외부에서 가해지는 힘인 압축이나 인장력에 의해 고체와 같은 탄성을 가지고, 형상이 정해지지 않아 변형이 쉽고 자유롭게 흐를 수 있는 액체와 기체를 총칭하는 말이다. 유체는 **유동적**이라는 의미도 함께 가진다.

핵심 체크 유체란

유체란 연속성을 가지며 형상이 정해지지 않아 변형이 쉽고 자유롭게 흐를 수 있는 액체와 기체로 외부의 힘에 의해 쉽게 변형이 되는 물질을 의미한다.

유체가 흐르는 공간에서 주어진 어느 순간에 주위의 유체입자들을 연결하면 그 순간에 이들은 선(Line)을 이루게 된다. 각 순간마다 선을 연속적으로 이으면 연속순간에서 유체가 변형되는 모습을 알 수 있다. 그림 1-1은 이러한 유체들의 흐름 경로를 나타낸 것이다. 유체의 흐름 경로는 유직선, 유맥선 그리고 유선의 개념을 이용해서 설명할 수 있다.

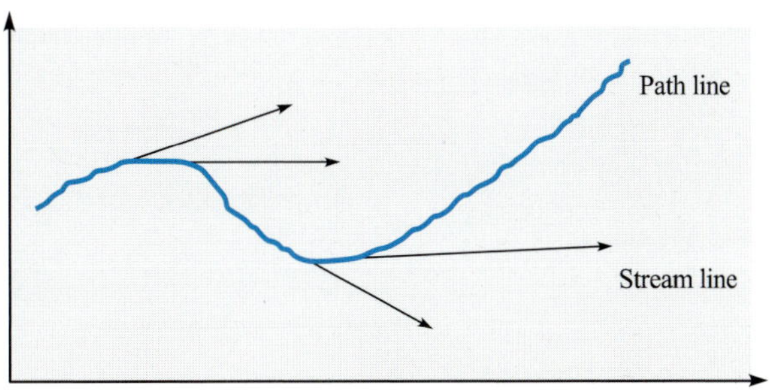

그림 1-1. 유체의 흐름 경로

① 유직선

유직선(Path line)은 운동하는 유체입자 하나에 의해 그려진 경로를 말한다. 이를 관찰하기 위해 물감을 들인 입자인 추적자(tracer)나 카메라의 노출을 장시간 시키면 관찰할 수 있다.

② 유맥선

유맥선(Streak line)은 공간 내 한 점에 초점을 맞추고 그 지점을 지나는 모든 유체입자를 확인하여 이들 입자를 결합시킨 선이다.

③ 유선

유선(Stream line)은 유동장내 모든 지점에서 어느 순간 유동방향에 접선이 되도록 유동장에 그려진 선으로, 유동장내 모든 점에서 속도벡터에 접하기 때문에 유선을 지나는 유동은 없다. 정상유동에서 각 지점에서의 속도는 시간에 대해 일정하므로 유선도 한 순간에서 다음 순간으로 이동할 때 변하지 않는다. 이것은 주어진 유선에 위치한 입자는 같은 유선 위에 남아 있음을 뜻하며, 공간에 고정된 지점을 지나는 연속적인 입자들도 같은 유선에 있다. 즉 정상유동에서 유직선(Path line), 유맥선(Streak line), 유선(Stream line)은 동일하다.

핵심 체크 유체의 흐름 경로

(1) 유선(stream line)은 유동장의 한 선상의 모든 점에서 그은 접선이 그 점에서 속도방향과 일치되는 선을 의미한다. 유선은 유동장 내에서 속도벡터의 방향과 일치하게 그려진 가상의 곡선을 의미한다.

(2) 유직선(path line)은 유체입자가 일정한 기간 내에 움직인 경로를 의미한다. 즉 하나의 유체입자가 일정기간 동안에 움직인 경로이다.

(3) 유맥선(streak line)은 모든 유체입자의 순간적인 부피를 의미한다. 즉, 모든 유체입자의 순간적인 궤적이다.

핵심 체크 정상유동에서 유체의 흐름 경로

정상유동에서 유직선(Path line), 유맥선(Streak line), 유선(Stream line)은 동일하다.

1.2 유체의 특징

유체는 변형이 되기 쉬우며, 고체가 아닌 물질, 즉 일반적으로 액체와 기체 상태로 존재하는 물질이다. 이러한 유체는 외부로부터 작은 힘이 가해지면 연속적인 변형이 생긴다.

그림에서 보는 바와 같이 외부로부터 유체 단면에 가해지는 힘은 크게 2가지 종류가 있다. 힘이 가해지는 방향은 수직 방향 및 수평 방향으로 가해진다. 그림 1-2에서 보는 바와 같이 유체에 수직 방향으로 가해지는 힘은 중력의 작용에 의한 압력과 그 크기가 같다. 그러나 그림 1-3에서와 같이 수평 방향으로 가해지는 힘은 유체의 특성 중에서 유체의 점도에 따라 그 크기가 결정되는 힘으로 전단응력이라고 불리는 힘이 작용하게 된다.

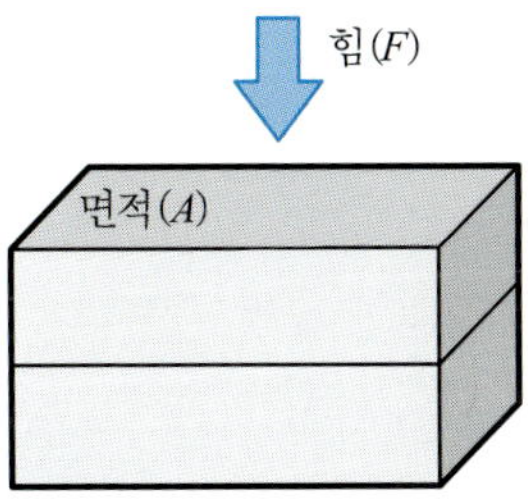

그림 1-2. **수직 방향의 힘**

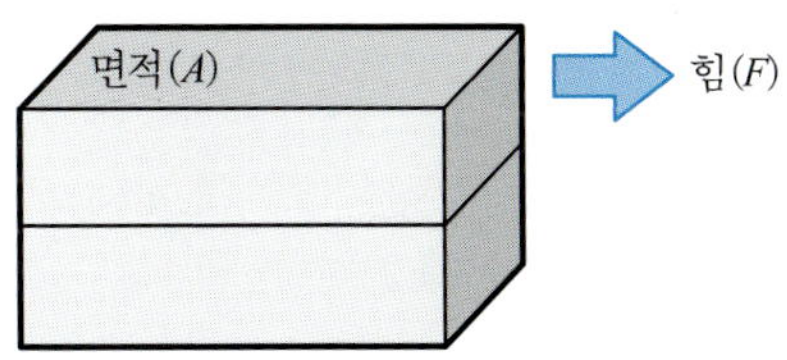

그림 1-3. **수평 방향의 힘**

유체가 정지상태에 있을 경우에 작용하는 힘을 수직응력이라 하고, 유체가 흐르는 상태에서 작용하는 힘은 전단응력으로 유체에 작용하는 이 두 가지 힘은 유체의 특성을 결정하는 중요한 요소이다.

핵심 체크 압력

압력은 단위면적(A)당 작용하는 힘(F)으로 정의 된다.

2 유체의 분류

2.1 압축성의 고려 유무에 따른 분류

모든 유체는 압축이 되므로 해석조건에 따라 압축을 고려하는 지 또는 무시하는 지에 따른 분류로 분류 체계는 다음의 2가지로 대별된다.

① **압축성 유체** : 외부에서 힘이 가해지면 압축이 되는 유체를 압축성 유체라 한다. 즉 압력에 따라 체적, 온도, 밀도 등이 변하는 유체로 일반적으로 기체가 여기에 속한다.

② **비압축성 유체** : 압축이 되지 않는 다고 가정한 유체로 압력에 관계없이 체적, 온도, 밀도 등이 일정하다고 전제하는 유체로 일반적으로 액체나 저속흐름의 기체가 여기에 속한다.

핵심체크 압축성 유체와 비압축성 유체

㉠ 압축성 유체 : 압력에 따라 체적, 온도, 밀도 등이 변하는 유체
㉡ 비압축성 유체 : 압력에 관계없이 체적, 온도, 밀도 등이 일정한 유체

2.1.1. 체적탄성계수, $K[\mathrm{N/m^2},\ \mathrm{Pa}]$

그림 1-4에서 보는 바와 같이 압력 P이고 부피가 V인 유체에 외부에서 압력을 ΔP만큼 증가시켜 $P+\Delta P$의 압력이 가해질 때 부피는 ΔV만큼 감소하여 $V-\Delta V$가 되는 경우, 가해지는 압력이 증가하게 되면 유체의 부피는 감소하여 압력변화와 부피변화는 반비례의 관계를 갖는다. 즉, 부피가 감소하는 만큼 압력은 증가하는 결과를 보여준다.

처음에는 유체의 부피가 V에서 가해진 압력 ΔP에 의해 기체의 부피가 $V-\Delta V$로 변화하여 실제로 유체는 ΔV만큼 부피의 감소를 가져온다. 이러한 관계를 $\dfrac{\Delta P}{\Delta V/V}$의 관계로 나타낼 수 있는 데 이것을 체적탄성계수(bulk modulus)라 하며 다음과 같이 나타낸다.

$$K=\frac{\Delta P}{\Delta V/V}=V\frac{\Delta P}{\Delta V}[\mathrm{N/m^2},\ \mathrm{Pa}] \qquad (1\text{-}1)$$

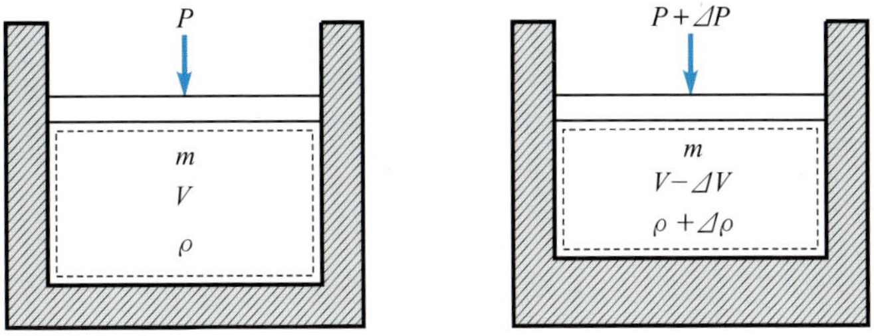

그림 1-4. 외부 압력변화에 의한 부피 변화

핵심 체크 체적탄성계수

체적탄성계수(K)는 유체를 어떤 압력으로 누를 때 이를 떠받치는 힘의 크기를 의미하며, 체적탄성계수가 클수록 압축하기가 힘들다는 것을 의미한다.

$$K = \frac{\Delta P}{\Delta V / V}[\mathrm{N/m^2,\ Pa}]$$

유체의 체적탄성계수(bulk modulus)는 $K = \frac{1}{\beta} = V\frac{\Delta P}{\Delta V} = -V\frac{dP}{dV}$로 나타내고, 단위는 $\mathrm{N/m^2}$이다. 기체의 경우 등온변화 시 체적탄성계수(K)는 $P_2 = P_1 \times \frac{V_1}{V_2}$와 같다.

예제 1-1

압축된 상태로 존재하는 액체가 압력이 $500\ \mathrm{kg_f/cm^2}$에서는 $0.25\ \mathrm{m^3}$의 체적 값을 보이고, 압력이 $750\ \mathrm{kg_f/cm^2}$에서는 $0.245\ \mathrm{m^3}$의 체적 값을 가진다. 이 액체의 체적탄성계수는 몇 $[\mathrm{kg_f/cm^2}]$인가?

풀이 체적 탄성 계수와 압력의 관계 $K = \frac{\Delta P}{\Delta V / V} = V\frac{\Delta P}{\Delta V}$ 로부터

주어진 조건으로부터 $\Delta P = 750[\mathrm{kg_f/cm^2}] - 500[\mathrm{kg_f/cm^2}] = 250[\mathrm{kg_f/cm^2}]$

$\Delta V = 0.25[\mathrm{m^3}] - 0.245[\mathrm{m^3}] = 0.005[\mathrm{m^3}]$, $V = 0.25[\mathrm{m^3}]$이다. 따라서

$$K = \frac{\Delta P}{\Delta V / V} = 0.25[\mathrm{m^3}] \times \frac{250[\mathrm{kg_f/cm^2}]}{0.005\ \mathrm{m^3}} = 1.25 \times 10^4[\mathrm{kg_f/m^2}]$$

2.1.2. 압축률, $\beta[\mathrm{m^2/N,\ Pa^{-1}}]$

그림 1-4에서와 같이 외부에서 P라는 압력이 가해졌을 때 유체의 부피는 V에서 $V - \Delta V$로 감소하는 경우, 이때 가해진 압력(P)과 변화된 부피($V - \Delta V$)와의 관계

를 **압축률**(compressibility)로 나타낸다.

유체역학에서 가장 많이 사용되는 물의 경우 압력변화에 따른 압축률의 관계를 그림 1-5에 나타내었다.

그림에서 살펴보면 물의 압축률은 온도와 압력에 영향을 받아서 온도가 증가하면 감소하고, 압력이 증가하면 감소하는 결과를 보이고 있다. 즉, 물의 경우 압축률은 온도와 압력에 반비례하는 경향을 보인다고 할 수 있다.

압축률을 압력변화에 대한 부피변화율이라고 하므로

$$\text{압축률}(\beta) = \frac{\text{부피변화율}}{\text{압력변화}} = \frac{\frac{\Delta V}{V}}{\Delta P} = \frac{1}{V}\frac{\Delta V}{\Delta P}$$

압축률의 단위는 $\mathrm{m^2/N}$ 으로 압축률은 체적탄성계수(K)의 역수라고 할 수 있다.

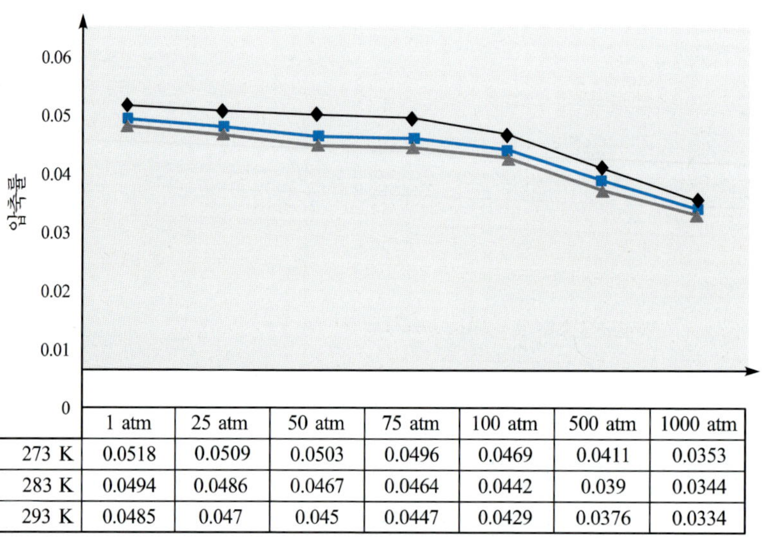

	1 atm	25 atm	50 atm	75 atm	100 atm	500 atm	1000 atm
273 K	0.0518	0.0509	0.0503	0.0496	0.0469	0.0411	0.0353
283 K	0.0494	0.0486	0.0467	0.0464	0.0442	0.039	0.0344
293 K	0.0485	0.047	0.045	0.0447	0.0429	0.0376	0.0334

그림 1-5. **온도와 압력에 따른 물의 압축률 변화**

부피의 변화율에 따른 압력의 변화는 식 (1-2)와 같이 나타낸다.

$$\Delta P = \frac{1}{\beta} \times \frac{\Delta V}{V} \tag{1-2}$$

핵심 체크 압축률(compressibility)

압축률(β)은 체적탄성계수(K)의 역수로, 단위 압력변화에 대한 체적의 변형도를 의미한다.
밀도는 부피변화에 따른 질량변화를 나타내며, 부피가 증가할수록 밀도는 감소한다.
압축률(β) $= \frac{1}{V}\frac{\Delta V}{\Delta P}$ 으로 나타낼 수 있다.

예제 1-2

체적탄성계수가 8.5×10^3[kg$_f$/cm^2]인 액체의 체적을 2% 감소시키기 위해서는 몇 kg$_f$/cm^{2}의 압력을 가하여야 하는가?

풀이

$$P_2 = P_1 \times \frac{V_1}{V_2} \Rightarrow \Delta P = K \times \frac{\Delta V}{V}$$

$$\Delta P = K \times \frac{\Delta V}{V} = \frac{8500\ \mathrm{kg_f}}{\mathrm{cm^2}} \times \frac{2}{100} = \frac{170\ \mathrm{kg_f}}{\mathrm{cm^2}}$$

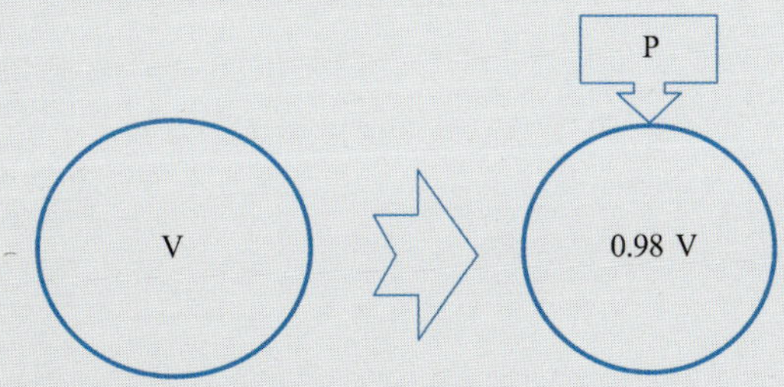

체적탄성계수 8.5×10^3 [kg$_f$/cm^2]

핵심 체크 압축률과 체적탄성계수의 단위 및 차원

구 분	단 위	차 원
압축률	cm^2/kg$_f$	$[L^2/F] = [LM^{-1}T^2]$
체적탄성계수	kg$_f$/cm^2	$[F/L^2] = [L^{-1}MT^{-2}]$

예제 1-3

온도가 일정한 상태에서 물의 압축률과 체적탄성계수와 압력간의 관계에 대한 설명으로 올바른 것은 다음 중 어느 것인가?

① 압력이 증가함에 따라 압축률과 체적탄성계수는 증가한다.
② 압력이 증가함에 따라 압축률은 감소하고 체적탄성계수는 증가한다.
③ 압력이 증가함에 따라 압축률은 증가하고 체적탄성계수는 감소한다.
④ 압력이 증가함에 따라 압축률과 체적탄성계수는 감소한다.

풀이 체적탄성계수와 압축률은 온도가 일정할 때 압력이 증가함에 따라 체적탄성계수는 증가하고 압축률은 감소하는 특성을 나타낸다.

답 ②

2.2 점성의 고려 유무에 따른 분류

모든 유체는 점성을 가지는 데 유체의 특성을 고려할 때 유체의 점성을 고려하는 지 여부에 따라 점성유체와 비 점성유체로 구분된다.

① 점성유체(실제유체)
② 비점성유체(이상유체) : 해석을 단순화하기 위해 점성이 없다고 가정한 유체

핵심 체크 이상유체와 점성

이상유체란 좁은 의미에서 비점성유체를 지칭하며, 보다 넓은 의미에서는 비점성 및 비압축성유체를 말한다.

2.2.1. 뉴턴유체와 비뉴턴유체

유체 동역학에서 뉴턴유체(Newtonian fluid)란 뉴턴의 이름을 딴 용어로서, "응력과 변형률의 관계가 선형적인 관계이며, 그 관계 곡선이 원점을 지나는 유체"를 말한다. 그 비례 상수가 바로 점성계수(viscosity coefficient)이다. 물은 뉴턴유체의 한 예이다.

뉴턴유체의 거동은 다음과 같은 간단한 식으로 나타낼 수 있다.

$$\tau = \mu\left(\frac{du}{dy}\right)$$

여기서, τ는 유체에 작용하는 전단응력(shear stress)

μ는 유체의 점성계수

$\left(\dfrac{du}{dy}\right)$는 전단력에 수직한 방향의 속도의 기울기이다.

위 식에서 알 수 있듯이, 뉴턴유체에서 비례 상수인 점성계수(μ)는 가해지는 힘에 의해 변하지 않으며, 압력 및 온도만의 함수이다.

핵심 체크 뉴턴유체

㉠ 뉴턴유체는 유체유동 시 속도구배$\left(\dfrac{du}{dy}\right)$와 전단응력($\tau$)의 변화가 원점으로부터 직선적인 관계를 갖는 유체이다.

㉡ 뉴턴의 점성법칙 $\tau = \mu\left(\dfrac{du}{dy}\right)$을 만족하는 유체

2.2.2. 뉴턴의 점성법칙

유체의 점성(viscosity)은 유체의 변형에 대한 저항의 정도를 나타내는 것이다. 뉴턴은 그림 1-6에서 보는 바와 같이 고체표면 윗부분을 통해서 유체가 흐르고 있을 때 고체표면 A에서 발생하는 유체의 흐름에 의해 생성되는 전단응력(shear stress, τ)은 유체의 흐름 속도가 u의 값을 가질 때 고체 표면에서 y방향으로의 흐름에 직각인 속도변화율$\left(\dfrac{du}{dy}\right)$에 비례한다고 가정하였다.

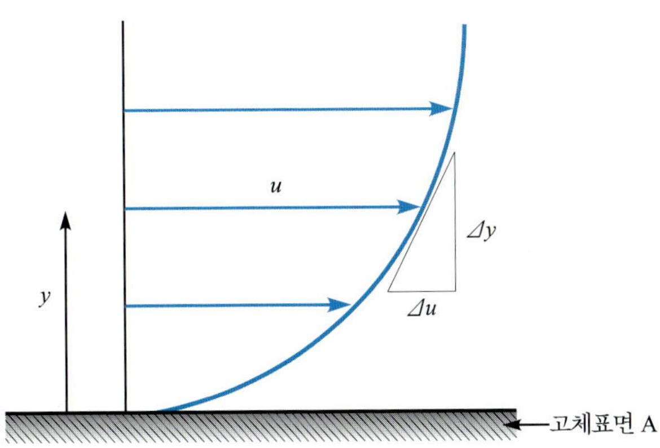

그림 1-6. 유체의 속도분포

속도변화율 $\frac{du}{dy}$를 속도구배라 한다. 경계점 A로부터 y지점으로의 속도구배(속도변화율) $\frac{du}{dy}$은 다음과 같이 정의된다.

$$\frac{du}{dy} = \lim_{\Delta y \to 0}\left(\frac{\Delta u}{\Delta y}\right)$$

이때 지점 y에서의 전단응력 τ를 $\tau = \mu\left(\frac{du}{dy}\right)$와 같이 나타낼 수 있다. 이 식을 뉴턴의 점성법칙이라 한다. 여기서 μ[Pa·s 또는 $kg_f/m \cdot s$]를 점성계수(viscosity) 또는 점도라 한다. 동점성계수(kinematic viscosity) ν는 점성계수의 밀도에 대한 비로 정의된다.

핵심 체크 동점성계수(kinematic viscosity)

점성계수의 밀도에 대한 비로 정의된다. $\nu = \frac{\mu}{\rho}[m^2/s]$

예제 1-4

유속이 $u = 3y^2 - y$[m/s]인 점성유체가 아래 부분으로부터 y[m]인 지점에서 흐르고 있다. 유체의 흐름에서 전단력이 최소가 되는 지점까지의 거리는 몇 m인가?

풀이 점성법칙 $\tau = \mu\left(\frac{du}{dy}\right)$에서 전단력이 최소($\tau = 0$)가 되는 지점에서 y 값은 다음과 같이 계산한다.

$u = 3y^2 - y$[m/s]에서 $\frac{du}{dy} = 6y - 1$가 되며

$\tau = \left(\frac{du}{dy}\right) = 0$ 이므로 $\frac{du}{dy} = 6y - 1 = 0$에서 $y = \frac{1}{6}$ m이다.

핵심 체크 미분을 이용한 계산

$y = x^n$일 때 $\frac{dy}{dx} = nx^{n-1}$이므로

$u = nx^m - x$일 때 $\frac{du}{dx} = (n \times m)x^{m-1}$이 된다.

$y = x$일 때 $\frac{dy}{dx} = x^{1-1} = x^0 = 1$이므로

$u = 3y^2 - y$[m/s]일 때 $\frac{du}{dy} = 6y - 1$이 된다.

액체의 점성계수는 온도상승에 따라 감소하고, 기체의 점성계수는 온도상승에 따라 증가한다. 그림 1-7에서 보는 바와 같이 뉴턴의 점성법칙 $\tau = \mu\left(\frac{du}{dy}\right)$을 만족하는 유체를 뉴턴유체(Newtonian fluid)라 하고, 뉴턴의 점성법칙을 만족하지 않는 유체를 비뉴턴유체(non-Newtonian fluid)라 한다. **비뉴턴유체(Non-Newtonian fluid)**는 전단응력이 변형률에 직접적으로 비례하지 않는 유체를 말한다. 많은 보통 유체는 비뉴턴유체의 거동을 보인다.

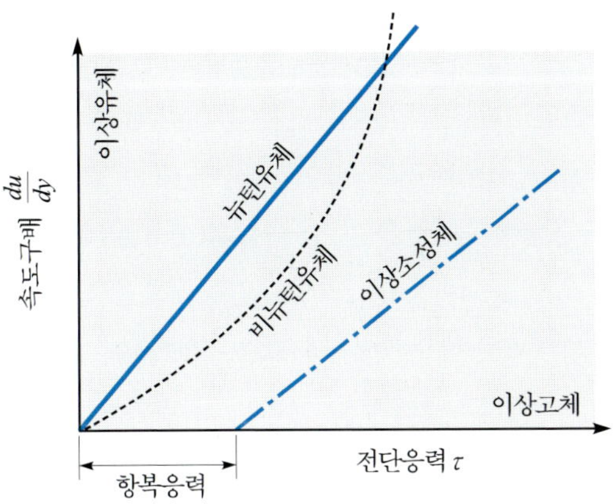

그림 1-7. **이상유체와 실제유체 관계**

> **핵심 체크** 점성계수와 온도의 관계
>
> 액체의 점성계수는 온도상승에 따라 감소하고, 기체의 점성계수는 온도상승에 따라 증가한다.

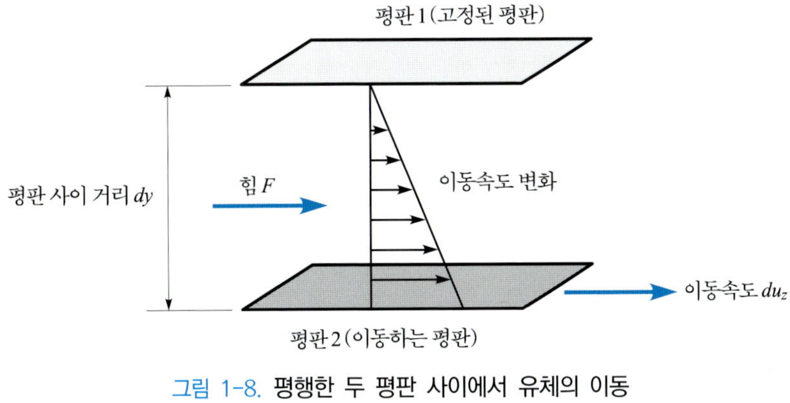

그림 1-8. **평행한 두 평판 사이에서 유체의 이동**

그림 1-8에서 보는 바와 같이 서로 평행한 두 판 사이에 유체가 들어 차 있는 경우(실제의 경우는 원통형 관에 유체가 들어 차 있는 것으로 원통형 관의 벽에서 유체는 고정되어 있는 것처럼 보이며, 원통형 관의 중심부에 있는 유체가 우선적으로 이동하게 된다.) 이동하는 평판이 움직이면 유체도 따라 움직이게 된다. 유체가 판과 함께 움직이는 이유는 유체가 지닌 점성(viscosity) 때문이다. 점성은 유체가 지닌 저항력으로 작용한다. 유체의 점성으로 인해 유체의 내부까지 힘이 전달된다. 이 힘을 **전단응력[shear stress(τ)]**이라 하며, 전단응력은 유체의 상부에서 하부까지 무한한 수의 면을 통해 전달된다.

시간적으로 유속이나 밀도 등의 변화가 시간의 변화에 따라 크게 변하지 않으면 이를 정상상태(steady state)라고 하여 시간에 따른 변화를 고려하지 않는다. 시간에 따른 변화를 모두 고려하는 것을 비정상상태(unsteady state)라고 한다. 또한 quasi-steady, quasi-unsteady 등의 용어도 있다. 점성을 고려한 유동을 점성유동, 점성을 무시한 가상의 유동을 비점성 유동이라고 한다. 또 유체입자의 회전을 무시한 유동을 비회전유동이라고 한다. 압축성을 고려한 유동을 압축성 유동, 압축성을 무시한 유동을 비압축성 유동이라고 한다. 여기에서는 점성은 유체가 이동할 때 저항력으로 작용하며, 유체의 점성으로 인해 유체의 내부까지 전달되는 힘인 **전단응력[shear stress(τ)]**에 따른 유체의 종류에 대하여 살펴보기로 하자.

핵심 체크 정성상태와 비정상상태

- **정상상태(steady state)** : 시간의 변화에 따라 크게 변하지 않는 상태로 시간에 따른 변화를 고려하지 않는다는 것
- **비정상상태(unsteady state)** : 시간에 따른 변화를 모두 고려하는 것

① **뉴턴유체**

앞서 설명된 뉴턴의 점성법칙을 만족하는 유체로 전단응력(τ)이 속도구배(du/dy)에 비례하는 유체로 대부분의 유체가 뉴턴유체에 속한다.

즉 그림 1-9에서 보는 바와 같이 전단응력(τ)과 속도구배의 관계에서 $\tau \alpha \dfrac{du}{dy}$ 이므로 $\tau = \mu(du/dy)^n$ 에서 $n = 1$을 만족하게 된다.

우리가 주로 사용하는 유체 중에서 뉴턴유체(Newtonian Fluid)의 성질을 만족하는 유체에는 물과 공기 그리고 분자량이 작은 액체 등이 있다.

② 비뉴턴유체

우리가 접하는 많은 유체들은 전단응력(τ)과 속도구배(du/dy)의 관계가 일정하지 않은 경우가 대부분이다.

즉 많은 유체들이 뉴턴유체의 특성인 $\tau = \mu\left(\frac{du}{dy}\right)^n$에서 n의 값이 1이 아닌 경우이다.

즉 $\tau = \mu\left(\frac{du}{dy}\right)^n$에서 $n \neq 1$이 아닌 값을 가지는데 이러한 성질로부터 비뉴턴유체(Non-Newtonian Fluid)라고 하는 것은 n의 값에 따라 그 종류가 다르다고 할 수 있다.

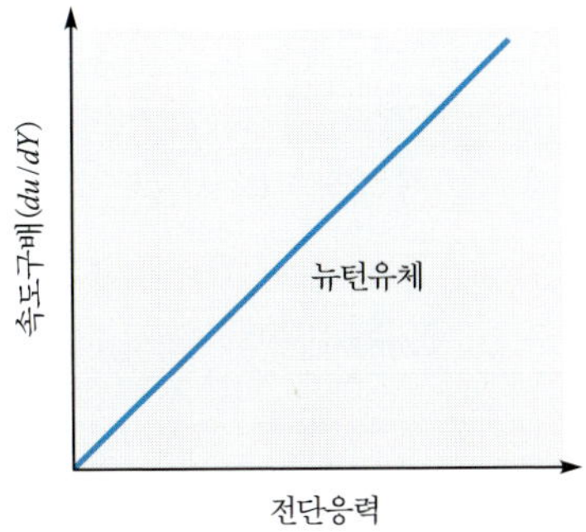

그림 1-9. **전단응력과 속도구배**

즉 $n<1$인 유체를 팽창성(dilatant)유체라고 하고 $n>1$인 유체를 의소성(pseudo plastic)유체라고 한다. 팽창성유체로는 수지(resin), 고온의 유리 등이 있으며, 의소성유체에는 고분자 용액 등이 있다.

핵심 체크 비뉴턴유체

비뉴턴유체 : 전단응력(τ)과 속도구배$\left(\frac{du}{dy}\right)$의 비가 일정하지 않은 유체

$n<1$인 유체를 **팽창성(dilatant)유체**라 한다.

$n>1$인 유체를 **의소성(pseudo plastic) 유체**라 한다.

예제 1-5

유속분포를 $u = 3y^2 - y$[m/s]**로 나타낼 때 바닥면에서** 0.25 m**에서의 속도구배**(velocity gradient)**는 몇** s^{-1}**인가?**

풀이 점성법칙 $\tau = \mu\left(\frac{du}{dy}\right)$에서 $\left(\frac{du}{dy}\right)$가 속도구배이므로

$u = 3y^2 - y$[m/s]에서 $\frac{du}{dy} = 6y - 1[s^{-1}]$가 되며 여기서 y=0.25m이므로

$\frac{du}{dy} = 6y - 1 = 6 \times 0.25 - 1 = 0.5\ s^{-1}$이다.

예제 1-6

평형한 두 평판사이의 간격이 18[mm]이고, 점도가 16[poise]인 유체가 가득 차 있다. 아래 평판을 고정시키고 위쪽의 평판을 6[m/s]의 속도로 이동시킬 때 평판에 발생하는 전단응력은 몇 [hPa]인가?

풀이

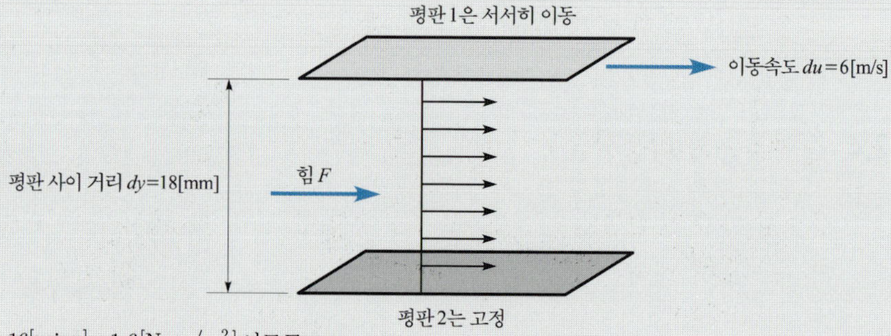

16[poise] = 1.6[N · s/m²]이므로

$$\tau = \mu\frac{du}{dy} = 1.6[\mathrm{N \cdot s/m^2}] \times \frac{6[\mathrm{m/s}]}{18 \times 10^{-3}[\mathrm{m}]} = 533.3[\mathrm{N/m^2}] = 5.33[\mathrm{hPa}]$$

2.2.3. 이상유체와 실제유체

앞서 살펴본 압축성과 점성에 따라 유체를 이상유체와 실제유체로 나눌 수 있다. 여기에서는 이상유체와 실제유체에 대해서 간단히 살펴보기로 하자.

① **이상유체** : 이상유체는 비압축성 유체로 점성을 가지지 않는 유체를 의미한다. 다른 표현으로는 완전유체라고도 한다. 이상유체는 흐름에 따른 손실이 발생하지 않는다.

② **실제유체** : 실제유체는 이상유체와는 달리 압축성을 가지는 유체로 점성이 존재하는 유체를 의미한다. 실제유체가 흐르는 경우 점성의 존재로 인하여 마찰에 의한 에너지 손실 등이 발생하게 된다.

핵심체크 이상유체와 실제유체

① 이상유체 : 비압축성 유체로 점성을 가지지 않는 유체
② 실제유체 : 실제유체는 압축성을 가지며 점성이 존재하는 유체

예제 1-7

다음 유체 중 전단응력이 발생하지 않으며, 압축이 되지 않는 유체는 어느 것인가?

① 점성유체 ② 소성 유체 ③ 이상유체 ④ 탄성 유체

풀이 이상유체(완전유체)는 비압축성 유체로 점성을 가지지 않는 유체이며 실제유체는 유동 시 마찰이 존재하며 점성이 있고 압축성인 유체를 의미한다. **답** ③

2.2.4. 정상유동과 비정상유동

유동장 내의 조건들이 시간에 따라 변하지 않으면 정상유동(steady flow), 시간에 따라 조건들이 변하는 유동을 비정상유동(unsteady flow)이라 한다.

① 정상유동에서 어떤 지점에서의 액체의 부피를 V, 밀도를 ρ, 압력을 P, 그리고 온도를 T라 하면 $\frac{\partial V}{\partial t}=0$, $\frac{\partial \rho}{\partial t}=0$, $\frac{\partial P}{\partial t}=0$, $\frac{\partial T}{\partial t}=0$이라고 나타낼 수 있다.

$\frac{\partial V}{\partial t}=0$: 시간(t)이 경과하여도 부피(V)가 변화하지 않고 일정하게 유지되는 상태

$\frac{\partial \rho}{\partial t}=0$: 시간(t)이 경과하여도 밀도(ρ)가 변화하지 않고 일정하게 유지되는 상태

$\frac{\partial P}{\partial t}=0$: 시간(t)이 경과하여도 압력(P)이 변화하지 않고 일정하게 유지되는 상태를 의미한다.

$\frac{\partial T}{\partial t}=0$: 시간(t)이 경과하여도 온도(T)가 변화하지 않고 일정하게 유지되는 상태를 의미

핵심 체크 정상상태 흐름

유체 흐름의 상태가 모든 지점에서 속도, 유량, 밀도, 압력이 시간에 따라서 변화하지 않는 흐름을 의미한다. 정상상태 흐름(Steady state flow)을 정상류라고도 한다. 이런 정상류의 예로는 속도가 일정한 분수 같은 경우를 볼 수가 있다.

$$\frac{\partial V}{\partial t}=0,\quad \frac{\partial \rho}{\partial t}=0,\quad \frac{\partial P}{\partial t}=0,\quad \frac{\partial T}{\partial t}=0$$

② 비정상유동에서 어떤 지점에서의 유체의 부피를 V, 밀도를 ρ, 압력을 P, 그리고 온도를 T라 하면 $\frac{\partial V}{\partial t}\neq 0$, $\frac{\partial \rho}{\partial t}\neq 0$, $\frac{\partial P}{\partial t}\neq 0$, $\frac{\partial T}{\partial t}\neq 0$라고 표현할 수 있다.

$\frac{\partial V}{\partial t}\neq 0$: 시간(t)이 경과하면 부피(V)가 변화하는 상태

$\frac{\partial \rho}{\partial t} \neq 0$: 시간(t)이 경과하면 밀도(ρ)가 변화하는 상태
$\frac{\partial P}{\partial t} \neq 0$: 시간(t)이 경과하면 압력(P)이 변화하는 상태
$\frac{\partial T}{\partial t} \neq 0$: 시간(t)이 경과하면 온도(T)가 변화하는 상태를 의미한다.

핵심 체크 비정상상태 흐름(Unsteady state Flow)

유체 흐름의 상태가 모든 지점에서 속도, 유량, 밀도, 압력이 시간에 따라서 변화하는 흐름을 의미한다. 비정상상태 흐름을 비정상류라고도 한다. 비정상류에는 수동 펌프에서 나오는 물과 같은 것이 있다.

$$\frac{\partial V}{\partial t} \neq 0,\ \frac{\partial \rho}{\partial t} \neq 0,\ \frac{\partial P}{\partial t} \neq 0,\ \frac{\partial T}{\partial t} \neq 0$$

연습문제

01 다음 유체의 특성에 관한 설명 중 실제유체에 대한 설명으로 올바른 것은?

① 이상적인 유체를 의미한다.
② 유동 시 마찰이 존재하는 유체를 의미한다.
③ 마찰에 따른 전단응력이 존재하지 않는 유체를 의미한다.
④ 비점성유체를 의미한다.

해설 실제유체는 유동 시 마찰이 존재하며 점성이 있고 압축성인 유체를 의미한다. ②

02 다음 설명 중 이상유체에 대한 설명으로 올바른 것은?

① 점성이 없고 비압축성인 유체를 의미한다.
② 점성이 없고 이상기체 상태방정식을 만족하는 유체를 의미한다.
③ 점성이 없고 흐름에 따른 마찰손실이 없는 유체를 의미한다.
④ 비점성유체를 의미한다.

해설 이상유체는 점성이 없고 비압축성인 유체를 의미한다. ①

03 유체의 압축률에 관한 설명으로 올바르지 않은 것은 어느 것인가?

① 유체의 압축률은 체적탄성계수의 역수이다
② 체적의 감소는 밀도의 감소와 같은 의미를 가진다.
③ 체적탄성계수가 클수록 압축하기가 힘들다는 것을 의미한다.
④ 압축률은 단위 압력변화에 대한 체적의 변형도를 의미한다.

해설 압축률(β)은 체적탄성계수(K)의 역수로, 단위압력 변화에 대한 체적의 변형도를 의미한다. 밀도는 부피변화에 따른 질량변화를 나타내며, 부피가 증가할수록 밀도는 감소한다. 체적탄성계수가 클수록 압축하기가 힘들다는 것을 의미한다. ②

04 다음 설명 중 정상흐름에 대한 설명으로 올바른 것은 어느 것인가?

① 정상흐름은 에너지의 손실이 없는 흐름이다.
② 정상흐름은 흐름의 특성이 시간에 따라 변화하는 흐름이다.
③ 정상흐름은 에너지의 손실이 발생하는 흐름이다.
④ 정상흐름은 흐름의 특성이 시간에 따라 변화하지 않는 흐름이다.

해설 정상흐름은 흐름의 특성이 시간에 따라 변화하지 않는 흐름이다. ④

05 다음 설명 중 유맥선에 대한 설명으로 올바른 것은 어느 것인가?

① 유동장의 한 선상의 모든 점에서 그은 접선이 그 점에서 속도방향과 일치되는 선이다.
② 유체입자가 일정한 기간 내에 움직인 경로를 의미한다.

③ 모든 유체입자의 순간적인 부피를 의미한다.

④ 유동장 내에서 속도벡터의 방향과 일치하게 그려진 가상의 곡선을 의미한다.

해설 (1) 유선(stream line)은 유동장의 한 선상의 모든 점에서 그은 접선이 그 점에서 속도방향과 일치되는 선을 의미한다. 유선은 유동장 내에서 속도벡터의 방향과 일치하게 그려진 가상의 곡선을 의미한다.

(2) 유직선(path line)은 유체입자가 일정한 기간 내에 움직인 경로를 의미한다. 즉 하나의 유체입자가 일정기간 동안에 움직인 경로이다.

(3) 유맥선(streak line)은 모든 유체입자의 순간적인 부피를 의미한다. 즉, 모든 유체입자의 순간적인 궤적이다. ③

06 압축률이 $4.5 \times 10^{-2}\ \mathrm{m^2/N}$인 물의 부피를 1.3% 감소시키는데 필요한 압력은 몇 $\mathrm{N/m^2}$인가?

해설 체적탄성계수는 유체를 어떤 압력으로 누를 때 이를 떠받치는 힘의 크기를 의미하며, 체적탄성계수가 클수록 압축하기가 힘들다는 것을 의미한다.

체적탄성계수$(K) = \dfrac{\Delta P}{\dfrac{\Delta V}{V}}$ 이다.

압축률(β)은 체적탄성계수(K)의 역수로 압축률$(\beta) = \dfrac{1}{V}\dfrac{\Delta V}{\Delta P}$으로 나타낼 수 있다.

여기서 $\Delta P = \dfrac{\dfrac{\Delta V}{V}}{\beta}$ 가 되어

$$\Delta P = \frac{\dfrac{\Delta V}{V}}{\beta} = \frac{0.013}{\dfrac{4.5 \times 10^{-2}\mathrm{m}^2}{\mathrm{N}}} = \frac{0.289\mathrm{N}}{\mathrm{m}^2}$$ 이다.

07 뉴턴의 점성법칙에서 전단응력이 증가할수록 속도구배는 어떻게 되는가?

해설 뉴턴의 점성법칙 $\tau = \mu \dfrac{du}{dy}$

여기서, τ : 전단응력, μ : 점도(점성계수), $\dfrac{du}{du}$: 속도구배

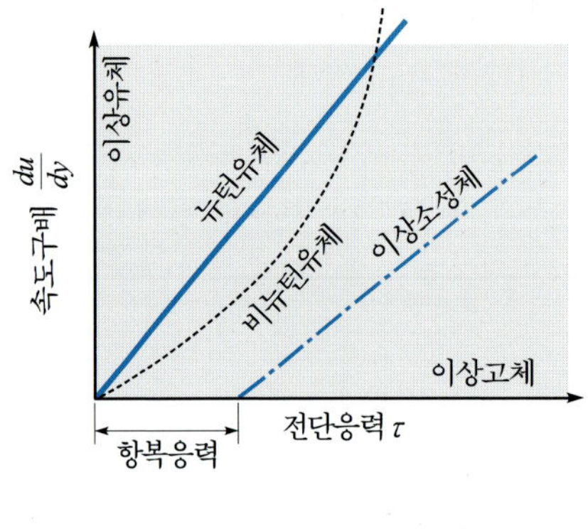

위의 관계식으로부터 유체의 종류에 관계없이 전단응력과 속도구배는 비례하는 관계를 가진다는 것을 알 수 있다.

08 액체를 압축하기 위해 압력을 가하는 실험으로부터 다음과 같은 결론을 얻었다. 이 액체의 체적탄성계수는 몇 $[kg_f/cm^2]$인가?

	가한 압력	액체의 부피
실험 1	$100\ kg_f/cm^2$	$0.33\ m^3$
실험 2	$250\ kg_f/cm^2$	$0.315\ m^3$

해설 체적 탄성 계수와 압력의 관계 $K=\dfrac{\Delta P}{\Delta V/V}=V\dfrac{\Delta P}{\Delta V}$ 로부터

주어진 조건으로부터 $\Delta P=250[kg_f/cm^2]-100[kg_f/cm^2]=150[kg_f/cm^2]$

$\Delta V=0.33[m^3]-0.315[m^3]=0.015[m^3]$, $V=0.33[m^3]$이다. 따라서

$$K=\frac{\Delta P}{\Delta V/V}=0.33[m^3]\times\frac{150[kg_f/cm^2]}{0.015\ m^3}=3.3\times10^3[kg_f/m^2]$$

09 외부에서 압력을 가했더니 액체의 부피가 1.5% 감소하였다. 이 액체의 체적탄성계수를 조사하였더니 $7\times10^3\ kg_f/cm^2$이었다. 이 액체에 가한 압력은 몇 kg_f/cm^2인가?

해설 $P_2=P_1\times\dfrac{V_1}{V_2}\Rightarrow\Delta P=K\times\dfrac{\Delta V}{V}$

$$\Delta P=K\times\frac{\Delta V}{V}=\frac{7000\ kg_f}{cm^2}\times\frac{1.5}{100}=\frac{105\ kg_f}{cm^2}$$

10 유속분포가 $u=2.5y^2-1.35y$ m/s인 점성유체가 수평형 원관을 흐르고 있다. 이때 아랫부분으로부터 y[m] 인 지점에서 전단력이 최소가 되었다면, 이 지점까지의 높이는 아랫부분으로부터 몇 m인가?

해설 점성법칙 $\tau=\mu\left(\dfrac{du}{dy}\right)$에서 전단력이 최소($\tau=0$)가 되는 지점에서 y값은 다음과 같이 계산한다.

$u=2.5y^2-1.35y[m/s]$에서 $\dfrac{du}{dy}=5y-1.35$가 되며

$\tau=\left(\dfrac{du}{dy}\right)=0$이므로 $\dfrac{du}{dy}=5y-1.35=0$에서 $y=0.27$ m 이다.

11 간격이 10mm 평형한 두 평판 사이에 점성이 10 poise인 유체가 가득 차 있다. 아래평판을 고정시키고 위쪽의 평판을 3 m/s의 속도로 이동시킬 때 평판에 발생하는 전단응력은 몇 $[N/m^2]$인가?

해설 10[poise]=1.0$[N\cdot s/m^2]$이므로

$$\tau=\mu\frac{du}{dy}=1.0[N\cdot s/m^2]\times\frac{3[m/s]}{1\times10^{-2}[m]}=300\ [N/m^2]$$

연습문제

12 수평형 원통형 관을 통해 흐르는 유체의 속도분포가 $u = 6y^2 - 1.5y$[m/s]로 나타낼 때 바닥면에서 0.3 m 위치에서 유체의 속도구배(velocity gradient)는 몇 s^{-1}인가?

해설 점성법칙 $\tau = \mu\left(\frac{du}{dy}\right)$에서 $\left(\frac{du}{dy}\right)$가 속도구배이므로

$u = 6y^2 - 1.5y$[m/s]에서 $\frac{du}{dy} = 12y - 1.5[s^{-1}]$가 되며

여기서 $y = 0.3$ m이므로 $\frac{du}{dy} = 12y - 1.5 = 12 \times 0.3 - 1.5 = 2.1\ s^{-1}$이다.

제 2 장 유체의 물리적 특성

02 유체의 물리적 특성

유체역학을 처음 배우는 학습자에게 유체역학을 쉽게 이해하도록 하기 위해서는 유체의 현상을 설명하는 데 사용되는 여러 가지 물성치(Physical Properties)에 대한 이해 및 단위(Unit)와 차원(Dimension)에 대한 이해가 선행 되어야 한다. 많은 학습자들이 유체역학이 이해하기 어려운 학문이라고 하는 데 실상은 유체역학이 어려운 것이 아니라 현상을 설명하는 데 사용되는 여러 가지 물리적인 개념의 이해에 대해서 어려움을 겪는 다고 하는 것이 좀 더 솔직한 표현일 것 같다. 따라서 본 장에서는 유체역학을 이해하는 데 가장 기본이 되는 단위와 차원 및 물리적인 특성치 등에 대해 살펴보기로 하자.

1 단위와 차원

단위와 차원하면 일상생활에서 듣고 보아서 다 아는 것처럼 여겨지는 경우가 많다. 그러나 실제 단위를 이용한 계산에 있어서는 많은 학습자들이 자신이 없어하는 부분도 단위와 차원이다. 다시 말하면 단위와 차원은 학습자에 따라서 쉽거나 또는 어렵게 느껴지는 대표적인 부분이기도 하다. 이러한 이유는 단위와 차원에 대한 근본적인 이해보다는 어렴풋이 알고 있는 지식을 믿고 너무 소홀하기 때문이 아닌가 한다. 여기에서는 앞으로 유체역학을 공부 하는 데 가장 기초가 되는 부분인 단위와 차원에 대해서 살펴보기로 하자. 일부 학습자들은 단위와 차원에 대한 기초적인 지식을 충분히 습득하고 유체역학을 공부하는 학습자도 있을 것이다. 이러한 학습자는 단위와 차원에 대한 정리라고 생각하고 이 장을 보는 것도 좋은 방법이 될 수 있을 것이다.

핵심 체크 **단위와 차원**

- **차원** : 계산의 근거가 되는 조건 중에서 측정될 수 있는 특성 값으로 길이, 시간, 온도 등과 같이 측정의 기본이 되는 개념으로 길이, 질량, 시간이 기본적인 차원이다.
- **단위** : 차원의 구체적 표현수단으로 m, kg, s가 기본 MKS단위계이다.

1.1 단위

유체를 포함한 물질들이 이동하거나 정지하고 있는 상태에서 그 물질이 가지는 특성을 표현하기가 쉽지 않다. 유체의 경우 눈에 보이는 물질이라서 쉽게 그 현상을 이해할 수 있을 것처럼 생각 되지만 유체의 개별적인 물리적인 현상은 육안으로 확인하기 어렵다. 육안으로 확인이 어려운 현상에 대한 명확한 이해를 가능하게 해주는 수단이 바로 단위(Unit)라고 하는 것으로 '빠르다 늦다' 혹은 '저항이 크다 작다' 와 같은 이러한 표현들을 구체화 시켜주는 것이 바로 단위체계이다. 특히 유체가 이동할 경우에는 어떻게 이동했는지, 정지상태에서는 정지된 상태로 어떤 변화가 있었는지를 표현해야 하는 데 이러한 표현에서 그 정도를 이해하기 가장 좋은 방법은 숫자를 이용해서 나타내는 것이라고 할 수 있다. 단위계에는 절대단위계와 중력단위계가 널리 사용되고 있다. 실제로 최근에는 절대단위계가 많이 사용되고 있는 추세이지만 그래도 학습자의 입장에서는 절대단위계와 중력단위계에 대한 기본적인 개념을 가지고 있는 것이 앞으로 유체역학을 비롯한 여러 가지 역학의 현상을 이해하는 데 도움이 될 것이다.

절대단위계에는 SI단위계인 길이를 m, 질량을 kg, 그리고 시간을 s로 나타내는 MKS단위, 길이를 cm, 질량을 g, 그리고 시간을 s로 표기하는 cgs단위와 길이를 ft, 질량을 lb, 시간은 s인 FPS단위가 이에 속한다. 절대단위계는 길이(Length), 질량(Mass), 시간(Time)의 단위를 기본으로 한다. 표 2-1은 절대단위계의 기본단위길이, 시간, 질량의 단위에 대해서 정리한 것이다.

표 2-1 **절대단위계**

단위계	길이[L]	시간[T]	질량[M]
MKS	m	s	kg
cgs	cm	s	g
FPS	ft	s	lb

[ ]는 차원을 나타낸다.

핵심 체크 절대단위계에서 SI단위계

절대단위계에는 SI단위계인 MKS단위, cgs단위와 FPS단위가 이에 속한다.

단위계	길이[L]	시간[T]	질량[M]
MKS(m, kg, s)	m	s	kg
cgs(cm, g, s)	cm	s	g
FPS(ft, lb, s)	ft	s	lb

1.2 차 원

여러 가지 계산의 근거가 되는 조건 중에서 측정될 수 있는 특성 값으로 길이(Length), 시간(Time) 등과 같이 측정의 기본이 되는 개념을 "차원(dimension)"이라고 했다. 간단하게 차원을 정리해 보기로 하자.

① **길이** : 길이(Length)는 가장 대표적인 단위로 길이의 차원은 [L]로 표시한다.
② **면적** : 면적(Area)은 길이의 제곱값이므로 면적의 차원은 길이의 제곱인[L^2]으로 표시한다.
③ **부피** : 부피(Volume)는 길이의 세제곱근이거나 면적에 길이를 곱한 값이므로 부피의 차원은 길이의 세제곱인[L^3]으로 표시한다.

표 2-2. **길이의 차원과 단위**

	1차원	2차원	3차원
종류	길이(Length)	면적(Area)	부피(Volume)
단위	m, cm	m^2, cm^2	m^3, cm^3
차원	[L]	[L^2]	[L^3]
		면적 = $(길이)^2$	부피 = $(길이)^3$ = 면적×길이
		$A = L^2$	$V = A \times L = L^3$

④ **시간** : 시간(Time)은 차원으로 표시하면 [T]로 표시한다.
⑤ **질량** : 질량(Mass)은 차원으로 표시하면 [M]으로 표시된다.
⑥ **속도** : 속도(Velocity)는 시간[T] 변화에 대한 길이[L]의 변화 값을 의미한다. SI단

위계로는 m/s, cm/s 등이 사용되며 차원으로는 $[L/T=LT^{-1}]$로 표시된다. 시간은 SI단위로는 s로 표현하는 것이 원칙이다.

핵심 체크 속도의 단위와 차원

기본량	단위	차원
속도(Velocity, u)	m/s	LT^{-1}

⑦ **가속도** : 가속도(Acceleration)는 시간[T] 변화에 대한 속도$[LT^{-1}]$ 변화값을 의미한다. 단위로는 m/s^2, cm/s^2 등이 사용되며 차원으로는 $[L/T^2=LT^{-2}]$로 표시된다.

핵심 체크 가속도의 단위와 차원

기본량	단위	차원
가속도(Acceleration)	m/s^2	LT^{-2}

⑧ **힘** : 힘(Force)은 질량 m에 g 또는 a만큼의 가속도가 가해졌을 때 값을 의미하며 SI단위로는 N(Newton) 그리고 변환단위로는 kg_f가 기본 단의로 사용된다. 차원으로 표시하면$[MLT^{-2}]$이라고 표시하여야 한다. 힘의 값에서 질량 m의 차원을 살펴보면 $F=MLT^{-2}$이므로 $FL^{-1}T^2=M$이 된다.

핵심 체크 힘의 단위와 차원

기본량	단위	차원
힘(Force, F=ma)	$kg \cdot m/s^2$	MLT^{-2}

표 2-3에서는 앞으로 유체역학에서 주로 사용되는 기본량의 단위계와 차원에 대해서 정리하였으며, 표 2-4에서는 각종 물리량의 절대단위와 중력단위 그리고 차원에 대해서 정리하였다.

표 2-3. 유체역학에서 많이 사용되는 기본량의 단위계와 차원

기본량		단위	차원
길이(length, L)	거리	m	L
	면적(Area, A)=(길이)^2	m^2	L^2
	부피(volume, V)=(길이)^3	m^3	L^3
질량(mass, M)		kg	M
시간(time, T)		s	T
속도(Velocity, u)		m/s	LT^{-1}
중력 가속도(Gravity Acceleration) g		m/s^2	LT^{-2}
힘(Force, F=mg)		$kg \cdot m/s^2$	MLT^{-2}
유량(Volume flow rate, Q)		m^3/s	L^3T^{-1}
밀도(Density, ρ)		kg/m^3	ML^{-3}
비중량(Specific weight, γ)		kg_f/m^3	$ML^{-2}T^{-2}(FL^{-3})$
점도(Viscosity, μ)		$g/cm \cdot s$	$ML^{-1}T^{-1}$

표 2-4. 각종 물리량의 중력단위와 절대단위의 차원의 비교

물리적 특성 값	중력단위[LFT 차원]	절대단위[LMT 차원]
길이	m[L]	m[L]
시간	s[T]	s[T]
운동량	$kg_f \cdot s[FT]$	$kg \cdot m/s[MLT^{-1}]$
힘	$kg_f[F]$	$kg \cdot m/s^2[MLT^{-2}]$
일	$kg_f \cdot m[FL]$	$kg \cdot m^2/s^2[ML^2T^{-2}]$
속도	$m/s[LT^{-1}]$	$m/s[LT^{-1}]$
가속도	$m/s^2[LT^{-2}]$	$m/s^2[LT^{-2}]$
압력	$kg_f/m^2[FL^{-2}]$	$kg/m \cdot s^2[ML^{-1}T^{-2}]$
밀도	$kg_f \cdot s^2/m^4[FT^2L^{-4}]$	$kg/m^3[ML^{-3}]$
비중량	$kg_f/m^3[FL^{-3}]$	$kg/m^2 \cdot s^2[ML^{-2}T^{-2}]$
비중	–	–
비체적	$m^4/kg_f \cdot s^2[L^4F^{-1}T^{-2}]$	$m^3/kg[L^3M^{-1}]$
일률	$kg_f \cdot m/s[FLT^{-1}]$	$kg \cdot m^2/s^3[ML^2T^{-3}]$
점도	$kg_f \cdot s/m^2[FL^{-2}T]$	$kg/m \cdot s[ML^{-1}T^{-1}]$
동점도(동점성계수)	$m^2/s[L^2T^{-1}]$	$m^2/s[L^2T^{-1}]$

예제 2-1

중력단위로 1 kg_f의 값을 가지는 힘의 단위를 절대단위계로 환산하면 몇 $kg \cdot m/s^2$이 되는가?

풀이 중력단위를 절대단위로 환산하는 관계는 중력 가속도(g)와 질량(m)과 중량(w)의 관계 $w = mg$와 $1\ N = \frac{1\ kg \cdot m}{s^2}$를 어떻게 사용하여 계산하는 가에 그 문제의 해결점이 있다. 따라서 주어진 조건에서와 중력단위인 kg_f를 절대단위인 $kg \cdot m/s^2$의 값으로 환산하면 다음과 같다.

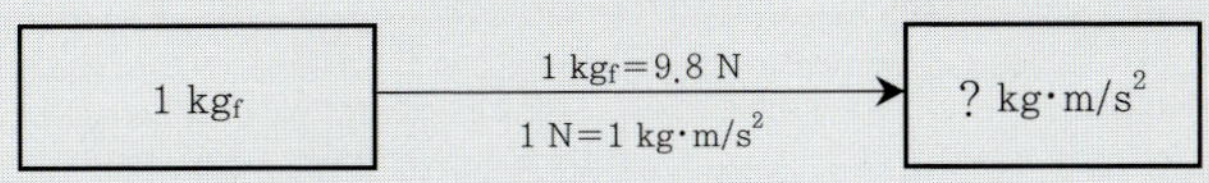

$$1\ kg_f = 1\ kg_f \times \frac{9.8\ N}{1\ kg_f} \times \frac{\frac{1\ kg \cdot m}{s^2}}{1\ N} = \frac{9.8\ kg \cdot m}{s^2}$$

예제 2-2

중력단위로 $1\ kg_f \cdot s$의 값을 가지는 운동량의 단위를 절대단위계로 환산하면 몇 $kg \cdot m/s$가 되는가?

풀이 주어진 조건에서와 중력단위인 $kg_f \cdot s$를 절대단위인 $kg \cdot m/s$의 값으로 환산하면 다음과 같다.

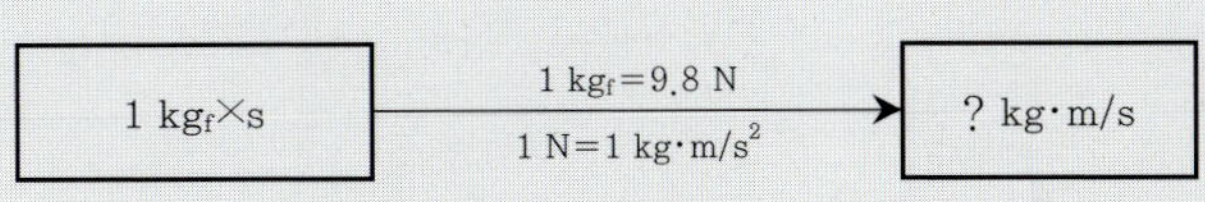

$$1\ kg_f \cdot s = 1\ kg_f \cdot s \times \frac{9.8\ N}{1\ kg_f} \times \frac{\frac{1\ kg \cdot m}{s^2}}{1\ N} = \frac{9.8\ kg \cdot m}{s}$$

예제 2-3

중력단위로 $1\ kg_f/m^2$의 값을 가지는 압력의 단위를 절대단위계로 환산하면 몇 $kg/m \cdot s^2$이 되는가?

풀이 주어진 조건에서와 중력단위인 kg_f/m^2를 절대단위인 $kg/m \cdot s^2$의 값으로 환산하면 다음과 같다.

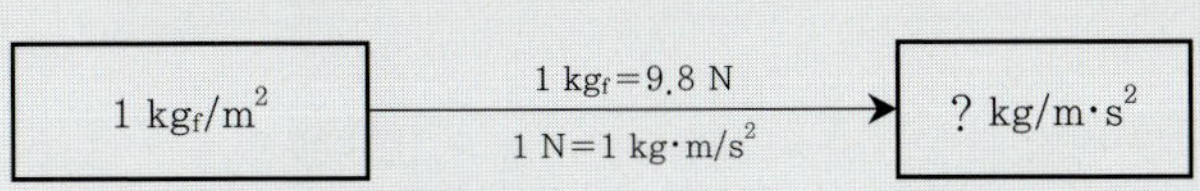

$$\frac{1\ kg_f}{m^2} = \frac{1\ kg_f}{m^2} \times \frac{9.8\ N}{1\ kg_f} \times \frac{\frac{1\ kg \cdot m}{s^2}}{1\ N} = \frac{9.8\ kg}{m \cdot s^2}$$

예제 2-4

중력단위로 1 $kg_f \cdot s^2/m^4$의 값을 가지는 밀도의 단위를 절대단위계로 환산하면 몇 kg/m^3이 되는가?

풀이 주어진 조건에서와 중력단위인 $kg_f \cdot s^2/m^4$를 절대단위인 kg/m^3의 값으로 환산하면 다음과 같다.

$$\boxed{1\ kg_f \cdot s^2/m^4} \xrightarrow[1\ N=1\ kg \cdot m/s^2]{1\ kg_f=9.8\ N} \boxed{?\ kg/m^3}$$

$$\frac{1\ kg_f \cdot s^2}{m^4} = \frac{1\ kg_f \cdot s^2}{m^4} \times \frac{9.8\ N}{1\ kg_f} \times \frac{\dfrac{1\ kg \cdot m}{s^2}}{1\ N} = \frac{9.8\ kg}{m^3}$$

예제 2-5

중력단위로 1 kg_f/m^3의 값을 가지는 비중량의 단위를 절대단위계로 환산하면 몇 $kg/m^2 \cdot s^2$이 되는가?

풀이 주어진 조건에서와 중력단위인 kg_f/m^3를 절대단위인 $kg/m^2 \cdot s^2$의 값으로 환산하면 다음과 같다.

$$\boxed{1\ kg_f/m^3} \xrightarrow[1\ N=1\ kg \cdot m/s^2]{1\ kg_f=9.8\ N} \boxed{?\ kg/m^2 \cdot s^2}$$

$$\frac{1\ kg_f}{m^3} = \frac{1\ kg_f}{m^3} \times \frac{9.8\ N}{1\ kg_f} \times \frac{\dfrac{1\ kg \cdot m}{s^2}}{1\ N} = \frac{9.8\ kg}{m^2 \cdot s^2}$$

예제 2-6

중력단위로 1 $m^4/kg_f \cdot s^2$의 값을 가지는 비체적의 단위를 절대단위계로 환산하면 몇 m^3/kg이 되는가?

풀이 주어진 조건에서와 중력단위인 $m^4/kg_f \cdot s^2$를 절대단위인 m^3/kg의 값으로 환산하면 다음과 같다.

$$\boxed{1\ m^4/kg_f \cdot s^2} \xrightarrow[1\ N=1\ kg \cdot m/s^2]{1\ kg_f=9.8\ N} \boxed{?\ m^3/kg}$$

$$\frac{1\ m^4}{kg_f \cdot s^2} = \frac{1\ m^4}{kg_f \cdot s^2} \times \frac{1\ kg_f}{9.8\ N} \times \frac{1\ N}{\dfrac{1\ kg \cdot m}{s^2}} = \frac{m^3}{9.8\ kg}$$

2 단위의 환산

유체역학에서 사용되는 단위의 환산은 기본적으로 절대단위계와 중력단위계의 환산관계가 가장 큰 비중을 차지하게 된다. 환산관계에서 단위를 계산을 하는 데 있어서 가장 중요한 문제는 길이, 시간, 질량 등과 같이 동일한 차원에서는 단위가 달라지면 승(×), 제(÷)는 가능하나 가(+), 감(−)은 안 되므로 단위의 계산을 위하여 단위를 먼저 환산한 후에 계산하여야 한다는 사실이다. 이와 같이 차원은 동일하더라도 일치되지 않는 결과를 이용한 계산은 아무런 물리적 의미가 없다.

핵심체크

동일한 차원의 계산에서 사용되는 단위가 달라지면 승(×), 제(÷)는 가능하나 가(+), 감(−)은 할 수 없다.

유체역학에서 사용되는 단위체계인 SI단위체계 중에서 MKS단위 중심으로 단위환산관계에 대해서 살펴보기로 하자.

사용되는 물리적 개념인 거리, 부피, 질량과 대표적인 유도단위인 밀도의 SI단위와 FPS단위 사이의 환산관계는 표 2-5에서 보는 바와 같다.

표 2-5. 단위환산관계(단위환산인자)

차원	미국 공학 단위	SI단위계	환산 인자
거리	1 ft = 12 in	1 cm = 10 mm, 1 m = 100 cm	1 in = 2.54 cm, 1 ft = 30.48 cm
부피	1 gal = 231 in^3 = 3.785 L 1 barrel = 42 us gal	1 L = 1000 cm^3, 1 L = 1000 mL 1 m^3 = 1000 L	1 cc=1 mL
밀도	1 ft^3 H_2O = 62.4 lb	1 cm^3 H_2O = 1 g	
질량		1 kg = 1000 g	1 lb = 454 g, 1 oz = 1/16 lb

단위환산방법에 대해 한 가지 예를 들어 설명해보면 다음과 같다. A라는 단위 값을 B라는 단위 값으로 바꾸는 과정을 생각해보자. 단위환산과정에서 가장 중요한 것은 승(×)과 제(÷)의 개념을 어떻게 사용하느냐 하는 것이다.

즉 A를 B로 바꾸는 과정을 단순하게 보면 $A \Rightarrow A \times \dfrac{B}{A} \Rightarrow B$로 나타낼 수 있다.

즉 A를 B로 변환시키기 위해서는 A에 A를 나누고 여기에 B를 곱하는 것이다. 이때 사용된 $\frac{B}{A}$는 단위환산인자가 된다.

즉 주어진 A의 단위와 환산인자로 표시된 $\frac{B}{A}$에서는 A의 단위는 같고 환산인자 $\frac{B}{A}$에서 B의 단위와 새롭게 구해진 B에서의 단위는 서로 같다.

즉 $A(\mathrm{cm})$를 $B(\mathrm{ft})$로 바꾸는 과정은 $A(\mathrm{cm}) = A(\mathrm{cm}) \times \frac{1\ \mathrm{ft}}{30.48\ \mathrm{cm}} = \frac{A}{30.48}\ \mathrm{ft}$가 된다. 이때 사용된 $1\ \mathrm{ft}/30.48\ \mathrm{cm}$는 $1\ \mathrm{ft} = 30.48\ \mathrm{cm}$라는 단위환산인자의 다른 표현방법이다.

핵심체크 단위환산방법

$$\text{새로운 단위}\left(\frac{\mathrm{m}}{\mathrm{hr}}\right) = \text{기존의 단위}\left(\frac{\mathrm{ft}}{\mathrm{min}}\right) \times \frac{\text{새로운 단위}\left(\frac{\mathrm{m}}{\mathrm{hr}}\right)}{\text{기존의 단위}\left(\frac{\mathrm{ft}}{\mathrm{min}}\right)}$$

유도단위들은 기본단위로 표현이 된다. 이때 사용되는 단위체계에서 배수는 그 배수를 의미하는 그리스어 단어의 첫 글자를 주로 사용한다. 이때 사용되는 주요 접두어는 다음의 표 2-6과 같다.

핵심체크 단위환산방법

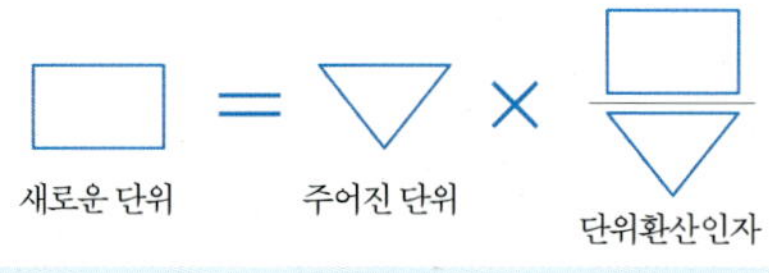

표 2-6. **단위체계의 접두어**

배 수	접두어	배 수	접두어
10^{12}	T(tera)	10^{-1}	d(deci)
10^{9}	G(giga)	10^{-2}	c(centi)
10^{6}	M(mega)	10^{-3}	m(milli)
10^{3}	k(kilo)	10^{-6}	μ(micro)
10^{2}	h(hecto)	10^{-9}	n(nano)
10	da(deca)	10^{-12}	p(pico)

① 길이(length)의 단위환산

가장 기본적인 단위인 길이의 단위환산에 대해서 살펴보자. 길이의 단위는 m이며 차원으로는 [L]로 표기한다. 길이의 단위에는 SI단위 외에도 관습적으로 사용되는 단위들이 있다. 길이의 단위환산은 m라고 하는 기본단위를 ft 또는 in라고 하는 관습적으로 사용되는 단위로의 환산관계이다.

핵심 체크 길이의 단위환산인자

1 m=100 cm=1000 mm, 1 in=2.54 cm, 1 ft=12 in=30.48 cm=0.3048 m

예제 2-7

유체를 이송하는 데 사용하는 관의 길이가 25 m라고 하면 이 값을 다음의 단위로 환산하면 얼마인가?

① ft ② in

풀이 관의 길이가 25 m이므로 환산관계를 이용하면 그 결과는 다음과 같다.

① 이 문제는 25 m는 몇 ft인가를 의미하는 문제로 1 ft는 30.48 cm라는 단위환산인자만 알고 있으면 쉽게 해결할 수 있는 문제이다.

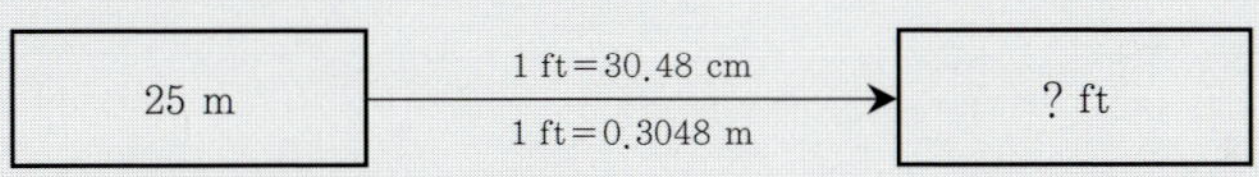

즉, $25\ \text{m} \times \dfrac{1\ \text{ft}}{0.3048\ \text{m}} = 82.02\ \text{ft}$가 된다.

② 이 문제는 25 m는 몇 in인가를 의미하는 문제로 1 in는 2.54 cm와 1 m는 100 cm라는 단위환산인자만 알고 있으면 쉽게 해결할 수 있는 문제이다.

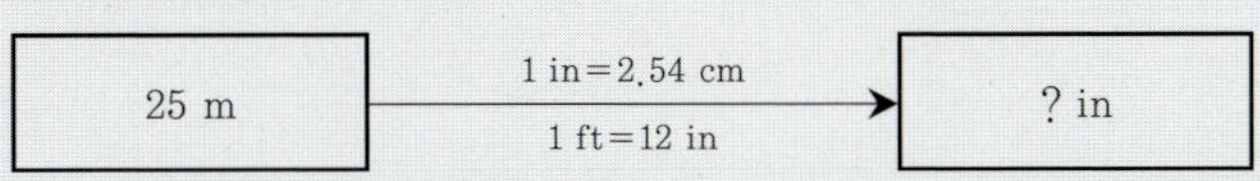

즉, $25\ \text{m} \times \dfrac{100\ \text{cm}}{1\ \text{m}} \times \dfrac{1\ \in}{2.54\ \text{cm}} = 984.25\ \in$가 된다.

② 면적의 단위환산

면적(Area)은 길이에 길이를 곱한 값으로 정의된다. 면적의 차원은 $[L^2]$으로 표시된다. 그러므로 면적의 단위환산은 주어진 두변의 길이를 각각 단위환산하여 곱한 결과와 같다. 면적의 단위의 관계를 살펴보면 다음과 같다.

핵심체크 면적의 단위환산인자

길이	면적
1 m=100 cm	$(1\ \text{m})^2=(100\ \text{cm})^2=10000\ \text{cm}^2$
1 in=2.54 cm	$(1\ \text{in})^2=(2.54\ \text{cm})^2=6.4516\ \text{cm}^2$
1 ft=12 in	$(1\ \text{ft})^2=(12\ \text{in})^2=144\ \text{in}^2$
1 ft=30.48 cm	$(1\ \text{ft})^2=(30.48\ \text{cm})^2=929.03\ \text{cm}^2$

표 2-7. 길이 관련 단위환산인자

길이	면적	부피
1 m=100 cm	$(1\ \text{m})^2=(100\ \text{cm})^2=10000\ \text{cm}^2$	$(1\ \text{m})^3=(100\ \text{cm})^3=1000000\ \text{cm}^3$
1 in=2.54 cm	$(1\ \text{in})^2=(2.54\ \text{cm})^2=6.4516\ \text{cm}^2$	$(1\ \text{in})^3=(2.54\ \text{cm})^3=16.387\ \text{cm}^3$
1 ft=12 in	$(1\ \text{ft})^2=(12\ \text{in})^2=144\ \text{in}^2$	$(1\ \text{ft})^3=(12\ \text{in})^3=1728\ \text{in}^3$
1 ft=30.48 cm	$(1\ \text{ft})^2=(30.48\ \text{cm})^2=929.03\ \text{cm}^2$	$(1\ \text{ft})^3=(30.48\ \text{cm})^3=28316.8\ \text{cm}^3$

예제 2-8

면적이 150 m^2일 때의 면적 값을 ft^2의 단위로 나타내어라.

풀이 면적은 $(\text{길이})^2$의 형태이므로 단위를 환산할 경우 배수도 단위의 지수 항과 동일하게 계산하여야 하므로 $(1\ \text{ft})^2=(0.3048\ \text{m})^2$이 되어야 한다. 따라서 다음과 같이 구할 수 있다.

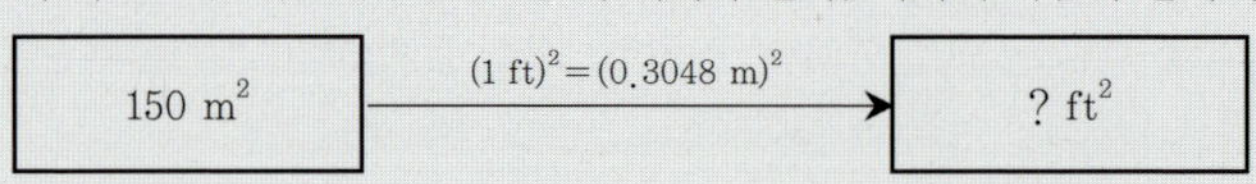

$$\text{새단위}(\text{ft}^2)=\text{기존의 단위}(150\ \text{m}^2)\times\frac{\text{새로운 단위}(1\ \text{ft})^2}{\text{기존의 단위}(0.3048\ \text{m})^2}=1614.58\ \text{ft}^2$$

단위환산에서 많은 학습자들이 실수하는 부분이 $(0.3048\ \text{m}^2)$과 같은 경우 $(0.3048)^2\ \text{m}^2$이라고 하지 않고 $0.3048\ \text{m}^2$이라고 표현하는 것이다.

단위환산을 할 때는 단위뿐만 아니라 단위 앞에 있는 환산인자인 숫자의 계산에도 주의하여야 한다.

③ 부피의 단위환산

부피의 차원은 길이의 세제곱근과 같다. 따라서 부피의 단위환산 역시 길이의 단위환산과 같은 방법으로 하면 된다.

즉 부피는 $[L^3]$이므로 길이의 환산인자를 사용하여 길이의 세제곱을 하는 방법으로 환산하면 된다.

Volume(부피, V) = Area(면적, A) × L(Length, 거리)

핵심 체크 부피의 단위환산인자

길이	부피
1 m = 100 cm	$(1\ m)^3 = (100\ cm)^3 = 1000000\ cm^3$
1 in = 2.54 cm	$(1\ in)^3 = (2.54\ cm)^3 = 16.387\ cm^3$
1 ft = 12 in	$(1\ ft)^3 = (12\ in)^3 = 1728\ in^3$
1 ft = 30.48 cm	$(1\ ft)^3 = (30.48\ cm)^3 = 28316.8\ cm^3$

SI단위체계에서 부피는 m^3, 또는 cm^3(cc)으로 나타내며, 액체의 부피단위로는 L (liter)도 함께 사용한다. 부피의 단위환산관계는 다음에서 보는 바와 같다.

$$1\ m^3 = 1000(=10^3)L = 1\ kL = 10^6\ cm^3(cc) = 10^6\ mL$$

예제 2-9

0.15 m^3의 부피를 cm^3와 L의 단위로 환산하시오.

풀이 부피의 단위환산은 앞에서도 살펴본 바와 같이 부피가 길이의 세제곱근이므로 길이의 단위환산인자의 세제곱근을 한 후에 계산하여야 한다. 먼저 m^3의 단위를 cm^3로 환산하면

$$0.15\ m^3 = 0.15\ m^3 \times \left[\frac{100\ cm}{1\ m}\right]^3 = 150000\ cm^3$$

(길이 환산인자)

더불어 1 L는 1000 cm^3와 같으므로 $150000\ cm^3 = 150000\ cm^3 \times \frac{1\ L}{1000\ cm^3} = 150\ L$가 된다.

④ 질량의 단위환산

질량(mass)의 단위로 가장 널리 사용되는 단위는 kg이며 차원으로는 [M]으로 표기한다. 질량 단위에는 SI단위 외에도 관습적으로 사용되는 단위로 lb가 있다. 이들 단위의 관계를 살펴보면 다음과 같다.

$$1\ kg = 1000\ g,\ 1\ lb(pound) = 454\ g = 0.454\ kg,\ 1\ ton = 1000\ kg$$

예제 2-10

가스봄베의 무게가 10 kg이라면 이 값을 lb의 값으로 환산하면 얼마인가?

풀이 kg으로 표현되는 MKS단위체계를 FPS단위체계인 lb로 환산하는 문제이므로 두 단위체계의 환산인자인 1 lb=454 g=0.454 kg, 또는 1 kg=2.2 lb를 사용하여 구할 수 있다.

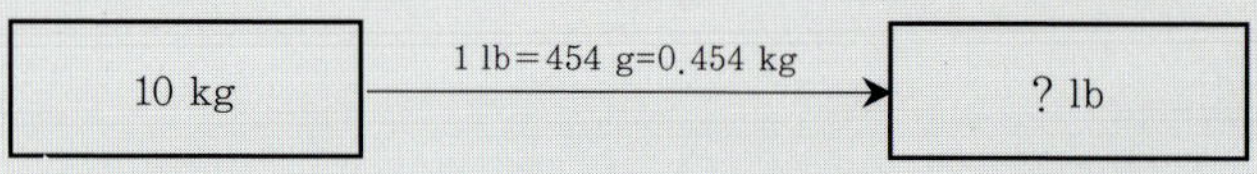

따라서 $10\ \text{kg} = 10\ \text{kg} \times \dfrac{1\ \text{lb}}{0.454\ \text{kg}} = 22.02\ \text{lb}$이다.

3 질량과 중량

건강에 대한 관심이 커지면서 비만에 대해 걱정 하는 사람들이 부쩍 늘고 있다. 우리가 살고 있는 지구에서 몸무게(體重)가 60 kg인 사람이 지구에 비해 중력이 15% 정도밖에 작용하지 않는 곳에서 몸무게를 측정하면 훨씬 작은 몸무게를 보인다. 앞서 설명했듯이 체중 즉, 몸의 무게는 몸이 가지고 있는 고유한 질량에 중력 가속도가 작용했기 때문에 나타나는 숫자이다. 우리가 사용하는 체중계는 이러한 중력 가속도를 고려하여 만들어 졌기 때문에 모든 사람들이 중력 가속도가 작용한 무게를 측정하는 것이다.

위의 설명에서 살펴본 바와 같이 보통 사용하는 중량(weight)이라는 것과 질량(mass)은 서로 다른 값을 가진다. 그러나 우리는 그것을 가끔 혼동하는 경우가 있다. 몸의 무게인 체중은 중량으로 중력 가속도가 작용한 값을 의미한다. 즉, 중력 가속도를 SI단위로 나타내면 9.8 m/s^2이기 때문에 질량 45 kg의 체중을 측정하면 45 kg에 중력 가속도가 작용한 값으로 측정되어야 한다. 그러나 실제로 우리가 사용하는 체중계는 45라는 숫자가 나타난다. 이 숫자는 질량에 중력 가속도 값을 환산하여 표시된 값이다. 그럼 여기서 질량과 중량(무게)의 관계에 대해서 살펴보자.

중량은 물질이 가지고 있는 고유한 질량에 중력 가속도가 작용한 것이다.

물질의 질량을 m이라고 하면 중량(w)은 다음과 같다.

$$w\ (\text{weight : 중량}) = m\ (\text{mass : 질량}) \times g$$

여기서 g는 중력 가속도이다. 중량은 다른 표현으로는 무게라고도 한다.

중량의 단위로 관습적으로 사용되는 lb힘(lb_f) 또는 kg힘(kg_f)은 lb 및 kg의 질량에 표준 중력 가속도가 작용할 때의 힘(중량)을 나타낸다.

$$1\ \mathrm{kg_f} = 1\ \mathrm{kg} \times \frac{9.8\ \mathrm{m}}{\mathrm{s}^2} = 9.8\ \mathrm{N}$$

핵심 체크 질량(m)과 중량(w)

w(weight : 중량) $= m$(*mass* : 질량) $\times g$

핵심 체크 중력 가속도와 힘의 단위

(1) $g = \frac{9.8\ \mathrm{m}}{s^2}$

(2) $1\ \mathrm{kg_f} = 1\ \mathrm{kg} \times \frac{9.8\ \mathrm{m}}{\mathrm{s}^2} = 9.8\ \mathrm{N}$

다시 말하면 체중을 측정하면 질량이 45 kg인 사람이 저울에 올라가면 중력 가속도가 작용한 값이 적용되어 $45\ \mathrm{kg} \times \frac{9.8\ \mathrm{m}}{\mathrm{s}^2} = \frac{441\ \mathrm{kg} \times \mathrm{m}}{\mathrm{s}^2} = 441\ \mathrm{N}$으로 나타내어야 한다.

그러나 이 값을 $1\ \mathrm{kg_f} = 1\ \mathrm{kg} \times \frac{9.8\ \mathrm{m}}{\mathrm{s}^2} = 9.8\ \mathrm{N}$을 사용하여 환산하여 $45\ \mathrm{kg} \times \frac{9.8\ \mathrm{m}}{s^2} = \frac{441\ \mathrm{kg} \times \mathrm{m}}{s^2} = 441\ \mathrm{N} = 441\ \mathrm{N} \times \frac{1\ \mathrm{kg_f}}{9.8\ \mathrm{N}} = 45\ \mathrm{kg_f}$가 되는 것이다.

따라서 체중계에서 측정된 45라는 의미는 질량(mass)을 의미하는 45 kg이 아니라 일종의 힘의 단위이자 중량(weight)의 단위인 45 kg_f인 것이다.

예제 2-11

중력 가속도가 2.5 $\mathrm{m/s^2}$ 인 지점에서 45 kg의 질량은 중량으로 몇 N인가?

풀이 중량의 값인 N은 질량에 가속도가 가해진 값을 의미한다.

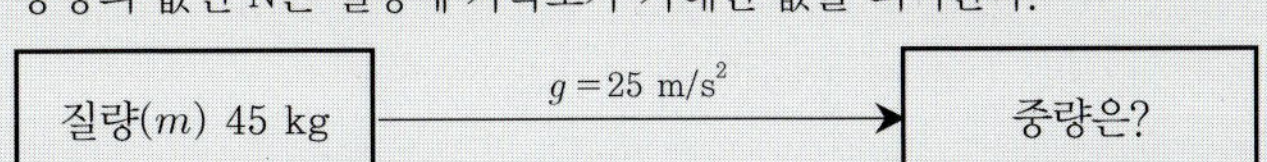

$w = mg = 45\ \mathrm{kg} \times \frac{2.5\ \mathrm{m}}{\mathrm{s}^2} = \frac{112.5\ \mathrm{kg} \cdot \mathrm{m}}{\mathrm{s}^2} = 112.5\ \mathrm{N}$가 된다. $\left(※\ \frac{1\ \mathrm{kg} \cdot \mathrm{m}}{s^2} = 1\ \mathrm{N}\right)$

예제 2-12

질량 65 kg의 물체를 중력 가속도 9.7 m/s^2인 곳에 놓으면 이 물체의 중량은 몇 kg_f인가?

풀이 중량이란 질량에 중력 가속도가 가해진 것이므로 중력 가속도가 9.7 m/s^2인 지점에서 질량이 65 kg인 물체의 중량은 $65\ kg \times 9.7\ m/s^2 = 630.5\ kg \cdot m/s^2 = 630.5\ N$이 된다.

$w = mg$이므로 힘의 단위환산에서 $9.8\ N = 1\ kg_f$에서 이 값을 이용하면 다음과 같이 계산된다.

$630.5\ N = 630.5\ N \times \dfrac{1\ kg_f}{9.8\ N} = 64.34\ kg_f$가 된다.

예제 2-13

중력 가속도가 9.5[m/s^2]인 위치에서 측정한 물체의 중량이 4.5 kg_f이라면, 이 물체의 질량은 몇 kg인가?

풀이 물체의 중량은 물체 자신이 가지고 있는 질량과 중력 가속도의 값으로부터 계산된다. 중력 가속도가 아무리 변화 하더라도 물질 자신이 지니고 있는 고유한 질량은 변화하지 않고 일정한 값을 가진다. 따라서 중력 가속도가 9.5[m/s^2]인 위치에서 측정한 중량(w)값을 질량(m)값으로 환산하여 계산하면 편리하다.

$w = mg$에서 중력 가속도가 9.5[m/s^2]인 위치에서 측정한 물질의 중량(w)이 4.5 kg_f이므로, 물질의 질량(m)은 다음과 같다.

$m = \dfrac{W}{g} = \dfrac{4.5\ kg_f}{9.5\ m/s^2} = \dfrac{0.47\ kg_f}{m/s^2} = \dfrac{0.47\ kg_f \cdot s^2}{m}$이므로

이 값을 질량의 값으로 환산하면 다음과 같다.

$m = \dfrac{W}{g} = \dfrac{0.47\ kg_f \cdot s^2}{m} = \dfrac{0.47\ kg_f \cdot s^2}{m} \times \dfrac{9.8\ N}{1\ kg_f} \times \dfrac{1\ kg \times m/s^2}{1\ N} = 4.606\ kg$이 된다.

예제 2-14

중력 가속도가 9.5[m/s^2]인 위치에서 측정한 물체의 중량이 4.5 kg_f이라면, 그 물체를 중력 가속도가 9.8[m/s^2]인 위치에서 중량을 측정하였다면 그 중량은 몇 kg_f인가?

풀이 어느 위치에서 물체의 중량은 물체 자신이 가지고 있는 질량과 중력 가속도의 값으로 부터 계산된다. 중력 가속도가 아무리 변화 하더라도 물질 자신이 지니고 있는 고유한 질량은 변화하지 않고 일정한 값을 가진다. 따라서 중력 가속도가 9.5[m/s^2]인 위치에서 측정한 중량(w)값을 질량(m)값으로 환산하여 계산하면 편리하다. $w = mg$에서 중력 가속도가 9.5[m/s^2]인 위치에서 측정한 물질의 중량(W)이 4.5 kg_f이므로 , 물질의 질량(m)은 다음과 같다.

$m = \dfrac{W}{g} = \dfrac{4.5\ kg_f}{9.5\ m/s^2} = \dfrac{0.47\ kg_f}{m/s^2} = \dfrac{0.47\ kg_f \cdot s^2}{m}$

이 값으로부터 중력 가속도가 9.8[m/s^2]인 위치에서 질량(m)이 0.47 $kg_f \cdot s^2/m$인 물질의 중량(w)은 다음과 같다.

$w = mg = 0.47\ kg_f \cdot sec^2/m \times 9.8\ m/s^2 = 4.606\ kg_f$가 된다.

4 물질의 질량과 부피와 관련된 값

유체가 지니는 여러 가지 물성 중에서 쉽게 측정할 수 있는 것이 질량과 부피이다. 정지된 상태에 있는 유체의 경우 질량과 부피는 여러 가지 방법으로 측정이 가능하기 때문에 쉽게 그 양을 비교할 수 있게 된다. 그러나 유체가 정지된 상태가 아닌 이동하는 상태에서는 쉽게만 생각 되었던 부피나 질량을 측정하는 것이 그리 쉬운 일은 아니다. 따라서 여기에서는 유체가 이동할 때 그 유체의 흐름 양을 쉽게 알기 위해서 필요한 물성치중에서 가장 쉽게 접근할 수 있는 물질의 질량과 부피와 관련된 물성치들에 대해서 살펴보기로 하자.

4.1 밀도

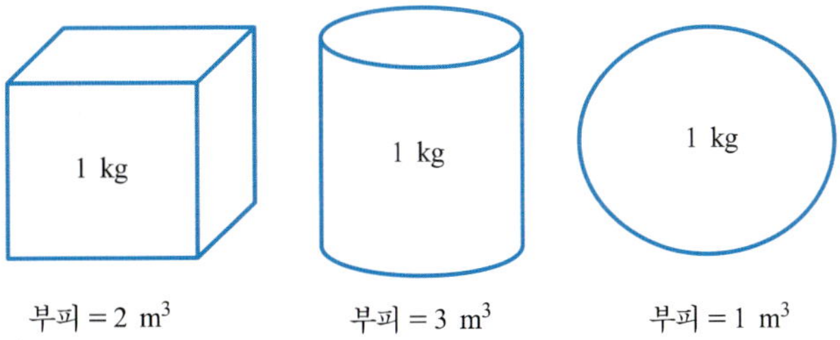

그림 2-1 질량과 부피의 관계

그림 2-1에서 보면 서로 다른 부피를 가진 물체들의 질량은 서로 같은 값을 가지고 있다. 이 물질들이 왜 질량은 같은데 부피는 서로 다른 값을 가질까? 이는 물질들이 가지고 있는 고유한 물성 값(physical properties)들이 서로 다르기 때문에 발생하는 현상이다. 특히 질량과 부피만으로 비교할 때 물질이 스스로 일정 부피에 차지하는 질량 값이 물질마다 서로 다르기 때문에 나타나는 현상이다. 이처럼 물질의 질량과 부피의 값을 이용해서 그 비의 값을 나타내는 것을 **밀도**(density)라고 한다. 유체는 흐르고 있는 경우에 이동된 량을 측정할 때 부피로 계량하는 것이 질량으로 계량하는 것보다 쉬운 경우가 많다. 그러나 부피로 계량된 값을 질량 값으로 환산하여 사용해야 하는 경우도 많이 발생한다. 이럴 때 밀도 값을 이용하면 쉽게 환산할 수 있다.

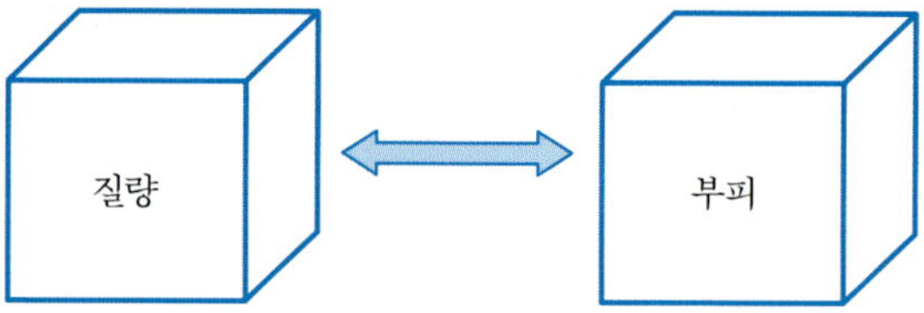

그림 2-2. **부피와 질량의 환산관계**

물체의 밀도는 그 물체가 차지하는 단위부피당의 질량으로 정의되며, 그 값은 수치상 비중과 거의 일치한다. 밀도를 차원의 개념으로 나타내면 다음과 같다.

$$밀도 = \frac{질량}{부피\,[=(거리)^3]} = \left[\frac{M}{L^3}\right] = [ML^{-3}]$$

핵심 체크 밀도(Density, ρ)

밀도의 정의 : 단위부피당 차지하는 질량(mass)

$$밀도(\rho) = \frac{질량(m)}{부피(V)\;[=(거리)^3]} = \left[\frac{M}{L^3}\right] = [ML^{-3}]$$

물의 밀도 값을 이용해서 밀도의 여러 가지 단위에 대해 살펴보면 다음과 같다. 물의 밀도는 1 g/cm^{3}이므로 이 값으로부터 단위환산관계를 이용해서 물의 밀도 값을 계산하면 다음과 같다.

$$\begin{aligned}\rho_{\text{water}} &= \frac{1\ \text{g}}{\text{cm}^3} = \frac{1\ \text{g}}{\text{cm}^3} \times \frac{1\ \text{kg}}{1000\text{g}} = \frac{10^{-3}\ \text{kg}}{\text{cm}^3} \\ &= \frac{1\ \text{g}}{\text{cm}^3} \times \frac{1\ \text{kg}}{1000\ \text{g}} \times \frac{1000\ \text{cm}^3}{\text{L}} = \frac{1\ \text{kg}}{\text{L}} \\ &= \frac{1\ \text{kg}}{\text{L}} \times \frac{1000\ \text{L}}{1\ \text{m}^3} = \frac{1000\ \text{kg}}{\text{m}^3} \\ &= \frac{1\ \text{g}}{\text{cm}^3} \times \frac{1\ \text{lb}}{454\ \text{g}} \times \left(\frac{30.48\ \text{cm}}{1\ \text{ft}}\right)^3 = \frac{62.4\ \text{lb}}{\text{ft}^3}\end{aligned}$$

으로 표시된다.

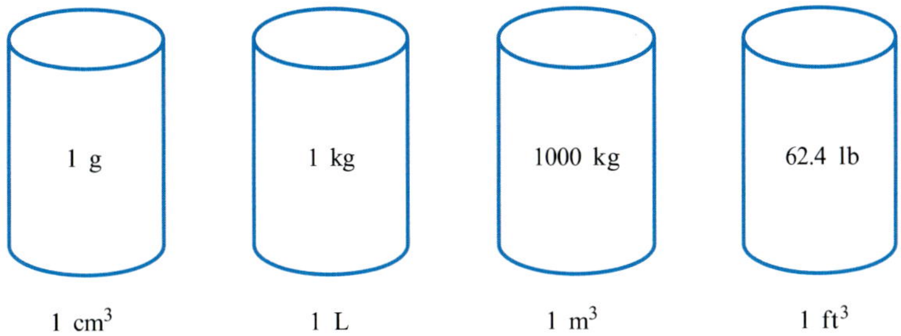

그림 2-3. 물의 부피와 질량관계

핵심 체크 **단위체계에 따른 물의 밀도 값**

물의 밀도 값을 각 단위체계로 살펴보면 다음과 같다.

물의 밀도 $\rho_{\text{water}} = \frac{1\ \text{g}}{\text{cm}^3} = \frac{1000\ \text{kg}}{\text{m}^3} = \frac{1\ \text{kg}}{\text{L}} = \frac{62.4\ \text{lb}}{\text{ft}^3}$

밀도를 SI단위체계에서 사용하는 힘의 값인 N의 값으로 표현하면 다음과 같이 나타낼 수 있다.

밀도 $= \frac{\text{질량}}{\text{부피}}$ 에서 질량 값에 중력 가속도 g를 이용해서 중량으로 환산하면 질량 값의 밀도 값을 힘의 의미를 갖는 단위 값으로 환산할 수 있다.

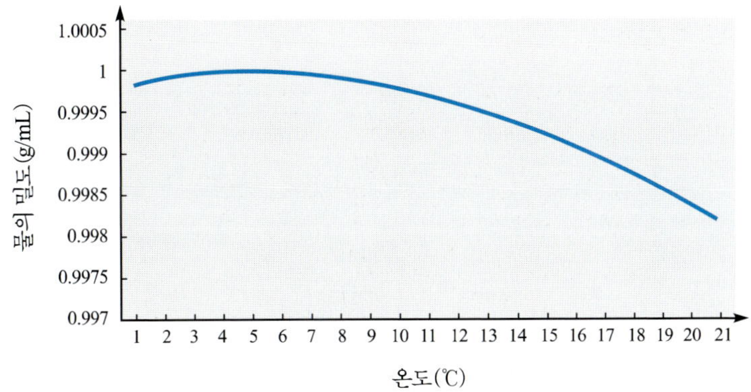

그림 2-4. 온도에 따른 물의 밀도변화

$$\rho_{\text{water}} = \frac{1000\ \text{kg}}{\text{m}^3} = \frac{1000\ \text{kg}}{\text{m}^3} \times \frac{\frac{9.8\ \text{m}}{\text{s}^2}}{\frac{9.8\ \text{m}}{\text{s}^2}} = \frac{1000\ \text{kg} \circ \text{m}}{s^2} \times \frac{s^2}{\text{m}^4}$$

$$\rho_{\text{water}} = \frac{1000\ \text{kg}}{\text{m}^3} = \frac{1000\ \text{kg}}{\text{m}^3} \times \frac{\frac{9.8\ \text{m}}{\text{s}^2}}{\frac{9.8\ \text{m}}{\text{s}^2}} = \frac{1000\ \text{kg} \bullet \text{m}}{s^2} \times \frac{s^2}{\text{m}^4}$$

$$= \frac{1000\ \text{N} \cdot \text{s}^2}{\text{m}^4}$$

핵심 체크 중력단위계에서의 물의 밀도 값

힘의 단위로서 물의 밀도 $\rho_{water} = \dfrac{1000\ \text{N} \cdot \text{s}^2}{\text{m}^4}$

예제 2-15

어떤 액체 60 lb가 차지하는 부피가 1 ft^3이라고 하면 이 액체의 밀도는 몇 kg/m^3인가?

풀이 액체 1 ft^3의 질량이 60 lb이므로 이 액체의 밀도는 60 lb/ft^3이다. 이 값을 이용해서 단위환산하면

$$\frac{60\ \text{lb}}{\text{ft}^3} \times \frac{0.454\ \text{kg}}{1\ \text{lb}} \times \left(\frac{1\ \text{ft}}{0.3048\ \text{m}}\right)^3 = \frac{962\ \text{kg}}{\text{m}^3}$$

예제 2-16

밀도가 0.95 g/cm^3인 액체의 밀도는 몇 $\text{N} \cdot \text{s}^2/\text{m}^4$인가?

풀이 액체의 밀도가 0.95 g/cm^3이므로

$$\frac{0.95\ \text{g}}{\text{cm}^3} = \frac{0.95\ \text{g}}{\text{cm}^3} \times \frac{1\ \text{kg}}{10^3\ \text{g}} \times \left(\frac{100\ \text{cm}}{1\ \text{m}}\right)^3 = \frac{950\ \text{kg}}{\text{m}^3}$$

이 값으로부터

$$\frac{950\ \text{kg}}{\text{m}^3} = \frac{950\ \text{kg}}{\text{m}^3} \times \frac{s^2}{9.8\ \text{m}} = \frac{96.9\ \text{kg} \cdot \text{s}^2}{\text{m}^4}$$

$$\frac{96.9\ \text{kg} \cdot \text{s}^2}{\text{m}^4} = \frac{96.9\ \text{kg} \cdot \text{s}^2}{\text{m}^4} \times \frac{9.8\ \text{m}}{s^2} = \frac{950\ \text{N} \cdot \text{s}^2}{\text{m}^4}$$

표 2-8 **밀도의 차원 및 단위**

물리량	의 미	단위(MKS계)	차원
밀도	단위부피당의 질량	kg/m^3	$[M]/[L]^3 = ML^{-3}$
		$\dfrac{N \cdot s^2}{m^4}$	FT^2L^{-4}
밀도의 활용	유체의 부피 값에서 질량 값을 계산하거나, 반대로 질량 값을 알 때 부피를 계산하는 물성치로 널리 사용된다.	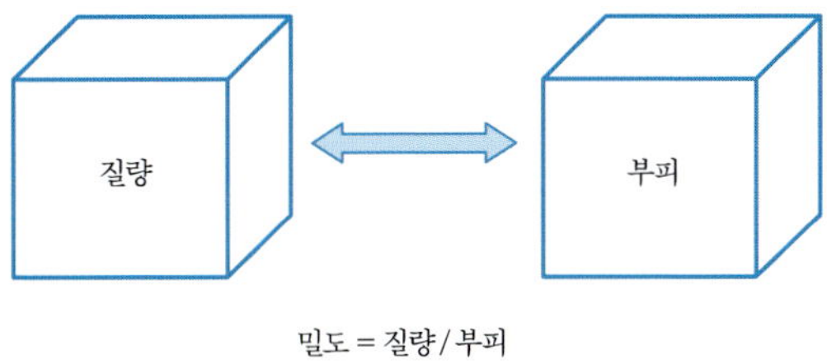	

4.2 비중

물질이 지닌 밀도 값을 기준물질의 밀도 값에 대한 비로 표시한 것을 **비중**(specific gravity, sp.gr)이라 한다. 유체는 흐르는 물질로 정의 되며 외부의 힘에 의해 부피가 변화하지 않는 비압축성 유체는 물과 같은 액체 등이 여기에 속한다. 비압축성 유체의 비중은 물의 밀도를 기준으로 하여 나타낸다. 외부의 힘에 의해 부피가 변화하는 압축성 유체는 공기와 기체 등이 여기에 속한다. 압축성 유체의 비중은 공기의 밀도를 기준으로 하여 나타낸다.

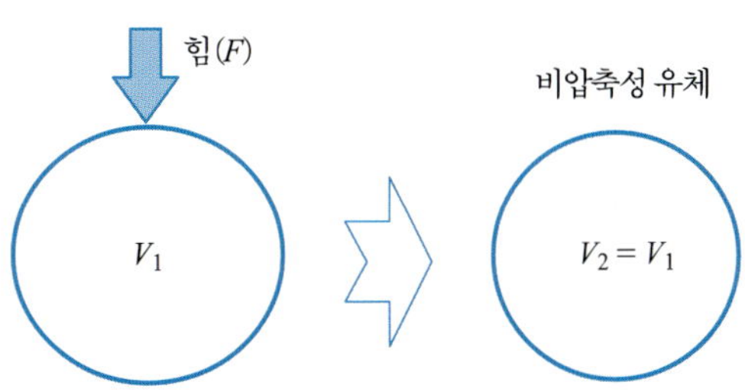

그림 2-5. **비압축성 유체에 가해진 힘에 의한 부피변화**

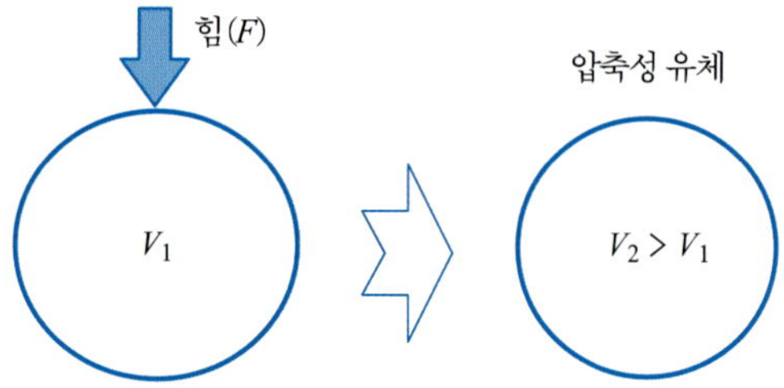

그림 2-6. 압축성 유체에 가해진 힘에 의한 부피변화

$$\text{비중}(sp \cdot gr) = \frac{(kg/m^3)_A}{(kg/m^3)_{ref}} = \frac{(g/cm^3)_A}{(g/cm^3)_{ref}} = \frac{(lb/ft^3)_A}{(lb/ft^3)_{ref}}$$

핵심체크 비중의 정의

밀도 값을 기준물질의 밀도 값에 대한 비로 표시한 것
기준물질 ㉠ 액체 : 물 ㉡ 기체 : 공기

핵심체크 비중의 계산

$$\text{비중}(sp \cdot gr) = \frac{(kg/m^3)_A}{(kg/m^3)_{ref}} = \frac{(g/cm^3)_A}{(g/cm^3)_{ref}} = \frac{(lb/ft^3)_A}{(lb/ft^3)_{ref}}$$

핵심체크 액체의 비중

$$\text{액체의 비중} = \frac{\text{액체의 밀도}(kg/m^3)}{\text{물의 밀도}(kg/m^3)} = \frac{\text{액체의 밀도}(g/cm^3)}{\text{물의 밀도}(g/cm^3)}$$

비중은 기준물질의 밀도에 대한 대상물질의 밀도의 비교값이므로 단위를 갖지 않는 무차원 수이다. 일반적으로 액체의 밀도는 온도에 따라서 변화하므로 비중 값을 나타낼 때에는 밀도를 측정한 온도를 표기해야 한다. 기체의 밀도를 계산하는 방법은 다음과 같다.

① 표준상태(0℃, 1기압)에서 기체의 밀도는 다음과 같다.

$$\text{기체의 밀도}(\rho) = \frac{\text{기체의 분자량(kg/kmole)}}{\text{기체의 부피}(\text{m}^3/\text{kmole})}$$

② 온도와 압력이 표준상태(0℃, 1기압)가 아닌 경우 기체의 밀도는 다음과 같다.

$$\text{기체의 밀도}(\rho) = \frac{PM}{RT}$$

여기서, P : 압력, M : 분자량, T : 절대온도, R : 기체상수

핵심 체크 기체의 비중

$$\text{기체의 비중} = \frac{\text{기체의 밀도}(\text{kg/m}^3)}{\text{공기의 밀도}(\text{kg/m}^3)} = \frac{\text{기체의 밀도}(\rho)\left(\frac{PM}{RT}\right)_{\text{기체}}}{\text{공기의 밀도}(\rho)\ \left(\frac{PM}{RT}\right)_{\text{공기}}}$$

예제 2-17

액체의 비중이 0.92일 때의 액체의 밀도는 몇 g/cm^3인가?

풀이 비중이 0.92인 액체의 밀도는 다음과 같다. 4℃의 물을 기준으로 하면, 물의 밀도가 1 g/cm^3이므로 액체의 밀도는 $\frac{1\ \text{g}}{\text{cm}^3} \times 0.92 = \frac{0.92\ \text{g}}{\text{cm}^3}$이 된다

예제 2-18

유체 2 L의 중량이 100 N일 때의 유체의 비중은 얼마인가?

풀이 유체 2 L의 중량이 100 N이므로 유체의 밀도를 구하면 다음과 같다.
100 N의 중량은 힘의 단위이므로 이 값을 질량의 단위로 환산하여야 한다.
$100\ \text{N} = 100\ \text{N} \times \frac{\text{kg} \cdot \text{m/s}^2}{\text{N}} = \frac{100\ \text{kg} \cdot \text{m}}{\text{s}^2}$이 된다.
주어진 값에서 $\frac{\text{kg} \cdot \text{m}}{s^2}$을 kg의 단위로 바꾸기 위해서는 $\frac{\text{kg} \cdot \text{m}}{s^2}$에 $\frac{s^2}{\text{m}}$를 곱하면 된다.
단위환산인자 가운데 $\frac{s^2}{\text{m}}$의 단위를 가지는 것은 중력 가속도(g)의 역수 $\frac{s^2}{9.8\ \text{m}}$이므로 이것을 이용하면 된다. $100\ \text{N} = 100\text{N} \times \frac{\text{kg} \cdot \text{m/s}^2}{\text{N}} = \frac{100\ \text{kg} \cdot \text{m}}{\text{s}^2} \times \frac{\text{s}^2}{9.8\ \text{m}} = 10.204\ \text{kg}$
유체의 밀도는 $\frac{10.204\ \text{kg}}{2\ \text{L}} = \frac{5.102\ \text{kg}}{\text{L}}$가 된다.
따라서 유체의 비중은 $\frac{\text{유체의 밀도}}{\text{물의 밀도}} = \frac{5.102\ \text{kg/L}}{1\ \text{kg/L}} = 5.102$이다.

4.3 비용과 비중량

부피와 질량의 값을 가지는 물성치에 밀도 외에도 비용이라는 값이 사용된다. 비용(specific volume, $\overline{V}$)은 단위질량당의 부피로 밀도의 역수이다. 비용의 차원은 $[L^3/M]$으로 표시되며, 단위로는 cm^3/g, m^3/kg, ft^3/lb 등이 사용되며, 이들의 환산관계는 밀도 값의 환산관계와 같다.

$\overline{V} = \dfrac{1}{\rho} = \dfrac{V}{m}$ 으로 나타낸다.

핵심체크 비용의 정의

$$\overline{V} = \frac{1}{\rho} = \frac{V}{m}$$

핵심체크 밀도와 비용

물리량	의 미	단위(MKS계)	차원
밀도	단위부피당의 질량	kg/m^3	$[M]/[L]^3 = ML^{-3}$
비용	단위질량당의 부피	m^3/kg	$[L]^3/[M] = M^{-1}L^3$

밀도가 단위부피당 질량 값을 의미한다면 **비중량(specific weight)**은 단위부피당의 중량 값을 의미한다.

따라서 비중량은 다음과 같이 표시된다.

$$\text{비중량(specific weight)}\ \gamma = \frac{w}{V} = \frac{m}{V} \times g = \rho \times g$$

여기서 g는 중력 가속도로 SI단위는 m/s^2이다.

따라서 비중량의 단위는 $\dfrac{m}{s^2} \times \dfrac{kg}{m^3} = \dfrac{N}{m^3}$ 또는 $\dfrac{kg_f}{m^3}$의 단위를 가진다. 밀도가 1 g/m^3인 물의 비중량은 1000 kg_f/m^3 또는 9800 N/m^3의 값을 가진다.

핵심 체크 액체의 비중량

$$\text{액체의 비중량} = \frac{\text{액체의 중량}}{\text{액체의 부피}}\left[\frac{kg_f}{m^3},\ \frac{N}{m^3}\right]$$

핵심 체크 밀도와 비중량의 비교

물리량	의 미	단위(MKS계)	차원
밀도	단위부피당의 질량	kg/m^3	$[M]/[L]^3 = ML^{-3}$
비중량	단위부피당의 중량	kg_f/m^3, N/m^3	$[M][L]/[T]^{-2}[L]^3 = ML^{-2}T^2$

핵심 체크 비용과 비중량의 차원 및 단위의 비교

물리량	의 미	단위(MKS계)	차원
비용	단위질량당의 부피	m^3/kg	$[L]^3/[M] = M^{-1}L^3$
비중량	단위부피당의 중량	kg_f/m^3, N/m^3	$[M][L]/[T]^{-2}[L]^3 = ML^{-2}T^2$

예제 2-19

유체 15 cm^3의 질량을 측정하였더니 12.75 g이었다. 이 유체의 비중량은 몇 kg_f/m^3인가?

풀이 비중량을 계산하기 위해서는 유체의 밀도 값을 알아야 한다.
15 cm^3의 질량이 12.75 g이므로 밀도는 12.75 g/15 cm^3 = 0.85 g/cm^3이 된다. 유체 밀도 값의 g을 kg으로 cm^3을 m^3으로 단위환산한 후에 계산하면 편리하다.

유체의 밀도는 $\rho_{유체} = \frac{0.85\ g}{cm^3} = \frac{0.85\ g}{cm^3} \times \frac{1\ kg}{1000\ g} \times \left(\frac{100\ cm}{1\ m}\right)^3 = \frac{850\ kg}{m^3}$ 이므로

유체의 비중량은 다음과 같이 계산할 수 있다.

$$\gamma = \rho_{유체} \times g = \frac{850\ kg}{m^3} \times \frac{9.8\ m}{s^2} \times \frac{N}{kg \cdot m/s^2} \times \frac{1\ kg_f}{9.8\ N} = \frac{850\ kg_f}{m^3}$$

예제 2-20

그림과 같이 0.04[m^3]의 부피를 가진 구 안에 유체가 가득 들어 있다. 이 구형 물질을 그림과 같이 물속에 넣고 수직 방향으로 50[N]의 힘을 가해서 들어주면 구가 물속에 1/2이 잠긴다. 구의 두께와 중량은 모두 무시할 정도로 작다고 한다면 구 안에 있는 유체의 비중량은 몇 [N/m^3]인가?

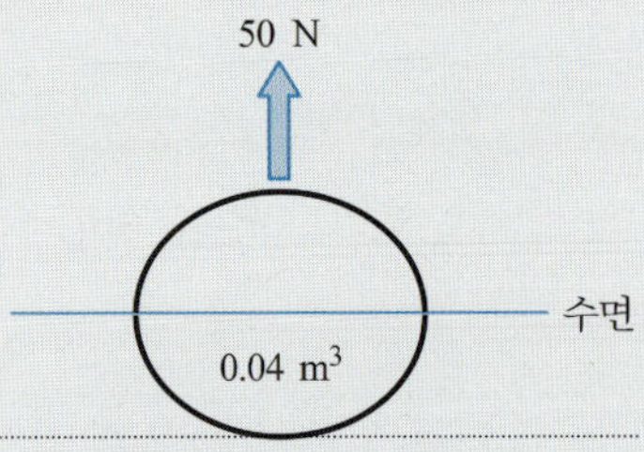

풀이 물의 비중량을 계산하면 다음과 같다.

$$\gamma=\rho\times g=\frac{1000\ \mathrm{kg}}{\mathrm{m}^3}\times\frac{9.8\ \mathrm{m}}{\mathrm{s}^2}\times\frac{1\ \mathrm{N}}{1\ \mathrm{kg}\cdot\mathrm{m/s}^2}\times\frac{1\ \mathrm{kg_f}}{9.8\ \mathrm{N}}=\frac{1000\ \mathrm{kg_f}}{\mathrm{m}^3}$$

부력과 비중량의 관계

$\gamma V=\gamma_w\dfrac{V}{2}+F$에서 $\gamma=\dfrac{\gamma_w\frac{V}{2}+F}{V}$가 된다. 이 값으로부터 유체의 비중량은 다음과 같다.

$$\gamma=\frac{\gamma_w\frac{V}{2}+F}{V}=\frac{9800\ \mathrm{N/m^3}\times\frac{0.04\ \mathrm{m}^3}{2}+50\ \mathrm{N}}{0.04\ \mathrm{m}^3}=\frac{6150\ \mathrm{N}}{\mathrm{m}^3}$$ 가 된다.

핵심 체크 부력의 정의

- 부력이란 물체표면에 작용하는 수압을 의미한다.
- 물이나 공기 같은 유체에 잠긴 물체는 중력과 반대 방향인 윗 방향으로 힘을 유체로부터 받게 되는데 이 힘을 부력이라 한다.

4.4 점도

유체가 이동할 때는 일정 경로가 형성되며, 일정한 공간을 통해서 이동하게 된다. 이때 유체의 흐름을 방해하려고 하는 힘이 작용한다. 여기서는 유체가 이동할 때 발생하는 저항에 대하여 살펴보기로 한다. 유체가 흐를 때 그 유체의 흐름을 방해하는 저항에는 여러 가지가 있다. 그 중에서 이동하고자 하는 유체에 대한 내부 저항을 점성이라 한다. 유체 점성의 크기를 나타내는 물질 고유의 상수를 **점도**(viscosity, μ)라 하며 점성계수라고도 한다.

4.4.1. 점도의 정의

> **핵심 체크** 점도의 정의
>
> 이동하고자 하는 유체에 대해 작용하는 저항력

점도에 대한 이해를 위해 두께가 dy인 평판 사이로 힘 F에 의해서 유체가 du의 속도로 이동하고 있는 경우를 생각해 보기로 하자. 아랫부분에 위치한 평판 2는 du의 속도로 이동하고, 위쪽에 위치하고 있는 평판 1이 움직이지 않고 고정되어 있는 상태를 가정하여 평판 사이로 유체가 흐르는 현상에 대해 알아보자.

평판 2를 du의 속도로 천천히 움직이면 초기에는 dy만큼 떨어져 있는 평판 1에 근접하고 있는 유체는 움직임이 없는 반면 평판 2에 인접하고 있는 유체만 이동하게 된다. 이는 평판 2가 du의 속도로 이동할 때 평판 2 근처에 있는 유체와 평판 2 사이에는 일종의 부착력이 작용하고 있으며, 평판 2에서 멀어질수록 가해지는 힘 F에 대항하는 저항력이 작용하려고 하는데 이렇게 작용하는 저항력을 점도라고 한다.

$\text{점도} = \dfrac{\text{저항력}}{du/dy}$로 나타낼 수 있다.

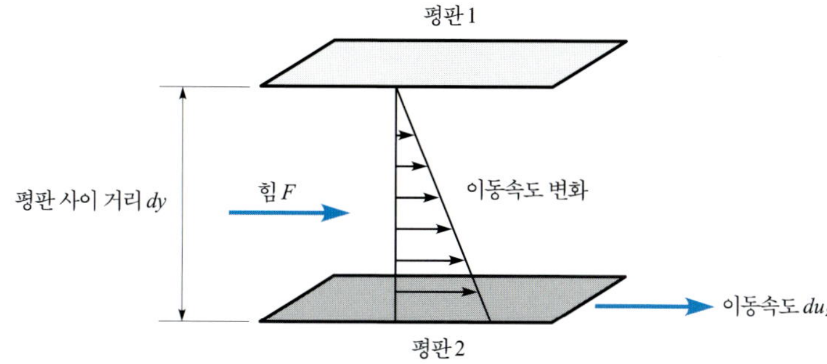

그림 2-7. 평행한 두 평판 사이에서 유체의 이동

> **핵심 체크** 점도의 단위
>
> - 국제단위계에서는 Pa · s(N · s/m^2 =kg/m · s)
> - CGS단위계에서는 P(포와즈, poise ; dyn · s/cm^2=g/cm · s)
> - 1 Pa · s=10 P
> - centipoise(cP : 1 cP=1 mPa · s)

핵심 체크 액체의 점성과 온도의 관계

액체에서는 근접한 분자간의 상호작용에 의해서 운동량이 이동되기 때문에 온도의 증가로 분자가 서로 움직이기 쉽게 되면 분자간의 상호작용은 반대로 감소하여 그 결과 점성이 감소한다. 따라서 점도측정에서는 온도를 일정하게 하는 것이 필수적이다. 물의 점도는 20℃에서의 약 1 mPa · s 이다.

① 액체의 경우에는 온도가 상승하면 점성은 감소
② 분자간의 응집력이 점성을 크게 좌우

표 2-9. **온도에 따른 물과 공기의 점도변화**

온도(°C)	0	10	20	40	60	80
물의 점도 (Pa · s)	1793.63	1296.44	993.41	792.38	471.67	352.06
공기의 점도 (Pa · s)	17.456	17.848	18.240	19.123	19.970	20.790

핵심 체크 기체의 점성과 온도의 관계

① 기체의 점성은 온도가 증가하면 같이 증가
② 기체의 주된 점성 원인이 분자 상호간에 운동

이상유체가 아닌 모든 실제유체는 점성이라는 성질을 가지며, 점성은 유체 흐름에 저항하는 값의 크기로 측정된다. 단위면적당의 힘의 크기로서 점성의 정도를 나타내게 된다.

4.4.2. 점도의 단위

핵심 체크 점성계수(viscosity, μ)의 차원 및 단위

차원	$ML^{-1}T^{-1}$
단위	g/cm · s(poises)

du의 속도로 dy의 간격을 가진 경로를 이동할 때 작용되는 저항력인 점성(μ)은 다음과 같다.

$\mu = \dfrac{\text{저항력}}{du/dy}$ 이므로 이 결과를 차원해석하면 다음과 같이 나타낼 수 있다.

우선 저항력은 단위면적(A)당 가해진 힘(F)과 같은 차원을 가지므로 저항력(τ)의 차원은 다음과 같다.

$$\tau(\text{저항력})\text{의 차원은} = \frac{\mathrm{F}}{\mathrm{A}} = \frac{\mathrm{ML}}{\mathrm{T}^2} \times \frac{1}{\mathrm{L}^2} = \mathrm{M/LT}^2$$

$$\text{속도구배}\left(\frac{du}{dy}\right)\text{의 차원은 } \frac{\mathrm{L}}{\mathrm{T}} \times \frac{1}{\mathrm{L}} = \frac{1}{\mathrm{T}}$$

그러므로 점성(μ)의 차원은 다음과 같다.

$$\text{점성} = \frac{\text{저항력}}{\text{속도구배}}\text{의 차원 } \frac{\mathrm{M}}{\mathrm{LT}^2} \times \mathrm{T} = \mathrm{M/LT}$$

따라서 점성의 차원은 M/LT이므로 점성의 단위는 다음과 같다.

MKS단위 : kg/m · s

CGS단위 : g/cm · s

유체가 정지된 상태에서는 외부에서 작용하는 힘의 영향이 거의 없으므로 점성에 큰 변화가 없으나, 유체가 이동하는 경우에는 여러 가지 외부에서 작용하는 힘에 의해 점성이 일정하게 유지되지 않는 흐름이 발생하게 된다. 이런 경우 점도를 유체의 물성이 변화하는 상태를 고려한 값을 사용하는 것이 실제적이라고 할 수 있다.

이런 이유로 점도를 밀도를 나눈 값인 동점도를 사용하게 된다.

$\text{동점도} = \dfrac{\text{점도}}{\text{밀도}}$ 로 나타낸다.

동점도의 차원을 살펴보면 다음과 같다.

점도의 차원이 $[\mathrm{ML^{-1}T^{-1}}]$이고 밀도의 차원이 $[\mathrm{ML^{-3}}]$이므로 동점도의 차원은 다음과 같다.

$$\text{동점도} = \frac{\text{점도}}{\text{밀도}} = \frac{\mathrm{M}}{\mathrm{LT}} \times \frac{\mathrm{L}^3}{\mathrm{M}} = \left[\frac{\mathrm{L}^2}{\mathrm{T}}\right]$$

동점도는 $[\mathrm{L^2/T}]$의 차원을 가지므로 동점도의 단위는 다음과 같다.

동점도의 MKS단위 : $\mathrm{m^2/s}$

동점도의 CGS단위 : $\mathrm{cm^2/s}$

핵심체크 점도 1 poise의 단위

- $1\ \text{poise} = \dfrac{1\ \text{g}}{\text{cm}\cdot\text{s}} = \dfrac{0.1\ \text{kg}}{\text{m}\cdot\text{s}}$
- $1\ \text{poise} = \dfrac{0.0102\ \text{kg}_f\cdot\text{s}}{\text{m}^2}$
- $1\ \text{poise} = \dfrac{0.1\ \text{N}\cdot\text{s}}{\text{m}^2}$

예제 2-21

어떤 유체의 점도가 0.8 poise이다. 이 유체의 점도는 몇 Pa · s인가?

풀이 점도의 단위환산에 관련된 문제로 단위환산의 기초적인 과정을 필요로 한다.
poise는 g/cm · s의 의미를 가지는 CGS단위이고, Pa · s는 MKS단위체계이다.
유체의 점도 $\mu = 0.8\ \text{poise} = \dfrac{0.8\ \text{g}}{\text{cm}\cdot\text{s}}$가 된다.
이 값을 단위환산하면 $\mu = 0.8\ \text{poise} = \dfrac{0.8\ \text{g}}{\text{cm}\cdot\text{s}} \times \dfrac{1\ \text{kg}}{10^3\ \text{g}} \times \dfrac{10^2\ \text{cm}}{1\ \text{m}} = \dfrac{0.08\ \text{kg}}{\text{m}\cdot\text{s}}$가 된다.
힘의 단위 $1\ \text{N} = \dfrac{1\ \text{kg}\cdot\text{m}}{\text{s}^2}$이므로
$\mu = 0.8\ \text{poise} = \dfrac{0.08\ \text{kg}}{\text{m}\cdot\text{s}} \times \dfrac{\text{s}}{\text{s}} \times \dfrac{\text{m}}{\text{m}} \times \dfrac{1\ \text{N}}{1\ \text{kg}\cdot\text{m/s}^2} = \dfrac{0.08\ \text{N}}{\text{m}^2} \times \text{s} = 0.08\ \text{Pa} \times \text{s}$

표 2-10. **점도의 종류**

점도의 종류	특징	단위(cgs)
상대점도	① 비뉴턴 용액의 점도 ② 하나의 변형률(shear rate)에서 측정된 값	poise = g/cm · s
절대점도	① 중력에 관계없이 측정되는 점도 ② 용액의 절대점도	
동점도	① 중력의 영향 하에서 측정된 점도 ② 움직이는 유체의 점도	stoke = cm^2/s

예제 2-22

점도가 0.025[kgf · s/m^2]이고, 비중이 0.85인 액체의 동점도는 몇 [m^2/s]인가?

풀이 동점도 = 점도/밀도이다.
액체의 비중이 0.85이므로 액체의 밀도는 850 kg/m^3의 값을 갖는다.
따라서 동점도는
$\text{동점도} = \dfrac{\text{점도}}{\text{밀도}} = \dfrac{0.025\ \text{kg}\cdot\text{s}}{\text{m}^2} \times \dfrac{\text{m}^3}{850\ \text{kg}} = 2.94 \times 10^{-5}\ \text{m}\cdot\text{s}$
$\text{중력을 고려한 동점도} = 2.94 \times 10^{-5}\ \text{m}\cdot\text{s} \times \dfrac{9.8\ \text{m}}{\text{s}^2} = 2.88 \times 10^{-4}\ \text{m}^2/\text{s}$가 된다.

예제 2-23

점도가 0.04[N · s/m^2]인 유체가 평판 위를 $u = 700y - 1.8\times10^{-7}y^2$[m/s]의 속도분포로 흐르고 있다. 여기서 y[m]는 벽면으로부터 측정된 수직거리일 때 이때 벽면에서의 전단응력은 몇 [N/m^2]인가?

풀이 전단응력(τ) = 점도(μ) × 속도구배(du/dy)으로부터

$\tau = \mu \times \frac{du}{dy}$ 에서 $\frac{du}{dy}$ 는 다음과 같다.

미분 형태인 $(x^n)' = nx^{n-1}$ 에 의하여 속도분포값을 미분하면 속도구배는 다음과 같다.

$u = 700y - 1.8\times10^{-7}y^2$ 에서 $\frac{du}{dy} = 700 - 2\times1.8\times10^{-7}y$이 된다.

벽면에서는 $y=0$이 되므로 $\frac{du}{dy} = 700[s^{-1}]$이 된다.

물의 점도 $\mu = 0.04$[N · s/m^2] 일 때 전단응력 $\tau = \mu\frac{du}{dy}$ 은 다음과 같다.

$$\tau = \mu\frac{du}{dy} = \frac{0.04\ N\cdot s}{m^2}\times\frac{700}{s} = \frac{28\ N}{m^2}$$

연습문제

01 25 $kg \cdot m/s^2$의 힘의 단위를 중력단위인 kg_f의 값으로 환산하면 얼마인가?

해설 힘의 단위인 $kg \cdot m/s^2$를 중력단위인 kg_f로 환산하는 과정에서는 힘의 단위인 N과 kg_f 사이의 환산관계를 이용하여 계산하면 된다.

$kg \cdot m/s^2$ → ($1\ kg_f = 9.8\ N$, $1\ N = 1\ kg \cdot m/s^2$) → ? kg_f

위에 제시된 환산관계로부터 25 $kg \cdot m/s^2$를 중력단위인 kg_f로 환산하면 다음과 같다.

$$\frac{25\ kg \cdot m}{s^2} = \frac{25\ kg \cdot m}{s^2} \times \frac{1\ N}{1\ kg \cdot m/s^2} \times \frac{1\ kg_f}{9.8\ N} = 2.55\ kg_f$$

02 25 $kg \cdot m/s$의 운동량의 단위를 중력단위인 $kg_f \cdot s$의 값으로 환산하면 얼마인가?

해설 운동량의 단위인 $kg \cdot m/s^2$를 중력단위인 $kg_f \cdot s$로 환산하는 과정에서는 힘의 단위인 N과 kg_f 사이의 환산관계를 이용하여 계산하면 된다.

$kg \cdot m/s$ → ($1\ kg_f = 9.8\ N$, $1\ N = 1\ kg \cdot m/s^2$) → ? $kg_f \cdot s$

위에 제시된 환산관계로부터 25 $kg \cdot m/s$를 중력단위인 $kg_f \cdot s$로 환산하면 다음과 같다.

$$\frac{25\ kg \cdot m}{s} = \frac{25\ kg \cdot m}{s} \times \frac{1\ N}{1\ kg \cdot m/s^2} \times \frac{1\ kg_f}{9.8\ N} = 2.55\ kg_f \cdot s$$

03 25 $kg/m \cdot s^2$의 값을 압력단위인 중력단위 kg_f/m^2의 값으로 환산하면 얼마인가?

해설 압력의 단위인 $kg/m \cdot s^2$를 중력단위인 kg_f/m^2로 환산하는 과정에서는 힘의 단위인 N과 kg_f 사이의 환산관계를 이용하여 계산하면 된다.

25 $kg/m \cdot s^2$ → ($1\ kg_f = 9.8\ N$, $1\ N = 1\ kg \cdot m/s^2$) → ? kg_f/m^2

위에 제시된 환산관계로부터 25$kg/m \cdot s^2$를 중력단위인 kg_f/m^2로 환산하면 다음과 같다.

$$\frac{25\ kg}{m \cdot s^2} = \frac{25\ kg}{m \cdot s^2} \times \frac{m}{m} \times \frac{1\ N}{1\ kg \cdot m/s^2} \times \frac{1\ kg_f}{9.8\ N} = \frac{2.55\ kg_f}{m^2}$$

04 밀도가 25 kg/m^3인 값을 중력단위 $kg_f \cdot s^2/m^4$의 값으로 환산하면 얼마인가?

해설 밀도의 단위인 25 kg/m^3을 중력단위인 $kg_f \cdot s^2/m^4$로 환산하는 과정에서는 힘의 단위인 N과 kg_f 사이의 환산관계를 이용하여 계산하면 된다.

25 kg/m^3 → ($1\ kg_f = 9.8\ N$, $1\ N = 1\ kg \cdot m/s^2$) → ? $kg_f \cdot s^2/m^4$

위에 제시된 환산관계로부터 25 kg/m^3을 중력단위인 $kg_f \cdot s^2/m^4$로 환산하면 다음과 같다.

$$\frac{25\ \mathrm{kg}}{\mathrm{m}^3}=\frac{25\ \mathrm{kg}}{\mathrm{m}^3}\times\frac{\mathrm{m}}{\mathrm{m}}\times\frac{\mathrm{s}^2}{\mathrm{s}^2}=\frac{25\ \mathrm{kg}\cdot\mathrm{m}}{\mathrm{s}^2}\times\frac{\mathrm{s}^2}{\mathrm{m}^4}$$

$$\frac{25\ \mathrm{kg}}{\mathrm{m}^3}=\frac{25\ \mathrm{kg}\cdot\mathrm{m}}{\mathrm{s}^2}\times\frac{\mathrm{s}^2}{\mathrm{m}^4}=\frac{25\ \mathrm{kg}\cdot\mathrm{m}}{\mathrm{s}^2}\times\frac{1\ \mathrm{N}}{\frac{\mathrm{kg}\cdot\mathrm{m}}{\mathrm{s}^2}}\times\frac{\mathrm{s}^2}{\mathrm{m}^4}$$

$$=\frac{25\ \mathrm{kg}\cdot\mathrm{m}}{\mathrm{s}^2}\times\frac{1\ \mathrm{N}}{\frac{\mathrm{kg}\cdot\mathrm{m}}{\mathrm{s}^2}}\times\frac{1\ \mathrm{kg_f}}{9.8\ \mathrm{N}}\times\frac{\mathrm{s}^2}{\mathrm{m}^4}=\frac{2.55\ \mathrm{kg_f}\cdot\mathrm{s}^2}{\mathrm{m}^4}$$

05 유체를 이송하는데 사용하는 관의 길이가 250 ft라고 하면 이 값을 m의 단위로 환산하면 얼마인가?

해설 길이가 250 ft이므로 환산관계를 이용하면 그 결과는 다음과 같다.

① 이 문제를 해결하기 위해서는 1 ft는 0.3048 m라는 단위환산인자만 알고 있으면 쉽게 해결할 수 있는 문제이다.

250 ft	→ 1 ft = 0.3048 m →	? m

즉, $250\ \mathrm{ft}\times\frac{0.3048\ \mathrm{m}}{1\ \mathrm{ft}}=76.2\ \mathrm{ft}$가 된다.

06 면적이 250 in^{2}일 때 이 면적 값을 cm^{2}의 단위로 나타내어라.

해설 면적은 (길이)^{2}의 형태이므로 단위를 환산할 경우 배수도 단위의 지수 항과 동일하게 계산하여야 하므로 $(1\ \mathrm{in})^2=(2.54\ \mathrm{cm})^2$이 되어야 한다. 따라서 다음과 같이 구할 수 있다.

250 in^2	→ 1 in = 2.54 cm →	? cm^2

$$\text{새로운 단위}(\mathrm{ft}^2)=\text{기존의 단위}(250\ \mathrm{in}^2)\times\frac{\text{새로운 단위}(2.54\ \mathrm{cm})^2}{\text{기존의 단위}(1\ \in\mathrm{ch})^2}=1612.9\ \mathrm{cm}^2$$

07 3.75 L의 부피를 m^{3}과 ft^{3}의 단위로 환산하시오.

해설 부피의 단위환산은 앞에서도 살펴본 바와 같이 부피가 길이의 세제곱근이므로 길이의 단위환산인자의 세제곱근을 한 후에 계산하여야 한다.

먼저 1 L는 1000 cm^{3}와 같으므로 L의 단위를 m^{3}의 단위로 환산하면 다음과 같다.

$$3.75\ \mathrm{L}=3.75\ \mathrm{L}\times\frac{1000\ \mathrm{cm}^3}{1\ \mathrm{L}}\times\left[\frac{1\ \mathrm{m}}{100\ \mathrm{cm}}\right]^3=3.75\times10^{-3}\ \mathrm{m}^3$$

더불어 1 ft는 0.3048 m이므로

$$3.75\times10^{-3}\ \mathrm{m}^3=3.75\times10^{-3}\ \mathrm{m}^3\times\left[\frac{1\ \mathrm{ft}}{0.3048\ \mathrm{m}}\right]^3=1.324\times10^{-1}\ \mathrm{ft}^3$$

연습문제

08 유체 저장용기의 질량이 40 lb라면 이 값을 kg의 값으로 환산하면 얼마인가?

해설 kg으로 표현되는 MKS단위체계를 FPS단위체계인 lb로 환산하는 문제이므로 두 단위체계의 환산인자인 1 lb=454 g=0.454 kg, 또는 1 kg=2.2 lb를 사용하여 구할 수 있다.

40 lb → (1 lb=0.454 kg) → ? kg

따라서 $40\ \text{lb} = 40\ \text{lb} \times \dfrac{0.454\ \text{kg}}{1\ \text{lb}} = 18.16\ \text{kg}$이다.

09 중력 가속도가 9.8 m/s인 지점에서 어떤 물체에 가해진 힘이 5 N일 때 이 물체의 질량은 몇 kg인가?

해설 힘의 값인 N은 질량에 가속도가 가해진 값을 의미한다.

$F=mg=5\ \text{N}$ → ($g=9.8\ \text{m/s}^2$) → ? kg

$F=mg=5\ \text{N}$에서 $m=\dfrac{F}{g}$가 된다.

$$m=\frac{F}{g}=\frac{5\ \text{N}}{9.8\ \text{m/s}^2}\times\frac{\text{kg}\cdot\text{m/s}^2}{\text{N}}=0.51\ \text{kg}\ \left(※\ \frac{1\ \text{kg}\cdot\text{m}}{s^2}=1\ \text{N}\right)$$

10 $1,520\ \text{kg/m}^3$을 $\text{kgf}\cdot\text{s}^2/\text{m}^4$로 환산하면 그 결과는 어떻게 되는가?

해설 $1,000\ \text{kg/m}^3$인 값에 중력 가속도 g를 이용하여 환산하면 다음과 같다.

$1520\ \text{kg/m}^3$ → ($g=9.8\ \text{m/s}^2$, $1\ \text{N}=1\ \text{kg}\times\text{m/s}^2$) → $?\ \text{kgf}\times\text{s}^2/\text{m}^4$

$$\frac{1520\ \text{kg}}{\text{m}^3}\times\frac{1}{\dfrac{9.8\ \text{m}}{\text{s}^2}}=\frac{155.1\ \text{kgf}\cdot\text{s}^2}{\text{m}^4}$$

11 중력 가속도가 $9.8\ \text{m/s}^2$인 중력장에서 물체의 무게가 $50\ \text{kg}_\text{f}$일 때 이 물체의 질량은 몇 kg인가?

해설 물체의 중량과 질량의 관계로부터

$w=mg=50\ \text{kg}_\text{f}$ → ($g=9.8\ \text{m/s}^2$) → ? kg

$w=mg=50\ \text{kg}_\text{f}$에서 $m=\dfrac{w}{g}$가 된다.

$$m=\frac{w}{g}=\frac{50\ \text{kg}_\text{f}}{9.8\ \text{m/s}^2}\times\frac{9.8\ \text{kg}\cdot\text{m/s}^2}{1\ \text{kg}_\text{f}}=50\ \text{kg}\ \left(※\ \frac{1\ \text{kg}\cdot\text{m}}{s^2}=1\ \text{N}\right)$$

12 물체의 중량이 100 kg_f일 때 중력 가속도가 9.5 m/s^2인 곳에서 이 물체의 질량은 몇 kg인가?

해설 물체의 중량과 질량의 관계로부터

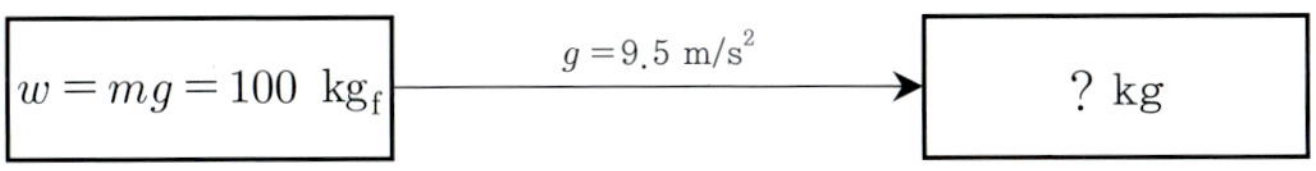

$w = mg = 100\ kg_f$에서 $m = \frac{w}{g}$가 된다.

$$m = \frac{w}{g} = \frac{100\ kg_f}{9.5\ m/s^2} \times \frac{9.8\ kg \cdot m/s^2}{1\ kg_f} = 103.15\ kg \left(※ \frac{1\ kg \cdot m}{s^2} = 1\ N,\ 1\ kg_f = 9.8\ N\right)$$

13 중력 가속도가 9.5[m/s^2]인 곳에서 측정한 물체의 중량이 4.5 kg_f이라면, 그 물체를 중력 가속도가 9.8[m/s^2] 인 곳에서 중량을 측정하였다면 그 중량은 몇 kg_f인가?

해설 어느 곳에서 물체의 중량은 물체 자신이 가지고 있는 질량과 중력 가속도의 값으로 부터 계산된다. 중력 가속도가 아무리 변화 하더라도 물질 자신이 지니고 있는 고유한 질량은 변화하지 않고 일정한 값을 가진다. 따라서 중력 가속도가 9.5[m/s^2]인 곳에서 측정한 중량(w)값을 질량(m)값으로 환산하여 계산하면 편리하다.

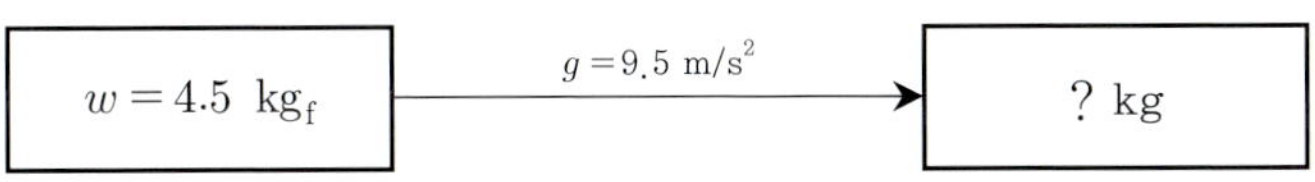

$w = mg$에서 중력 가속도가 9.5[m/s^2]인 곳에서 측정한 물질의 중량(w)이 4.5 kg_f이므로, 물질의 질량(m)은 다음과 같다.

$$m = \frac{w}{g} = \frac{4.5\ kg_f}{9.5\ m/s^2} = \frac{0.47\ kg_f}{m/s^2} = \frac{0.47\ kg_f \cdot s^2}{m}$$ 가 된다.

이 값으로부터 중력 가속도가 9.8[m/s^2]인 곳에서 질량(m)이 0.47 $kg \cdot s^2/m$인 물질의 중량(w)은 다음과 같다.

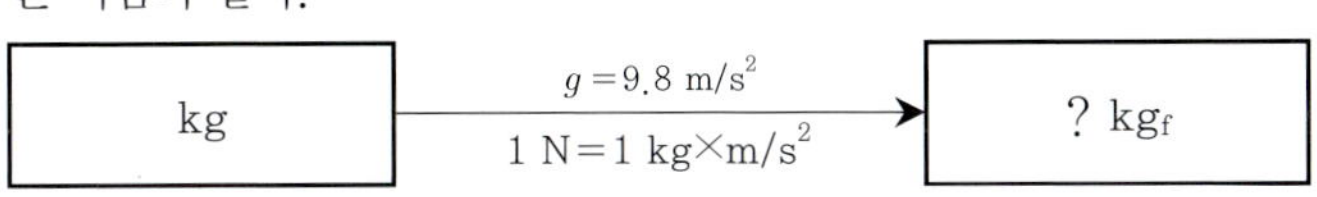

$w = mg = 0.47\ kg_f \cdot s^2/m \times 9.8\ m/s^2 = 4.606\ kg_f$가 된다.

14 액체의 비중이 0.92일 때 이 액체의 밀도는 ① 몇 kg/m^3 ② 몇 lb/ft^3인가?

해설 액체 비중은 액체와 물의 밀도의 비이므로 액체의 밀도는 물의 밀도×비중으로부터 구할 수 있다. 4℃의 물을 기준으로 하면, 물의 밀도가 1 g/cm^3이므로 액체의 밀도는 $\frac{1\ g}{cm^3} \times 0.92 = \frac{0.92\ g}{cm^3}$이 된다. 이 값을 이용하여 주어진 단위로 환산하면 다음과 같다.

① 몇 kg/m^3

$$\frac{0.92\ g}{cm^3} = \frac{0.92\ g}{cm^3} \times \frac{1\ kg}{10^3\ g} \times \left[\frac{10^2\ cm}{1m}\right]^3 = \frac{920\ kg}{m^3}$$

② 몇 lb/ft^3

$$\frac{920\ \text{kg}}{\text{m}^3}=\frac{920\ \text{kg}}{\text{m}^3}\times\frac{1\ \text{lb}}{0.454\ \text{kg}}\times\left[\frac{0.3048\ \text{m}}{1\ \text{ft}}\right]^3=\frac{57.38\ \text{lb}}{\text{ft}^3}$$

15 유체 2.5 L의 중량이 1 kg$_f$일 때 이 유체의 비중은 얼마인가?

해설 유체 2.5 L의 중량이 1 kg$_f$이므로 유체의 밀도를 구하면 다음과 같다.

> **핵심체크 액체의 비중**
>
> $$\text{액체의 비중}=\frac{\text{액체의 밀도(kg/m}^3)}{\text{물의 밀도(kg/m}^3)}=\frac{\text{액체의 밀도(g/cm}^3)}{\text{물의 밀도(g/cm}^3)}$$

1 kg$_f$의 중량은 힘의 단위이므로 이 값을 질량의 단위로 환산하여야 한다.

$1\ \text{kg}_f=1\ \text{kg}_f\times\dfrac{9.8\ \text{N}}{1\ \text{kg}_f}\times\dfrac{\text{kg}\cdot\text{m/s}^2}{\text{N}}=\dfrac{9.8\ \text{kg}\cdot\text{m}}{\text{s}^2}$ 이 된다.

주어진 값에서 $\dfrac{\text{kg}\cdot\text{m}}{s^2}$을 kg의 단위로 바꾸기 위해서는 $\dfrac{\text{kg}\cdot\text{m}}{s^2}$에 $\dfrac{s^2}{\text{m}}$를 곱하면 된다.

단위환산인자 가운데 $\dfrac{s^2}{\text{m}}$의 단위를 가지는 것은 중력 가속도(g)의 역수 $\dfrac{s^2}{9.8\ \text{m}}$이므로 이것을 이용하면 된다.

$1\ \text{kg}_f=1\ \text{kg}_f\times\dfrac{9.8\ \text{kg}\cdot\text{m/s}^2}{1\ \text{kg}_f}\times\dfrac{\text{s}^2}{9.8\ \text{m}}=1\ \text{kg}$

유체의 밀도는 $\dfrac{1\ \text{kg}}{2.5\ \text{L}}=\dfrac{0.4\ \text{kg}}{\text{L}}$가 된다.

따라서 유체의 비중은 $\dfrac{\text{유체의 밀도}}{\text{물의 밀도}}=\dfrac{0.4\ \text{kg/L}}{1\ \text{kg/L}}=0.4$이다.

16 유체의 질량을 측정하였더니 부피가 25 cm^{3}일 때 30 g이었다. 이 유체의 비중량은 몇 kg$_f$/m^{3}인가?

해설 비중량을 계산하기 위해서는 유체의 밀도 값을 알아야 한다.

> **핵심체크 비중량의 정의**
>
> $$\text{액체의 비중량}=\frac{\text{액체의 중량}}{\text{액체의 부피}}\left[\frac{\text{kg}_f}{\text{m}^3},\ \frac{\text{N}}{\text{m}^3}\right]$$

핵심체크 밀도와 비중량

물리량	의 미	단위(MKS계)	차원
밀도	단위부피당의 질량	kg/m^3	$[M]/[L]^3 = ML^{-3}$
비중량	단위부피당의 중량	kg_f/m^3, N/m^3	$[M][L]/[T]^{-2}[L]^3 = ML^{-2}T^2$

$25\ cm^3$의 질량이 30 g이므로 밀도는 $1.2\ g/cm^3$이 된다. 유체 밀도 값의 g을 kg으로 cm^3을 m^3으로 단위환산한 후에 계산하면 편리하다.

유체의 밀도는 $\rho_{유체} = \dfrac{1.2\ g}{cm^3} = \dfrac{1.2\ g}{cm^3} \times \dfrac{1\ kg}{1000\ g} \times \left(\dfrac{100\ cm}{1\ m}\right)^3 = \dfrac{1200\ kg}{m^3}$ 이므로

유체의 비중량은 다음과 같이 계산할 수 있다.

$$\gamma = \rho_{유체} \times g = \frac{1200\ kg}{m^3} \times \frac{9.8\ m}{s^2} \times \frac{N}{kg \cdot m/s^2} \times \frac{1\ kg_f}{9.8\ N} = \frac{1200\ kg_f}{m^3}$$

17 옆의 그림과 같이 $0.05[m^3]$의 부피를 가진 구 안에 유체가 가득 들어 있다. 이 구형 물질을 그림과 같이 물속에 넣고 수직 방향으로 75[N]의 힘을 가해서 들어주면 구의 2/3가 물속에 잠긴다. 구의 두께와 중량은 모두 무시할 정도로 적다고 한다면 구 안에 있는 유체의 비중량은 몇 $[N/m^3]$인가?

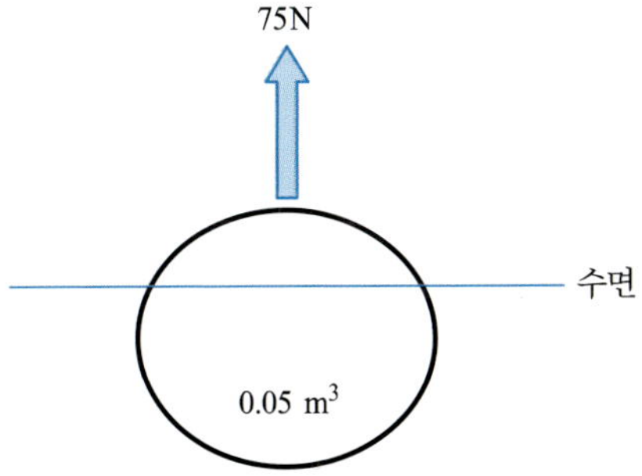

해설 물의 비중량을 계산하면 다음과 같다.

$$\gamma = \rho \times g = \frac{1000\ kg}{m^3} \times \frac{9.8\ m}{s^2} \times \frac{1\ N}{1\ kg \cdot m/s^2} \times \frac{1\ kg_f}{9.8\ N} = \frac{1000\ kg_f}{m^3}$$

부력과 비중량의 관계

$\gamma V = \gamma_w \dfrac{2V}{3} + F$에서 $\gamma = \dfrac{\gamma_w \dfrac{2V}{3} + F}{V}$가 된다. 이 값으로부터 유체의 비중량은 다음과 같다.

$$\gamma = \frac{\gamma_w \dfrac{2V}{3} + F}{V} = \frac{9800\ N/m^3 \times \dfrac{2 \times 0.05\ m^3}{3} + 75\ N}{0.05\ m^3} = 8033.3\ N/m^3$$가 된다.

18 중력 가속도는 $9.8\ m/s^2$인 조건에서 액체의 비중이 0.85이고 점도는 $0.0025\ kg_f \cdot s/m^2$이다. 이 액체의 동점도는 몇 m^2/s인가?

해설 동점도$(\nu) = \dfrac{점도(\mu)}{밀도(\rho)}$ 이고, 액체의 비중 $= \dfrac{액체의\ 밀도}{물의\ 밀도}$ 이므로 동점도를 구하려면 액체의 밀도 = 액체의 비중 × 물의 밀도 (ρ_w)를 이용하여 액체의 밀도를 구한 다음, 주어진 점도를 액체의 밀도로 나누고 단위를 환산한다.

물의 밀도$(\rho_w) = 1000\,kg/m^3$이므로 액체의 밀도$(\rho) = 0.85 \times 1000 \dfrac{kg}{m^3} = 850\ kg/m^3$이 된다.

동점도$(\nu)=\dfrac{\mu}{\rho}=\dfrac{0.0025\ \mathrm{kg_f \cdot s/m^2}}{850\ \mathrm{kg/m^3}}$ 인데 문제에서 동점도를 $[\mathrm{m^2/s}]$로 물어보았기 때문에 단위를 환산하면

$$\text{동점도}(\nu)=\frac{0.0245\,\dfrac{\mathrm{kg_f \cdot s}}{\mathrm{m^2}}}{850\,\dfrac{\mathrm{kg}}{\mathrm{m^3}}}\times\frac{9.8\,\dfrac{\mathrm{kg \cdot m}}{\mathrm{s^2}}}{1\,\mathrm{kg_f}}=2.88\times10^{-5}\,\mathrm{m^2/s}\text{ 가 된다.}$$

핵심 체크 동점도(kinematic viscosity, $\nu=\dfrac{\mu}{\rho}$)의 차원 및 단위

차원	L^2T^{-2}
단위	m^2/s, ft^2/s, cm^2/s(stokes)

19 어떤 유체의 점도가 0.1 poise이다. 이 유체의 점도는 몇 Pa·s인가?

해설 점도의 단위환산에 관련된 문제로 단위환산의 기초적인 과정을 필요로 한다.
poise는 g/cm·s의 의미를 가지는 CGS단위이고, Pa·s는 MKS단위체계이다.
유체의 점도 $\mu=0.1\ \mathrm{poise}=\dfrac{0.1\ \mathrm{g}}{\mathrm{cm \cdot s}}$ 가 된다.
이 값을 단위환산하면 $\mu=0.1\ \mathrm{poise}=\dfrac{0.1\ \mathrm{g}}{\mathrm{cm \cdot s}}\times\dfrac{1\ \mathrm{kg}}{10^3\ \mathrm{g}}\times\dfrac{10^2\ \mathrm{cm}}{1\ \mathrm{m}}=\dfrac{0.01\ \mathrm{kg}}{\mathrm{m \cdot s}}$ 가 된다.
힘의 단위 $1\mathrm{N}=\dfrac{1\mathrm{kg \cdot m}}{\mathrm{s^2}}$ 이므로

$$\mu=0.1\ \mathrm{poise}=\frac{0.01\ \mathrm{kg}}{\mathrm{m \cdot s}}\times\frac{\mathrm{s}}{\mathrm{s}}\times\frac{\mathrm{m}}{\mathrm{m}}\times\frac{1\ \mathrm{N}}{1\ \mathrm{kg \cdot m/s^2}}=\frac{0.01\ \mathrm{N}}{\mathrm{m^2}}\times\mathrm{s}=0.01\ \mathrm{Pa\times s}$$

핵심 체크 점도 단위

1 poise=0.1 Pa×s

20 1 poise는 몇 $[\mathrm{kg_f \cdot s/m^2}]$인가?

해설 점도의 단위환산 1poise=0.1[N·s/m²]으로부터

$$1\ \mathrm{poise}=\frac{0.1\ \mathrm{N \cdot s}}{\mathrm{m^2}}\times\frac{1\ \mathrm{kg_f}}{9\ \mathrm{N}}=01.0102\,\mathrm{kg_f \cdot s/m^2}=1.02\times10^{-2}\,\mathrm{kg_f \cdot s/m^2}$$

핵심체크 점도 단위

$$1\ \text{poise} = \frac{0.1\ \text{N}\cdot\text{s}}{\text{m}^2} \times \frac{1\ \text{kg}_\text{f}}{9\ \text{N}} = 01.0102\,\text{kg}_\text{f}\cdot\text{s/m}^2 = 1.02\times10^{-2}\,\text{kg}_\text{f}\cdot\text{s/m}^2$$

21 점도가 0.05[N·s/m²]인 유체가 평판 위를 $u = 300y - 2\times10^{-7}y^2$[m/s]의 속도분포로 흐르고 있다. 여기서 y[m]는 벽면으로부터 측정된 수직거리일 때 이때 벽면에서의 전단응력은 몇 [N/m²]인가?

해설 전단응력(τ) = 점도(μ)×속도구배$\left(\dfrac{du}{dy}\right)$으로부터

$\tau = \mu\times\dfrac{du}{dy}$에서 $\dfrac{du}{dy}$는 다음과 같다.

미분 형태인 $(x^n)' = nx^{n-1}$에 의하여 속도분포의 미분형태인 속도구배는 다음과 같다.

$u = 300y - 2\times10^{-7}y^2$에서 $\dfrac{du}{dy} = 300 - 4\times10^{-7}y$가 된다.

벽면에서는 $y = 0$이 되므로 $\dfrac{du}{dy} = 300[s^{-1}]$이 된다.

물의 점도 $\mu = 0.05$[N·s/m²]일 때 전단응력 $\tau = \mu\dfrac{du}{dy}$은 다음과 같다.

$$\tau = \mu\frac{du}{dy} = \frac{0.05\ \text{N}\cdot\text{s}}{\text{m}^2}\times\frac{300}{\text{s}} = \frac{15\ \text{N}}{\text{m}^2}$$

22 바닥으로 부터의 거리가 y[m]일 때 유속분포가 $u = -5y^2 + 2y$[m/s]인 점성유체의 전단력이 0이 될 때의 바닥으로 부터의 거리는 몇 m인가?

해설 전단응력(τ) = 점성계수(μ)×속도구배$\left(\dfrac{du}{dy}\right)$으로부터

$\tau = \mu\times\dfrac{du}{dy}$에서 $\dfrac{du}{dy}$는 다음과 같다.

기초적인 미분 형태인 $(x^n)' = nx^{n-1}$에 의하여

$u = -5y^2 + 2y$에서 $\dfrac{du}{dy} = -10y + 2$이 된다.

전단력이 0이 될 때 거리는 $\dfrac{du}{dy} = -10y + 2 = 0$일 때 y의 값이므로 $y = 0.2$ m이다.

제 3 장 유체역학에서의 힘

03 유체역학에서의 힘

정지된 물체를 움직이게 하려면 외부로부터 어떤 형태이든 힘(Force)이 작용하여야 한다. 유체는 흐르는 물질로 외부의 힘의 변화 없이 스스로 이동하기는 어렵다. 그러므로 유체가 이동하기 위해서는 외부로부터 힘이 가해져야 하는 데, 여기에서는 이러한 힘에 대하여 간단히 살펴보기로 하자.

1 힘

1.1 힘의 단위

힘이란 정지하고 있는 물체를 움직이고, 움직이고 있는 물체의 속도나 운동방향을 바꾸거나 물체의 형태를 변형시키는 작용을 하는 물리량이다. 더불어 일정한 질량을 가진 물체에 가속도 또는 중력 가속도가 가해진 값을 의미한다. 이러한 힘의 형태는 수평방향으로 작용하는 $F = ma$의 형태와 수직방향으로 작용하는 $F = mg$의 형태로 구분된다. 방향에 관계없이 힘은 질량에 가속도가 가해진 결과로 표기된다.

핵심체크 힘의 정의

힘이란 질량에 가속도가 가해진 값을 의미한다. $F = mg$ 또는 $F = ma$로 나타낸다.

$F = ma$에서 1 kg의 물체에 1 m/s^{2}의 가속도가 가해지면 $F = 1\ \text{kg} \times \dfrac{1\ \text{m}}{\text{s}^2}$가 되는데 이렇게 정해진 힘의 값을 1N(Newton) 이라고 한다.

$F=mg$에서 m은 질량이고, g는 중력 가속도이므로 , 앞서의 $F=ma$와 같이 1 kg인 물체에 9.8 m/s^{2}의 중력 가속도가 가해지면 $F=1\ \text{kg}\times\frac{9.8\ \text{m}}{\text{s}^2}$가 되며 이 값을 1 kg_f라고 한다.

여기서 힘의 단위인 kg_f와 N의 관계에 대해서 살펴보기로 하자. 여기서 살펴보는 힘의 단위인 kg_f와 N의 값은 유체역학을 학습하는 동안 중요하게 사용되는 힘의 단위이므로 관심을 가지고 학습해야 한다. 즉 힘에 대한 정의로부터

$$F=ma=1\ \text{kg}\times\frac{1\ \text{m}}{\text{s}^2}=1\ \text{N}$$

$$F=mg=1\ \text{kg}\times\frac{9.8\ \text{m}}{\text{s}^2}=1\ \text{kg}_\text{f}$$

이 두 힘은 서로 같다고 할 수 있으므로

$1\ \text{kg}_\text{f}=1\ \text{kg}\times\frac{9.8\ \text{m}}{\text{s}^2}=\frac{9.8\ \text{kg}\cdot\text{m}}{s^2}=9.8\ \text{N}$가 된다.

핵심 체크 **힘의 단위인 N과 kg_f의 관계**

뉴턴의 정의에 의하면 힘(F)과 질량(m)의 관계에서 힘(F)은

$F=ma=1\ \text{kg}\times\frac{1\ \text{m}}{\text{s}^2}=1\ \text{N}$, $F=mg=1\ \text{kg}\times\frac{9.8\ \text{m}}{\text{s}^2}=1\ \text{kg}_\text{f}$가 된다.

따라서 $1\ \text{kg}_\text{f}=9.8\ \text{N}$

유체는 흐름 특성을 가지므로 유체가 이동하는 형태는 방향적인 측면에서 수직방향으로 이동하거나 또는 수평방향으로 이동하는 것이 일반적인 현상이다. 따라서 유체가 이동할 때 가해지는 힘은 수직방향으로의 이동시 위치 변화(Δh)에 의한 것과 수평방향으로의 이동시에는 속도 변화(Δu)에 의한 것 2가지가 있다. 그림에서 보는 바와 같이 질량이 m인 물체가 A위치에서 수직방향으로 이동하여 위치 B에 도달한 후에 수평방향으로 이동하여 위치 C에 도달한 경우를 생각해 보자.

물체의 위치 변화에 따른 힘의 값을 위치에너지라 하며 다음과 같이 정의한다.

즉, m이라는 질량을 가지는 물체가 h의 높이에서 아래로 낙하할 때 g라는 중력 가속도가 작용할 때 가지는 힘으로 정의된다. 기준면에 대한 상대적인 높이로 인하여 발생하는 에너지를 위치에너지라 한다.

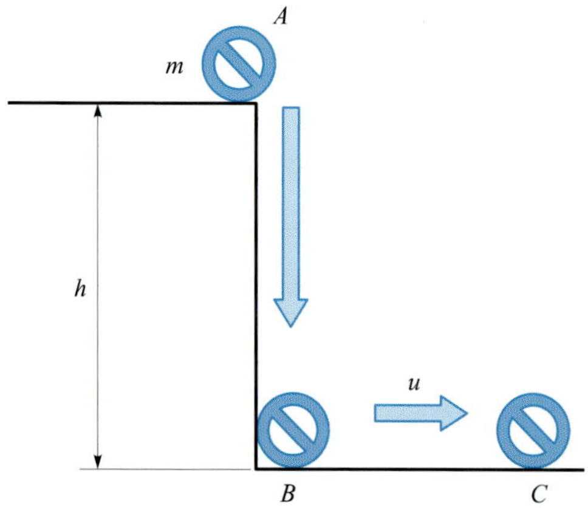

그림 3-1. 물질의 위치에너지와 운동에너지

높이가 h인 곳에 위치하는 물체의 질량이 m일 때의 물체에 작용하는 위치에너지(Potential Energy, PE)는

$$PE = mgh \tag{3-1}$$

지점 B에서 지점 C로 이동할 때 속도의 변화에 의해 발생되는 힘을 운동에너지라 하며, m이라는 질량을 가지는 물체가 u의 속도로 이동할 때 발생되는 힘으로 정의 된다. 운동에너지는 물체가 운동할 때 가지는 에너지로서 정지하고 있을 때를 기준으로 하여 나타낸다.

즉, m[kg]의 질량을 가진 물체가 u[m/s]의 속도로 운동할 때 발생하는 운동에너지(kinetic energy, KE)는 식 (3-2)와 같다.

$$KE = \frac{mu^2}{2} \tag{3-2}$$

핵심 체크 운동에너지(KE)와 위치에너지(PE)

위치에너지 : $PE = mgh$

운동에너지 : $KE = \frac{mu^2}{2}$

핵심체크 중력 가속도(g)

표준 중력 가속도 $g = \frac{9.8\ \text{m}}{s^2}$

운동에너지의 단위는 MKS단위체계에서는

$\text{kg} \times \left[\frac{\text{m}}{\text{s}}\right]^2 = \text{kg} \times \left[\frac{\text{m}}{\text{s}^2}\right] \times \text{m} = \text{N} \times \text{m} = \text{J}$ 의 단위를 갖는다.

CGS단위체계에서 운동에너지의 단위는

$\text{g} \times \left[\frac{\text{cm}}{\text{s}}\right]^2 = \text{g} \times \left[\frac{\text{cm}}{\text{s}^2}\right] \times \text{cm} = \text{dyne} \times \text{cm} = \text{erg}$ 의 단위를 갖는다.

핵심체크 운동 및 위치에너지의 단위

MKS 단위체계 : $\text{kg} \times \left[\frac{\text{m}}{\text{s}}\right]^2 = \text{kg} \times \left[\frac{\text{m}}{\text{s}^2}\right] \times \text{m} = \text{N} \times \text{m} = \text{J}$

CGS 단위체계 : $g \times \left[\frac{\text{cm}}{s}\right]^2 = g \times \left[\frac{\text{cm}}{\text{s}^2}\right] \times \text{cm} = \text{dyne} \times \text{cm} = \text{erg}$

예제 3-1

유체가 2 m/s의 속도로 흐를 때의 유체 5 kg이 할 수 있는 운동에너지는 몇 J인가?

풀이 운동에너지는 $E_K = \frac{1}{2}mu^2$

$E_K = \frac{1}{2}mu^2 = \frac{1}{2} \times 5\ \text{kg} \times (2\ \text{m/s})^2 = 10\ \text{kg} \cdot \text{m}^2/\text{s}^2 = 10\ \text{N} \cdot \text{m} = 10\ \text{J}$

위치에너지와 운동에너지의 관계를 구체적인 유체의 흐름 현상에 의해 살펴보기로 하자.

그림 3-2에서 보는 바와 같이 질량 m인 물이 h의 높이만큼 들어 있고 아래 부분에는 밸브로 잠겨있는 물탱크가 있다. 이 물탱크 아랫부분에 잠겨 있던 밸브가 개방되었을 때 나오는 물의 유속에 대해서 알아보기로 하자.

질량인 m인 물은 높이 h지점에서 아랫방향으로 중력이 작용하여 위치에너지가 작용하게 되어 F_1은 위치에너지와 같은 힘이 작용하게 될 것이다. 또한 아랫부분에 위치하고 있는 밸브가 개방되면 물이 속도 u의 유속으로 나오게 되는데 이때 F_2는 운동에너지와 같은 힘이 작용하게 된다. 탱크의 상부에서 가해지는 힘 F_1은 탱크의 하부에서 물이 유출될 때 작용하는 힘 F_2과 서로 같은 값을 유지하게 된다.

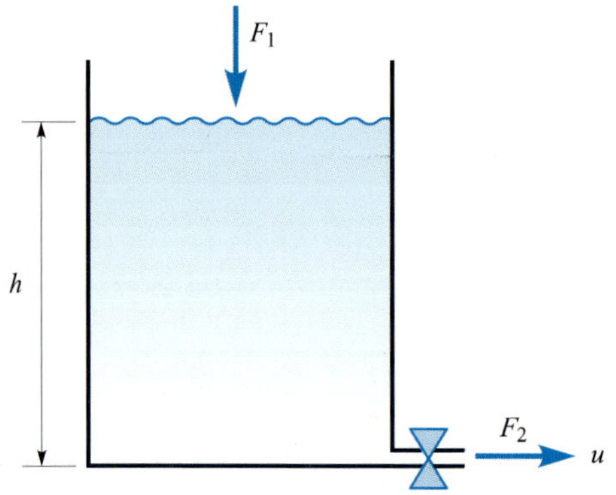

그림 3-2. 물탱크에 작용하는 힘

힘 F_1은 위치에너지와 같으므로 mgh의 형태가 되며 힘 F_2은 운동에너지와 같으므로 $\frac{mu^2}{2}$의 형태가 된다.

두 힘 F_1과 F_2은 서로 같은 값을 가지므로, 단순하게 높이변화에 의해 물이 유출될 때 $mgh = \frac{mu^2}{2}$이 된다. 이 값을 정리하면 $mgh = \frac{mu^2}{2}$에서 $gh = \frac{u^2}{2}$이 되어 $u^2 = 2gh$에서

$$u = \sqrt{2gh} \qquad (3\text{–}3)$$

가 된다.

핵심 체크 **유체 이동시 유체의 높이(h)와 유속(u)의 관계**

$u = \sqrt{2gh}$

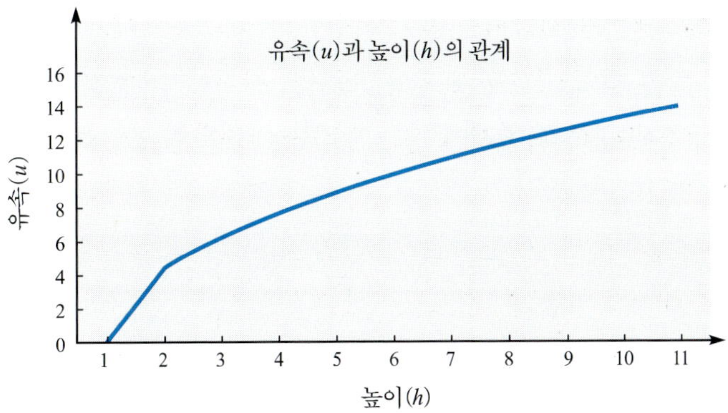

그림 3-3. 유속(u)과 높이(h)의 관계

예제 3-2

높이가 15 m가 되는 탱크의 밑변에 직경이 2.5 cm인 구멍이 뚫려있다. 물탱크 중 물의 높이는 물탱크의 바닥으로부터 10.3 m 높이만큼 물이 차 있다. 외부에서 어떤 힘도 작용하지 않고 물탱크 아랫부분에 있는 구멍을 통하여 물이 유출될 때 유출되는 물의 유속은 몇 m/s인가?

풀이 $\frac{u^2}{2g} = h$에서 $u^2 = 2gh$이며 속도 $u = \sqrt{2gh}$ 이다. 따라서

$u = \sqrt{2gh} = \sqrt{2 \times \frac{9.8\ \text{m}}{s^2} \times 10.3\ \text{m}} = \frac{11.2\ \text{m}}{s}$ 가 된다.

1.2 흐르는 유체가 고정된 면에 가하는 힘

유체는 흐름에 의해 에너지가 생성되기도 한다. 대표적인 경우가 유체가 u라는 속도로 이동하여 물체에 가해지면 속도에 따라 가해진 힘의 값이 달라진다. 그러나 유체가 가해준 에너지를 계산하기 위해서는 이동된 유체의 질량(m)을 알아야 하는데, 유체의 순간적인 이동에서의 질량계산은 매우 복잡하다. 따라서 그런 경우 유체에 의해 가해진 힘을 계산하는 방법에 대해서 살펴보기로 하자.

그림 3-4와 같이 정지하고 있는 물체에 유체가 단면적이 $A[\text{m}^2]$인 유로를 통해 u_1의 유속으로 흐르는 유체가 물체에 부딪히는 경우에 유체와 물체 사이에 작용하는 힘의 관계에 대해서 살펴보자. 정지하고 있는 물체에 가해지는 유체의 유속이 u_1[m/s]이고, 유체에서 가해진 힘에 의해서 고정된 물체가 이동하는 속도를 u_2[m/s]라 하자.

여기서 고정된 물체는 단면적 A_1을 통해 u_1의 속도로 흐르는 유체에 의해 생성된

힘에 의해 u_2의 속도로 이동하는 것이다. 따라서 유체에 가해진 힘의 값에 대해 생각해 보자.

질량(m)과 힘(F)의 관계에 대한 단위를 차원으로 환산을 해보면 여러 가지 형태로 나타낼 수 있다.

$F=\mathrm{m}g$에서 질량 m의 차원은 [M]이고 중력 가속도 g의 차원은 $[\mathrm{LT}^{-2}]$이 된다.

그러나 유체가 이동할 때 그 유체의 질량과 가속도를 계산하는 것은 매우 어려운 일이다. 따라서 m이라는 질량 값을 가진 유체가 u의 속도로 흐를 때 유체가 벽면에 가해지는 힘을 유체의 질량 m 그리고 유속 u 등과 같이 우리가 알 수 있는 값으로 나타내기 위해서는 차원 해석이 필요하게 된다. 유체역학에서 사용되는 많은 관계식들은 이처럼 주어진 조건에 대한 차원 해석의 결과로 유도된 것이 많이 있다.

앞서 밀도를 배울 때 밀도는 부피를 질량으로 바꾸거나, 반대로 질량을 부피로 바꿀 때 사용한다고 하였다. 여기에서도 유체의 질량을 계산하는 것이 용이하지 않을 경우 밀도나 부피값을 이용하는 방법이 있을 것이다.

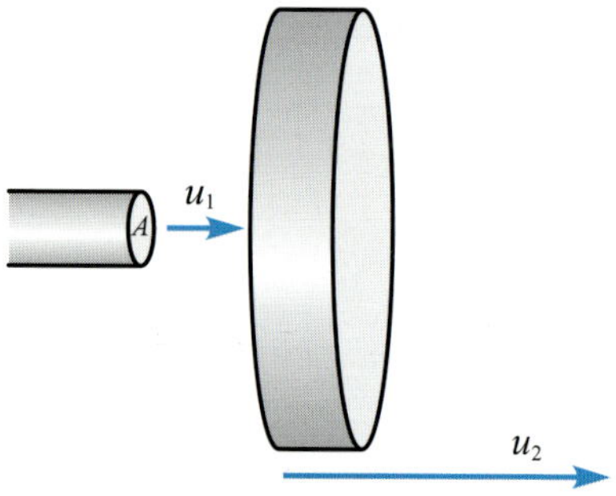

그림 3-4. 물체에 가해진 유체의 힘

핵심 체크

유체역학에서 사용되는 많은 관계식들은 주어진 조건에 대한 차원 해석의 결과로 유도된 것이 많이 있다.

힘의 단위를 차원 해석을 통해 살펴보기로 하자. 힘의 형태는 $F=ma$이므로 m은 질량으로 SI단위체계에서 kg의 단위를 갖고 차원으로는 [M]으로 표시된다. a는 가속도로 SI단위체계에서 $\mathrm{m/s^2}$의 단위를 갖고 차원으로는 $[\mathrm{LT}^{-2}]$으로 표시된다. 따라서 힘 F를 차원으로 표기하면, 식 (3-4)와 같이 나타낼 수 있다.

$$F=[\mathrm{M}][\mathrm{LT}^{-2}]=\left[\frac{\mathrm{ML}}{\mathrm{T}^2}\right] \tag{3-4}$$

으로 표시된다.

주어진 결과를 쉽게 이해하기 위해서 유체의 이동 시 알 수 있는 물성치인 속도(u), 밀도(ρ), 그리고 부피(V)의 관계로 이 값을 나타내보기로 하자.

앞서 계산된 힘 F의 차원을 유체의 물성치로 이해하기 위해서 분자, 분모에 각각 부피의 차원을 가진 $[\mathrm{L}^3]$을 곱하면

$$F=[\mathrm{M}][\mathrm{LT}^{-2}]=\left[\frac{\mathrm{ML}}{\mathrm{T}^2}\right]\times\left[\frac{\mathrm{L}^3}{\mathrm{L}^3}\right] \tag{3-5}$$

이 된다. 이 값을 정리하면

$$F=[\mathrm{M}][\mathrm{LT}^{-2}]=\left[\frac{\mathrm{M}}{\mathrm{L}^3}\right]\times[\mathrm{L}^3]\times\left[\frac{\mathrm{L}}{\mathrm{T}^2}\right] \tag{3-6}$$

이 되며 시간$[T]$를 다시 정리하면

$$F=[\mathrm{M}][\mathrm{LT}^{-2}]=\left[\frac{\mathrm{M}}{\mathrm{L}^3}\right]\times\left[\frac{\mathrm{L}^3}{\mathrm{T}}\right]\times\left[\frac{\mathrm{L}}{\mathrm{T}}\right] \tag{3-7}$$

의 형태로 표기할 수 있다.

여기서, $\left[\frac{\mathrm{M}}{\mathrm{L}^3}\right]$은 밀도($\rho$)의 차원 , $[L^3]$은 부피(V)의 차원, $\left[\frac{\mathrm{L}}{\mathrm{T}^2}\right]$은 가속도($a$ 또는 g)의 차원, $\left[\frac{\mathrm{L}^3}{\mathrm{T}}\right]$는 유량($Q$)의 차원, $\left[\frac{\mathrm{L}}{\mathrm{T}}\right]$는 속도($U$)의 차원이 된다.

핵심 체크 **힘의 차원**

$$F=[\mathrm{M}][\mathrm{LT}^{-2}]=\left[\frac{\mathrm{ML}}{\mathrm{T}^2}\right]\times\left[\frac{\mathrm{L}^3}{\mathrm{L}^3}\right]=\left[\frac{\mathrm{M}}{\mathrm{L}^3}\right]\times[\mathrm{L}^3]\times\left[\frac{\mathrm{L}}{\mathrm{T}^2}\right]=\left[\frac{\mathrm{M}}{\mathrm{L}^3}\right]\times\left[\frac{\mathrm{L}^3}{\mathrm{T}}\right]\times\left[\frac{\mathrm{L}}{\mathrm{T}}\right]$$

이러한 결과로부터 u의 속도로 유체가 물체에 충돌했을 때 생성되는 힘은 다음과 같이 나타낸다.

$$F=[\mathrm{M}][\mathrm{LT}^{-2}] \tag{3-8}$$

여기서 힘(F)은 질량×가속도의 값 $F=ma$의 값을 가진다.

$$F=\left[\frac{\mathrm{M}}{\mathrm{L}^3}\right]\times[\mathrm{L}^3]\times\left[\frac{\mathrm{L}}{\mathrm{T}^2}\right] \tag{3-9}$$

힘(F)은 밀도×부피×가속도의 값 $F=\rho Vg$(또는 ρVa)의 값을 가진다.

$$F=\left[\frac{\mathrm{M}}{\mathrm{L}^3}\right]\times\left[\frac{\mathrm{L}^3}{\mathrm{T}}\right]\times\left[\frac{\mathrm{L}}{\mathrm{T}}\right] \tag{3-10}$$

힘(F)은 밀도×유량×유속의 $F=\rho Qu$ 의 값으로 나타낸다.

식 (3-8)부터 (3-10)에서 정리된 식은 밀도가 ρ인 유체가 u의 속도로 Q의 유량으로 흐를 때 발생하는 힘 F를 의미한다. 유체가 일정한 직경(D)을 가진 관을 통해 이동할 때 유체의 속도(u)를 알 수 있다면 유량(Q)의 계산이 가능하므로 유체가 흐를 때 작용하는 힘은 $F=ma$의 형태뿐 아니라 $F=\rho Qu$를 사용할 수 있다는 것을 보여 준다.

핵심체크 **흐르는 유체가 수직인 벽면에 작용 하는 힘**

F=질량×가속도$=mg$
F=밀도×부피×가속도$=\rho Vg$
F=밀도×유량×유속$=\rho Qu$

예제 3-3

직경 10 cm인 원형 노즐에서 0.5 $\mathrm{m^3/s}$의 유량속도로 밀도가 1.1 $\mathrm{g/cm^3}$인 유체가 수평으로 이동하는 경우 이 유체에 의해서 가해지는 힘은 몇 N인가?

풀이 힘(F)은 질량에 가속도가 가해진 값으로 나타낼 수 있다.
유량(Q)과 직경(D) 그리고 유체의 밀도(ρ)값을 알 수 있으므로 이 값을 이용하면 다음과 같다.
$F=mg=\rho Vg=\rho QU$가 된다.
주어진 조건에서
$D=10$ cm이므로 면적 $A=\frac{\pi}{4}(0.1\ \mathrm{m})^2=0.00785\ \mathrm{m}^2$이 된다.
따라서 유속(U)는 $U=\frac{Q}{A}=\frac{\frac{0.5\ \mathrm{m^3}}{\mathrm{sec}}}{0.00785\ \mathrm{m^2}}=\frac{63.7\ \mathrm{m}}{\mathrm{sec}}$ 이므로 유체에 의해 가해진 힘은 다음과 같다.
$F=\rho QU=\frac{1100\ \mathrm{kg}}{\mathrm{m^3}}\times\frac{0.5\ \mathrm{m^3}}{\mathrm{sec}}\times\frac{63.7\ \mathrm{m}}{\mathrm{sec}}=\frac{35031.8\ \mathrm{kg\cdot m}}{\mathrm{sec^2}}=35031.8\ \mathrm{N}$

예제 3-4

그림과 같이 노즐에서 분사되는 물의 속도가 $u_1 = 5$ m/s이고, 이 액체의 흐름에 대해 수직으로서 있는 평판은 속도 $u_2 = 2$ m/s로 움직일 때 물이 분사되는 곳의 단면적이 0.05 m^2 일 때 수직으로서 있는 평판이 받는 힘은 몇 N인가?

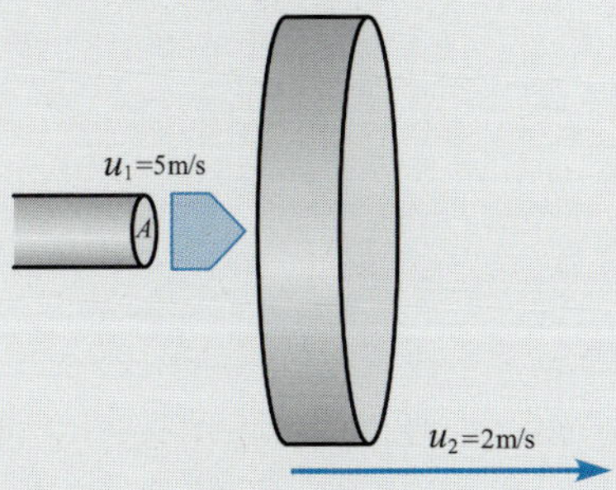

풀이 $F = mg$는 $F = \rho u Q$로 나타낼 수 있다.
주어진 문제에서 물의 밀도는 1000 kg/m^3이고, 노즐의 단면적(A)이 0.05 m^2이므로 유량과 면적의 관계($Q = uA$)로부터 유속(u)를 구하면 해결 할 수 있다.
평판에 가해진 물의 속도는 5 m/s로 가해진 물의 속도에서 평판의 이동 속도인 2 m/s를 고려하면 실제로 물에 의한 유속은 5 m/s−2m/s = 3 m/s가 된다. 면적 $A = 0.05\ m^2$,
유속 $u = 3$ m/sec이 되어 유량 $Q = u \times A = 3\ m/s \times 0.05\ m^2 = 0.15\ m^3/s$ 이므로

$$F = \rho u Q = \frac{1000\ kg}{m^3} \times \frac{3\ m}{s} \times \frac{0.15\ m^3}{s} = \frac{450\ kg \cdot m}{s^2} = 450\ N$$

1.3 휘어진 원통형 관에 작용하는 힘

(1) 원통형 관에서 유체에 의해 받는 x방향의 힘

그림 3-5에서 보는 바와 같이 각 θ만큼 휘어 있는 파이프 속으로 유체가 이동하는 경우를 생각해 보자. 이때 곡면판으로 이동하는 유체의 유량이 $Q[m^3/s]$이고, 유체의 밀도가 $\rho[kg/m^3]$이고 유속은 u [m/s]인 경우 휘어진 부분에서 x 방향으로 가해지는 힘은 다음과 같이 나타낼 수 있다.

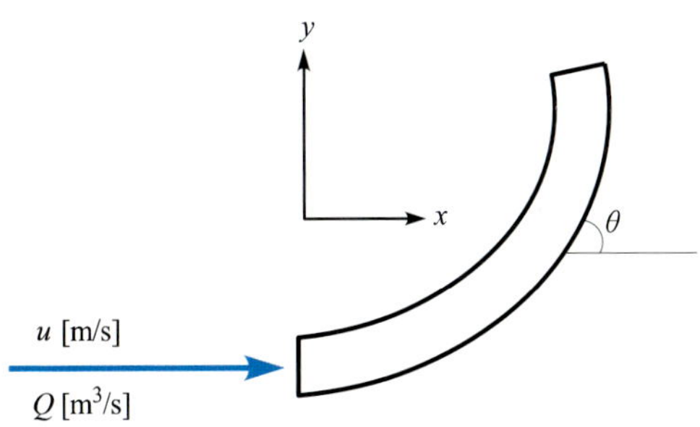

그림 3-5. 휘어진 관에서 x방향의 힘

앞서 살펴본 바와 같이 질량(m)과 힘(F)의 관계에 대한 결과로부터 $F = ma$의 값

을 계산하면 식 (3-11)과 같다.

$$F = \rho u Q \tag{3-11}$$

로 나타낼 수 있다.

여기서 유속 u가 각 θ만큼 휘어진 관에 가해질 때 실제 유속의 값은 $u(1-\cos\theta)$이 된다.

따라서 유출방향 각 θ에 대해 휘어진 관이 받는 x방향의 힘은 $F_x = \rho Q u(1-\cos\theta)$가 된다.

핵심 체크 원통형 관에서 유체에 의해 받는 x방향의 힘

$F_x = \rho Q u(1-\cos\theta)$

(2) 원통형 관에서 유체에 의해 받는 y 방향의 힘

그림 3-6에서 보는 바와 같이 각 $\theta(0° < \theta < 90°)$ 만큼 휘어 있는 파이프 속으로 유체가 이동하는 경우를 생각해 보자. 이때 곡면판으로 이동하는 유체의 유량이 $Q[\mathrm{m^3/s}]$이고, 유체의 밀도가 $\rho[\mathrm{kg/m^3}]$이고 유속은 $u[\mathrm{m/s}]$인 경우 휘어진 부분에서 y방향으로 가해지는 힘은 다음과 같이 나타낼 수 있다.

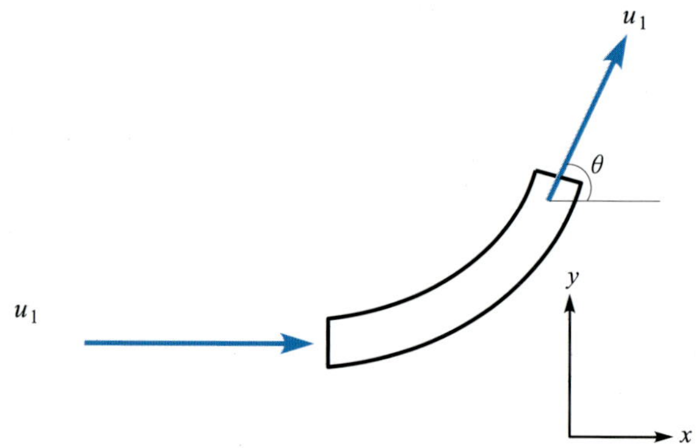

그림 3-6. 휘어진 관에서 y방향의 힘

밀도가 ρ인 유체가 u의 유속으로 이동하면서 물체에 가하는 힘 $F = \rho Q u$이므로 유출방향 θ에 대해 휘어진 관에서 x방향의 힘은

$$F_x = \rho Q u (1 - \cos\theta) \tag{3-12}$$

유출방향 θ에 대해 휘어진 관에서 y방향의 힘은

$$F_y = \rho Q u \sin\theta \tag{3-13}$$

가 된다.

그러므로 x방향과 y방향으로 가해지는 힘의 비는 식 (3–14)와 같다.

$$\frac{F_y}{F_x} = \frac{\rho Q u \sin\theta}{\rho Q u (1 - \cos\theta)} = \frac{\sin\theta}{(1 - \cos\theta)} \tag{3-14}$$

핵심 체크 휘어진 원통형 관에서 유속이 U_1인 유체에 의해 받는 y방향의 힘

$F_y = \rho Q u_1 \sin\theta$

핵심 체크 유체에 의해 휘어진 원통형 관에서 x방향과 y방향의 힘의 비

$\frac{F_y}{F_x} = \frac{\rho Q u \sin\theta}{\rho Q u (1 - \cos\theta)} = \frac{\sin\theta}{(1 - \cos\theta)}$

2 표면장력과 수직판에서 액체의 상승

2.1 표면장력

2.1.1 표면장력의 정의

표면장력(表面張力)은 액체의 표면 이 스스로 수축하여 되도록 작은 면적을 가지려고 하는 성질을 말하며 계면장력의 일종이다. 아주 작은 크기를 가진 물체들이 물의 표면 위에 뜨는 것을 볼 수 있다. 이는 모세관 현상과 밀접한 관계가 있다. 물은 수소결합에 의해 분자 간의 인력이 크기 때문에 다른 액체에 비해 표면장력이 크다. 주요 액체의 표면장력 값을 살펴보면 다음과 같다.

표 3-1. 주요 액체의 표면장력

물질	온도(℃)	표면장력(dyne/cm)
글리세롤	20	63.0
디에틸에테르	20	17.0
물	0	75.64
	25	71.97
	50	67.91
	100	58.85
메탄올	20	22.6
아세톤	20	23.7
아세트산	20	27.6
아세트산(40%)+물	20	40.68
아세트산(10%)+물	20	54.56
에탄올	20	22.27
에탄올(40%)+물	25	29.63
에탄올(11%)+물	25	46.03

물질을 구성하는 분자 사이에 작용하는 힘에 따라 분자가 서로 접촉하여 응축하려고 하며, 이 결과 표면적이 적은 원모양이 되려고 한다. 분자의 운동에 의해 형성된 것이 표면장력이기 때문에 표 3-1에서 보는 바와 같이 표면장력은 온도가 오르면 낮아진다. 온도가 오르면 분자 운동이 활발하게 되는 것도 표면장력이 작아지는 것과 관련이 있다. 이런 현상은 표면장력이 클수록 분자 간의 인력이 강하기 때문에 증발하는데 많은 시간이 걸린다.

핵심 체크 **표면장력과 증발의 관계**

표면장력이 클수록 분자 간의 인력이 강하기 때문에 증발하는 데 많은 시간이 걸린다.

표면장력은 분자 간의 인력에 의해 발생하므로 액체분자의 상호 작용력의 척도이며 액체의 종류 및 액체의 성분농도비에 따라 다른 값을 가진다. 표면장력의 크기는 면적에 따른 에너지 값[에너지/면적] 또는 단위길이에 대한 힘[힘/길이]으로 설명할 수 있다.

$$표면장력(\sigma)=에너지/넓이=힘/길이(erg/cm^2=dyne/cm=N/m)$$

핵심 체크 표면장력

① 유체의 표면적에 작용하여 유체의 표면적을 최소로 하는 힘
② 분자간의 인력에 의하여 표면을 가능한 작게 하려는 경향이 있는 액체 상태에서 외력이 무시될 경우 거의 구형을 유지하려는 데 작용하는 장력
③ 표면장력(σ) = 에너지/넓이 = 힘/길이($erg/cm^2 = dyne/cm = N/m$)

2.2 모세관과 수직판에서 액체의 상승

그림 3-7(a)에서 보는 바와 같이 직경이 d이고 반경이 $r\left(=\frac{d}{2}\right)$인 모세관 내에서 액체의 상승높이 h_g를 구하기 위해 모세관 내의 액체표면에 작용하는 표면장력(σ)의 수직분력과 상승된 액체의 중량(weight)을 같다고 놓으면 $2\pi r\sigma\cos\theta = \pi r^2 h_g \gamma$이 된다. 따라서 액체의 상승높이 h_g는

$$h = \frac{4\sigma\cos\theta}{\gamma d} = \frac{4\sigma\cos\theta}{\rho g d} = \frac{2\sigma\cos\theta}{\gamma r} = \frac{2\sigma\cos\theta}{\rho g r}$$

이 되고 여기서 σ는 액체의 표면장력이고, γ는 액체의 비중량이다. 수직분력의 경우, 액체와 모세관이 접하는 경계면(원의 둘레 $2\pi r$)에 표면장력(힘/길이)을 곱하고 수직성분에 해당하는 $\cos\theta$를 곱한 것으로 해석하면 된다.

그림 3-7(b)에서 보는 바와 같이같격이 d인 2개의 수직판을 통해 표면장력이 σ인 액체가 평판 사이를 상승하여 액체와 평판 사이에 접촉각이 θ만큼 형성된 경우 액체의 상승높이 h_p는 다음과 같이 구할 수 있다.

수직판에서 액체의 상승높이 h_p는 식 (3-15)와 같다. 수직분력의 경우, 액체와 모세관이 접하는 경계면(평판이 두 개이므로 평판의 길이 b의 2배)에 표면장력(힘/길이)을 곱하고 수직성분에 해당하는 $\cos\theta$를 곱한 것으로 해석하면 된다.

$$h = \frac{2\sigma\cos\theta}{\gamma d} = \frac{2\sigma\cos\theta}{pgd} \tag{3-15}$$

여기서, σ : 표면장력(kg_f/m) θ : 접촉각
γ : 비중량(kg_f/m^3) 물의 경우 1000 kg_f/m^3
d : 두 평판 사이의 간격(m)

이처럼 단위면적에 작용하는 힘[F/L^2]을 압력이라 하며, 압력의 표준단위로는 MKS 단위체계에서는 $N/m^2 = Pa$(pascal)이 사용된다. 즉, 면적 A에 수직으로 작용하는 힘을 F라 하면 여기에 미치는 압력 P는 F/A이다.

핵심체크 압력의 정의

압력은 단위면적에 가해진 힘을 의미한다. 압력$(P) = \dfrac{\text{힘}(F)}{\text{면적}(A)}$

3.2 압력의 단위

압력을 단위면적(A)에 작용하는 힘(F)의 형태로 나타내서 압력단위에는 힘의 단위(N, kg_f)가 들어가 있는 것이 주로 사용된다. 힘(F)은 질량에 중력 가속도가 가해진 값으로 압력은 액체의 높이(h)와 밀도(ρ)의 값으로 나타낼 수 있다.

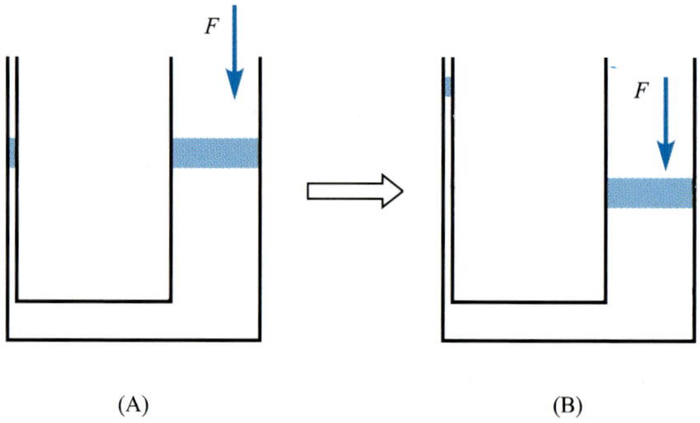

그림 3-9. 단위면적당 가해진 힘에 의한 액체의 높이변화

그림 3-9에서 보는 바와 같이 단위면적당 가해진 힘을 압력으로 정의하면 그림(A)에서는 힘 F가 일정한 면적에 가해지면 압력으로 작용하는 데 그림(B)에서 보는 바와 같이 압력의 영향으로 액체의 높이의 변화를 가져왔다. 이처럼 압력은 힘의 작용과 높이의 변화로 나타나므로 압력의 단위 역시 단위면적에 작용한 힘의 단위와 높이의 단위를 가진다. 여기에서는 압력의 단위체계를 힘의 단위와 높이의 단위로 나누어서 살펴보기로 하자.

3.2.1. 힘의 단위로 압력값

면적 A에 수직방향으로 힘 F가 작용하면 F/A로 표시되며 이것은 압력 P라고 한다. 즉 압력은 수직방향으로 단위면적당 가해진 힘으로 정의된다.

① MKS단위체계에서 힘은 N이고, 면적은 m^2이므로 압력은 N/m^2으로 나타내며 Pascal이라고 한다.

② cgs단위체계에서 힘은 dyne이 되고, 면적은 cm^2이므로 압력은 $dyne/cm^2$으로 bar라고 한다.

③ 질량이 lb이고, 길이가 ft 또는 in가 사용되는 FPS단위체계에서 압력은 lb_f/in^2으로 되며 이 값을 psi라고 한다.

핵심 체크 단위면적당 작용하는 힘으로 압력의 표현방법

① $\frac{N}{m^2} = Pa$, ② $\frac{dyne}{cm^2} = bar$, ③ $\frac{lb_f}{in^2} = psi$

뉴턴의 운동 방정식에 의하면 힘(F)=질량(m)×가속도(g)로 나타낼 수 있다. SI단위계에서 속도는 m/s이고 가속도의 단위는 m/s^2으로 나타낸다.

힘의 단위로 나타내는 압력의 여러 가지 단위환산관계를 구체적으로 살펴보면 다음과 같다.

(1) CGS단위로 1기압의 값

힘의 단위로 나타낸 압력의 정의로부터 $P = \frac{F}{A} = \frac{mg}{A}$가 된다. 여기서 $m = \rho V$이므로 $P = \frac{mg}{A} = \frac{\rho Vg}{A} = \rho hg$로 나타낼 수 있다.

따라서 $P = \frac{F}{A} = \rho gh$가 된다. 이 값으로부터 CGS단위로 나타낸 1기압의 값을 살펴보면 다음과 같다.

$$1 \text{ atm} = \rho_{H_2O}\, g\, h_{H_2O} = \frac{1 \text{ g}}{cm^3} \times \frac{980.6 \text{ cm}}{s^2} \times 1033.6 \text{ cm}$$

$$= \frac{1.013 \times 10^6 \text{ g}}{cm^3 s^2} \times cm^2 = \frac{1.013 \times 10^6 \text{ dyne}}{cm^2}$$

핵심 체크 단위면적당 작용하는 힘의 단위 값으로 1기압의 CGS단위 값

$$1\ \text{atm} = \frac{1.013\times10^6\ \text{dyne}}{\text{cm}^2}$$

(2) MKS단위로 1기압의 값

cgs의 단위 값에서 계산된 압력값을 MKS의 단위로 단위환산하면 다음과 같다. 10^5 dyne은 1 N이므로

$$\frac{1.013\times10^6\ \text{dyne}}{\text{cm}^2} = \frac{1.013\times10^6\ \text{dyne}}{\text{cm}^2}\times\frac{1\ \text{N}}{10^5\ \text{dyne}}\times\frac{10^4\ \text{cm}^2}{1\ \text{m}^2}$$

$$= \frac{101.35\ \text{kN}}{\text{m}^2} = 101.3\ \text{kPa}$$

이 값을 다른 단위를 가진 값으로 나타내면 다음과 같다.

$$P = \rho_{H_2O}\times g\times h_{H_2O} = \frac{1000\ \text{kg}}{\text{m}^3}\times\frac{9.8\ \text{m}}{\text{s}^2}\times\frac{1\text{N}}{1\text{kg}\cdot\text{m/s}^2}\times\frac{1\ \text{kg}_f}{9.8\ \text{N}}\times10.336\ \text{m}$$

$$= \frac{10336\ \text{kg}_f}{\text{m}^2} = \frac{10336\ \text{kg}_f}{\text{m}^2}\times\frac{9.8\ \text{N}}{1\ \text{kg}_f} = \frac{101292.8\ \text{N}}{\text{m}^2}$$

핵심 체크 단위면적당 작용하는 힘의 단위 값으로 1기압의 MKS단위 값

$$1\ \text{atm} = \frac{10336\ \text{kg}_f}{\text{m}^2} = 101.3\ \text{kPa}$$

(3) FPS단위로 1기압의 값

질량은 lb(pound) 길이는 ft의 단위를 사용하는 FPS단위계에서 1기압의 값은 다음과 같다.

$$P = \rho\times g\times h = \frac{10336\ \text{kg}_f}{\text{m}^2}\times\frac{(0.3048\ \text{m})^2}{1\ \text{ft}^2}\times\frac{1\ \text{lb}_f}{0.454\ \text{kg}_f} = \frac{2115.07\ \text{lb}_f}{\text{ft}^2}$$

$$= \frac{2115.07\ \text{lb}_f}{\text{ft}^2}\times\frac{(1\ \text{ft})^2}{(12\ \text{in})^2} = \frac{14.688\ \text{lb}_f}{\text{in}^2} = 14.688\ \text{psi}$$

핵심체크 단위면적당 작용하는 힘의 단위 값으로 1기압의 FPS단위 값

$$1\ \text{atm} = \frac{14.688\ \text{lb}_f}{\text{in}^2} = 14.688\ \text{psi}$$

◉ psi는 pound per square in의 약자이다.

표 3-2 1기압(atm)의 여러 가지 값

단위	atm	kPa	mmHg	kg_f/cm^2	mH_2O	mbar	inHg	psi	$dyne/cm^2$
1기압의 값	1	101.3	760	1.0336	10.33	1013	29.92	14.7	1013×10^3

핵심체크 1기압(atm)의 여러 가지 값

$$1\ \text{atm} = 760\ \text{mmHg} = 1.0336\ \text{kg}_f/\text{cm}^2 = 10.33\ \text{mH}_2\text{O} = 1013\ \text{mbar} = 29.92\ \text{inHg}$$
$$= 14.7\ \text{psi} = 1013 \times 10^3\ \text{dyne/cm}^2$$

3.2.2 높이의 단위로 압력값

압력의 단위로 액체의 높이를 사용하기 위해서는 많은 액체의 높이로 표현될 수 있으나 그렇게 되면 단위체계가 너무나 복잡하게 되므로 압력의 단위를 나타내기 위해서 사용되는 액체는 비중이 13.6인 수은과 비중이 1인 물을 사용한다. 즉, 두 액체 사이에 비중의 차이가 발생하므로 같은 힘이 작용하였을 경우 그림에서 보는 바와 같이 수은(Hg)이 1만큼 높이가 상승하면 물(H_2O)은 수은의 13.6배 만큼 높이가 상승하게 된다.

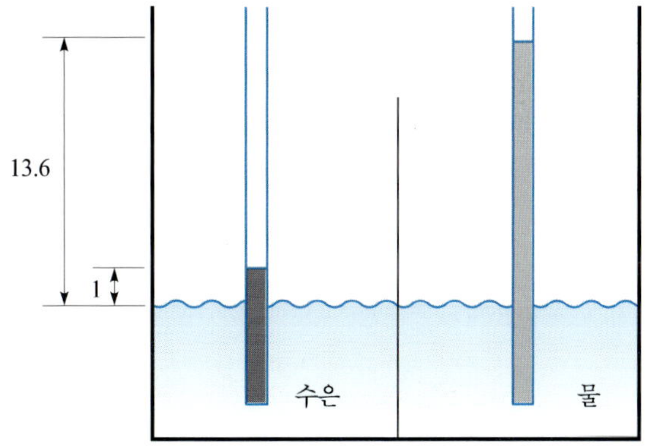

그림 3-10. 동일한 힘에 의한 수은과 물의 상승 높이

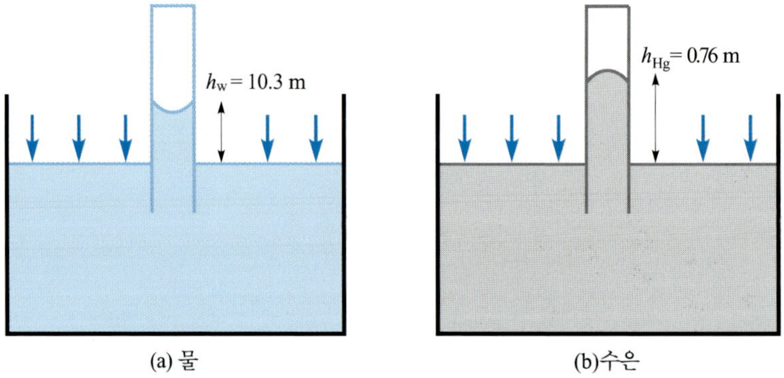

그림 3-11. 수은과 물의 상승높이

$P=\dfrac{F}{A}=\rho gh$에서 압력이 액주가 존재하는 단면의 크기에 무관하다면, 압력(P)은 밀도(ρ)를 아는 유체 기둥의 높이(h)로서 나타낼 수 있다.

$$P=\rho\times g\times h=\rho_{Hg}\times g\times h_{Hg}=\rho_{H_2O}\times g\times h_{H_2O}=\gamma_{H_2O}h_{H_2O} \tag{3-16}$$

여기서, ρ : 밀도, g : 중력 가속도, γ : 액체의 비중량

따라서 수은의 액주와 물의 액주의 관계는 식 (3-17)과 같다.

$$h_{H_2O}\ =\ \rho_{Hg}h_{Hg}/\rho_{H_2O}=13.6\mathrm{h}_{Hg} \tag{3-17}$$

핵심 체크 **압력 값에서 밀도와 액주(액체 높이)의 관계**

$$h_{H_2O}\ =\ \rho_{Hg}h_{Hg}/\rho_{H_2O}=13.6\mathrm{h}_{Hg}$$

압력을 나타내는 액체로 수은(Hg)과 물이 사용되므로, 이 둘의 관계를 살펴보면 다음과 같은 관계식으로 나타낼 수 있다. 수은의 비중이 13.6이므로

$$1\ \mathrm{atm}=760\ \mathrm{mmHg}=76\ \mathrm{cmHg}\times13.6=1033.6\ \mathrm{cmH_2O}=10.336\ \mathrm{mH_2O}$$

cm의 값을 ft의 값으로 나타내기 위해 환산인자인 1 ft = 12 inch = 30.48 cm를 사용하여 단위환산하면

$$1\ \mathrm{atm}=1033.6\ \mathrm{cmH_2O}\times\frac{1\ \mathrm{ft}}{30.48\ \mathrm{cm}}=33.91\ \mathrm{ftH_2O}$$

핵심 체크 압력계산에 사용되는 액체인 물과 수은의 밀도

$$\rho_{Hg} = \frac{13.6\ g}{cm^3},\ \rho_{H_2O} = \frac{1\ g}{cm^3}$$

표 3-3 힘과 높이로 나타낸 압력의 차원 및 단위

물리량	의 미	단위(MKS계)	차원
압력	단위면적당 가해진 힘	kg_f/m^2	$[M][L]/[T]^2[L]^2 = ML^{-1}T^{-2}$
	액주의 높이	m	[L]

예제 3-7

35 in Hg의 압력단위를 psi의 단위로 환산 하여라?

풀이 높이의 단위인 in Hg를 힘의 단위인 psi로 환산하는 과정

$$35\ \text{inchHg} = 35\ \text{inchHg} \times \frac{14.7\ \text{psi}}{760\ \text{mmHg}} \times \frac{25.4\ \text{mmHg}}{1\ \text{inchHg}} = 17.195\ \text{psi}$$

핵심 체크 1 기압(atm)의 여러 가지 값

$$1\ \text{atm} = 760\ \text{mmHg} = 1.0336\ kg_f/cm^2 = 10.33\ mH_2O = 1013\ \text{mbar} = 29.92\ \text{inHg} = 14.7\ \text{psi} = 1013 \times 10^3\ \text{dyne}/cm^2$$

예제 3-8

1.5 kg_f/cm^2의 압력단위 값을 mH_2O의 단위로 환산하여라?

풀이 힘의 단위인 kg_f/cm^2을 높이의 단위인 mH_2O로 환산하는 과정

$$\frac{1.5\ kg_f}{cm^2} = \frac{1.5\ kg_f}{cm^2} \times \frac{10.33\ mH_2O}{1.0336\ kg_f/cm^2} = 14.99\ mH_2O$$

위의 예제에서 보면 $\frac{1\ kg_f}{cm^2} \fallingdotseq 10\ mH_2O$ 의 결과를 보인다.

핵심 체크 kg_f/cm^2과 mH_2O의 관계

$$\frac{1\ kg_f}{cm^2} \fallingdotseq 10\ mH_2O$$

3.3 압력의 종류

3.3.1 표준대기압

지구 중심에서 작용하는 중력에 대응하는 힘이 존재한다는 것을 인식한 이후부터 중력에 대응하는 힘의 실체에 대한 여러 가지 연구가 진행되었다. 많은 연구 중에서 지구 표면에는 대기가 둘러싸고 있는 데, 대기에 중력 가속도가 작용하게 되어 지구표면에 힘을 미치게 될 때 이러한 힘으로 인해서 생성된 압력을 대기권의 이름을 따서 대기압(atmospheric pressure)이라 하는 연구가 이 문제를 해결하는 데 중요한 역할을 하게 된다. 이처럼 지구표면에 있는 대기권이 지구 중심으로 작용하는 힘을 대기가 가진 힘으로 보아 대기압이라고 하고 이 값의 기준 값인 1 atm을 대기압이라고 한다.

핵심체크 대기압(Atmospheric Pressure)

대기압 = 1 atm

3.3.2. 절대압과 게이지압

액체의 기둥인 액주로 압력을 측정하는 것은 불편하기 때문에 압력게이지를 사용해서 압력을 측정한다. 이때 사용하는 압력게이지는 계기압으로 표준대기압에 의한 압력은 고려되지 않은 값이라고 할 수 있다.

따라서 절대압이라고 하는 것은 압력게이지로 측정된 게이지압에 대기압을 더한 값으로 나타낸다.

감압하여 진공으로 만들수록 진공도는 커지게 된다. 따라서 장치 안의 절대압은 대기압에서 진공도를 뺀 값이 된다. 즉 진공계의 경우 진공도 = 대기압 − 절대압이 된다.

핵심체크 절대압과 게이지압의 관계

절대압 = 대기압 + 게이지압
절대압 = 대기압 − 진공압

예제 3-9

기체가 저장되어 있는 용기에 압력계가 부착되어 있다. 압력계의 바늘이 1.5 kg_f/cm^2을 가리키고 있다. 이때의 대기압이 760 mmHg이면 봄베안의 절대압은 몇 mmHg인가?

풀이 절대압 = 대기압 + 게이지압

> **핵심체크** 1 기압(atm)의 여러 가지 값
>
> 1 atm = 760 mmHg = 1.0336 kg_f/cm^2

주어진 압력의 단위인 kg_f/cm^2를 mmHg로 환산한 후에 계산하면 편리하다.

$$\frac{1.5\ kg_f}{cm^2} \times \frac{760\ mmHg}{\frac{1.0336\ kg_f}{cm^2}} = 1102.94\ mmHg$$

절대압 = 대기압 + 게이지압에서 1102.94 mmHg + 760 mmHg = 1862.94 mmHg

예제 3-10

컵에 들어 있는 비중이 0.9인 액체를 직경 2.5[mm]인 유리관을 이용해서 수직방향으로 100[mm] 높이로 빨아올리려면 몇 [N/m^2]의 압력차가 필요한가?

풀이 압력차(ΔP)의 계산

$\Delta P = \gamma \Delta h$

여기서 ΔP : 압력차[kg_f/cm^2], γ : 비중량[kg_f/m^3], Δh : 높이차[m]

주어진 조건에서 $\Delta h = 0m - 0.10m = -0.10[m]$, $\gamma = 0.9 \times 9800[N/m^3] = 8820[N/m^3]$이므로

$\Delta P = \Delta h \gamma = (0-0.10)[m] \times (8820)[N/m^3] = -882[N/m^2]$

4 압력의 측정

4.1 마노미터를 이용한 압력의 측정

유체역학에서 압력에 대해서 학습하는 이유가 여러 가지가 있지만 압력이라는 값이 유체의 흐름 양(유량)을 측정하는 데 관계되는 양이기 때문에 유체역학에서 압력에 대해 학습을 하는 것이다. 여기에서는 이러한 압력을 측정하는 방법과 압력 측정장치에 대해서 살펴보기로 한다.

압력의 측정 방법

① 액주식 : U자관형, 경사관 형

② 탄성식 : 브르돈관, 멤브레인형, 베로즈형, 다이야프램

③ 스트레인 게이지

④ 압전형 압력 변환기

⑤ 전위차계 압력 변환기

압력을 측정하는 방법 중 유체해석에 널리 사용되는 방법이 액주식 압력 측정장치이다. 따라서 액주식으로 압력을 측정하는 방법에 대하여 살펴보기로 하자.

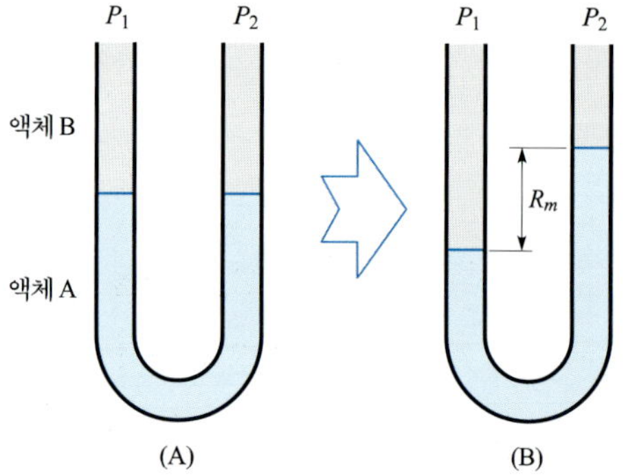

그림 3-12. 압력에 의해 밀려 올라간 액체 기둥의 높이

마노미터는 압력에 의해 밀려 올라간 액체 기둥의 높이를 측정하여 그에 상응하는 압력을 측정하는 장치이다. 이러한 마노미터에는 여러 가지가 있으나 가장 간단한 형태의 U자관 마노미터는 그림 3-12에서 보는 바와 같다. 마노미터 아래 부분에는 수은(Hg)과 같이 밀도를 알 수 있는 액체 A가 채워져 있다. 처음에는 그림(A)에서 보는 바와 같이 액체 A의 액면은 U자관 양쪽이 수평으로 되어있으나, 유체 B가 흐르는 유로에 마노미터를 연결하면 U자관 양쪽에서 압력차($P_1 > P_2$)가 발생하여 그림(B)에서 보는 바와 같이 한쪽 면의 액면이 상승하여 서로 다른 높이차(R_m)가 발생한다.

액주식(液柱式)으로 널리 사용되는 마노미터에는 단순마노미터, 경사마노미터 그리고 시차주사액주계 등이 있다. 이들 액주계에 대해서 좀 더 구체적으로 살펴보기로 하자.

(1) 단순마노미터

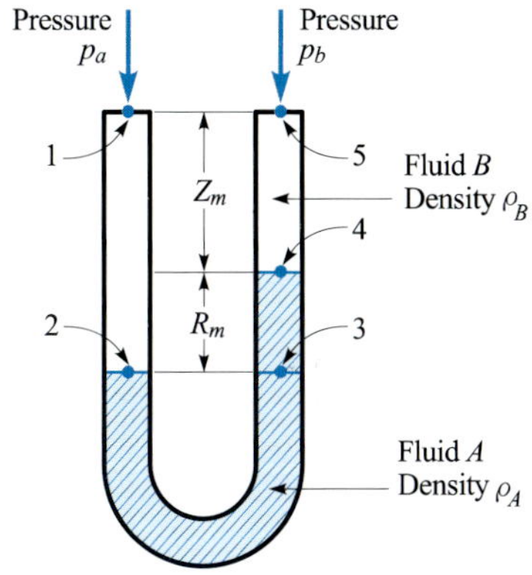

그림 3-13. 단순마노미터

단순마노미터는 그림 3-13에서 보는 바와 같이 U자형 관속에 밀도(ρ_A)를 알고 있는 유체(A)를 넣고 그 위에 밀도가 ρ_B인 액체 B를 채워 유체의 이동에 따른 압력차를 측정하는 장치이다. 액체의 압력($P = \rho gh = \gamma h$)은 액체의 높이(h)에 비례하고, 중력 가속도(g)에 비례하며 그 액체 밀도(ρ)에 따라서 다른 값을 가진다.

그림 3-13에서 보는 바와 같이 마노미터가 설치된 관을 통해 유체가 흐를 때 압력차가 발생하면 이때 상부에서 가해지는 압력 P_A와 P_B가 서로 달라 액체 B에 힘이 가해지므로 액체 A의 높이차가 발생한다. 압력은 액주의 높이에 영향을 주므로, 즉 $P = \rho gh$이므로 액체의 높이가 같은 지점에서는 압력이 서로 같기 때문에 지점 "2"와 지점 "3"에서의 압력은 서로 같다고 할 수 있다. 액체의 높이에 따른 압력 값인 $P = \rho \times h \times g$를 이용하여 지점 "2"와 지점 "3"에서의 압력을 계산하면 다음과 같다.

지점 2에서의 압력 $P_2 = P_a + \rho_B(Z_m + R_m)g$ (3-18)

지점 3에서의 압력 $P_3 = P_b + \rho_B Z_m g + \rho_A R_m g$ (3-19)

지점 2에서의 압력과 지점 3에서의 압력이 같으므로 $P_2 = P_3$이므로 압력차 $P_a - P_b$는 다음과 같다

$$P_a + \rho_B(Z_m + R_m)g = P_b + \rho_B Z_m g + \rho_A R_m g \quad (3\text{-}20)$$

$$P_a + \rho_B Z_m g + \rho_B R_m g = P_b + \rho_B Z_m g + \rho_A R_m g \quad (3\text{-}21)$$

이므로 이 값을 정리하면 압력차를 계산할 수 있다.

$$P_a + \rho_B R_m g = P_b + \rho_A R_m g \tag{3-22}$$

가 되며

$$P_a - P_b = (\rho_A - \rho_B) R_m g = (\gamma_A - \gamma_B) R_m \tag{3-23}$$

가 된다.

핵심 체크 U자관 마노미터를 이용한 압력의 측정

$P_a - P_b = (\rho_A - \rho_B) R_m g = (\gamma_A - \gamma_B) R_m$

(2) 경사마노미터

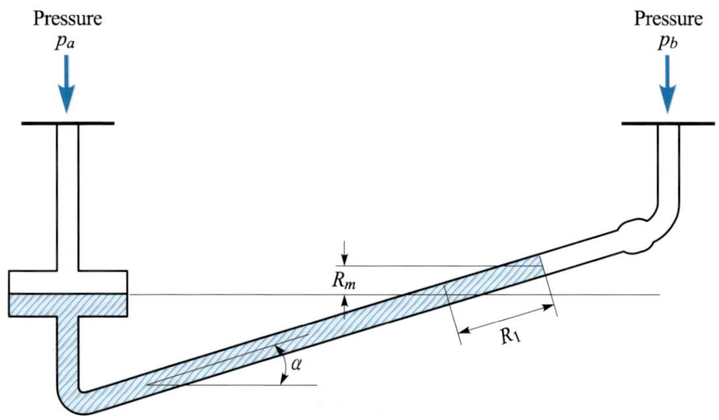

그림 3-14. 경사마노미터

압력차가 적을 경우에는 일반 마노미터를 사용하면 액주의 차이가 크게 발생하지 않기 때문에 측정하기 어렵게 된다. 이런 경우 그림 3-14에서 보는 바와 같은 경사마노미터를 사용하는 데, 이 경우 U자관의 한쪽을 기울여서 액면의 차 R_m 의 값을 R_1 으로 확대시킨 것으로 경사각을 α 라 하면 경사마노미터에서 측정된 압력차는 다음과 같다.

이때 압력을 구하는 방법은 단순마노미터에서와 같은 방법으로 계산된다.

단순마노미터에서 계산된 압력차

$$P_b - P_a = (\rho_A - \rho_B) R_m \times g \tag{3-24}$$

에서 경사각이 α 이므로

$$R_m = R_1 \sin\alpha \tag{3-25}$$

가 된다. α 라는 경사에 의해서 생성된 높이차가 $R_m = R_1 \sin\alpha$ 이므로 압력차는 식 (3−26)과 같다.

$$\text{압력차 } P_a - P_b = (\rho_A - \rho_B) R_1 \sin\alpha g = (\gamma_A - \gamma_B) R_1 \sin\alpha \tag{3-26}$$

가 된다.

핵심 체크 경사마노미터를 이용한 압력의 측정

$P_a - P_b = (\rho_A - \rho_B) R_1 \sin\alpha g = (\gamma_A - \gamma_B) R_1 \sin\alpha$

예제 3-11

압력차를 측정하기 위해 U자관 마노미터를 오리피스에 연결하였더니 25 cm의 높이의 차가 발생하였다. 마노미터중의 사염화탄소(CCl_4)의 비중은 2.5이고 원관 속의 유체는 물인 경우 압력차는 몇 N/m^2인가?

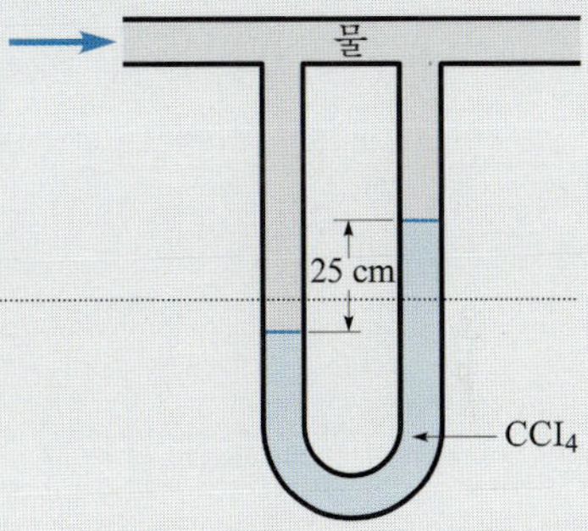

풀이

$\Delta P = P_a - P_b = (\rho_A - \rho_B) R_m \times g$

$\Delta P = (2.5 - 1) \times \dfrac{1000 \text{ kg}}{\text{m}^3} \times 0.25 \text{ m} \times 9.8 \text{ m/s}^2$

$= \dfrac{3675 \text{ N}}{\text{m}^2}$

(3) 시차 액주계

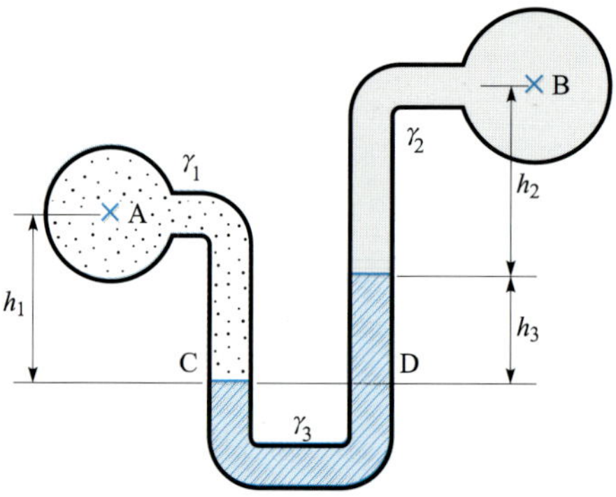

그림 3-15. 시차 액주계

앞서 살펴본 단순마노미터와 달리 시차 액주계는 절대압을 측정하는 것이 아니고 정해진 두 지점에서의 압력차만을 측정하는 압력계이다. 그림 3-15에서 보는 바와 같이 수직관에서 압력은 수직관에 들어 있는 액체의 비중량(γ), 액체의 높이(h) 그리고 중력 가속도(g)에 의하여 영향을 받는다. 압력은 액주의 높이에 비례하므로 그림 3-15에서 C지점과 D지점은 같은 액체가 들어 있고 높이가 같으므로 압력은 서로 같다고 할 수 있다. 이를 이용하면

C 지점에서의 압력은 : $P_A + \gamma_1 h_1$ (3-27)

D 지점에서의 압력은 : $P_B + \gamma_2 h_2 + \gamma_3 h_3$ (3-28)

액체의 높이가 같으면 C지점에서의 압력과 D지점에서의 압력이 서로 같으므로

$$P_A + \gamma_1 h_1 = P_B + \gamma_2 h_2 + \gamma_3 h_3 \quad (3\text{-}29)$$

이 된다.

식 (3-29)로부터 압력차($P_A - P_B$)를 계산하면

$$P_A - P_B = \gamma_2 h_2 + \gamma_3 h_3 - \gamma_1 h_1 \quad (3\text{-}30)$$

이 된다.

핵심 체크 시차 액주계를 이용한 압력의 측정

$P_A - P_B = \gamma_2 h_2 + \gamma_3 h_3 - \gamma_1 h_1$

예제 3-12

그림과 같이 액주계에서 A에는 물이 B에는 수은(Hg)이 들어 있다. $h_1 = 250$ mm, $h_2 = 600$ mm일 때 관 중심 A의 게이지압은 몇 kg_f/m^2인가?

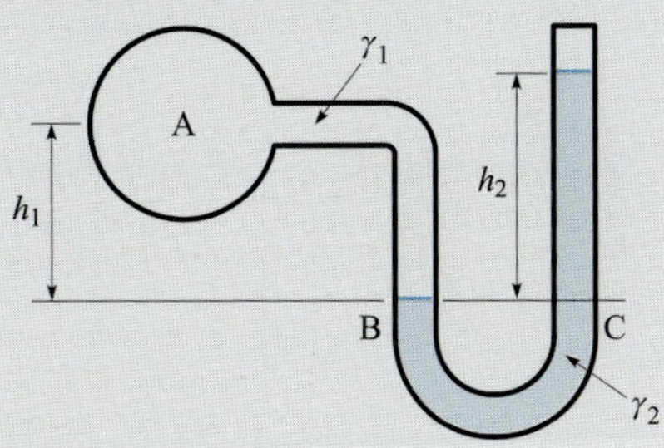

풀이 액주의 높이가 같을 때 압력은 같으므로 지점 B와 지점 C에서의 압력은 같다.

액주계에 들어 있는 물질이 물과 수은이므로 $\gamma_1 = 1000\ kg_f/m^3$, $\gamma_2 = 13600\ kg_f/m^3$이다.

$P_B = P_A + \gamma_1 h_1$, $P_C = \gamma_2 h_2$, 에서 $P_B = P_C$이므로

$$P_A = \gamma_2 h_2 - \gamma_1 h_1 = \frac{13600\ kg_f}{m^3} \times 0.6\ m - \frac{1000\ kg_f}{m^3} \times 0.25\ m = \frac{7910\ kg_f}{m^2}$$

4.2 정압과 동압

유체에서 사용되는 압력의 형태에는 정압(static pressure)과 동압(velocity pressure)의 2가지가 있다. 여기에서는 정압과 동압에 대해서 살펴보기로 하자.

유체가 관 내부를 흐르고 있을 때 유체의 흐름 방향과 직각으로 작용하는 압력을 정압이라고 하고, 유체의 흐름에 상대되는 압력을 동압이라고 하며 그 합을 전압이라고 한다.

(1) 정압(Static pressure)

정압은 유체가 관 내부를 흐르고 있을 때 유체의 흐름 방향과 직각으로 작용하는 압력으로 유체 중에 어떤 점의 모든 방향에서 같은 크기로 나타나는 압력으로 정지하고 있는 유체뿐 아니라 운동하고 있는 유체 중에 존재하는 압력이다. 일반적으로 정압은 유체의 흐름이 없을 때 또는 유체의 흐름을 고려하지 않을 때 나타내는 압력으로 위치에너지의 형태로 나타낸다. 따라서 정압은 수직으로 작용한다.

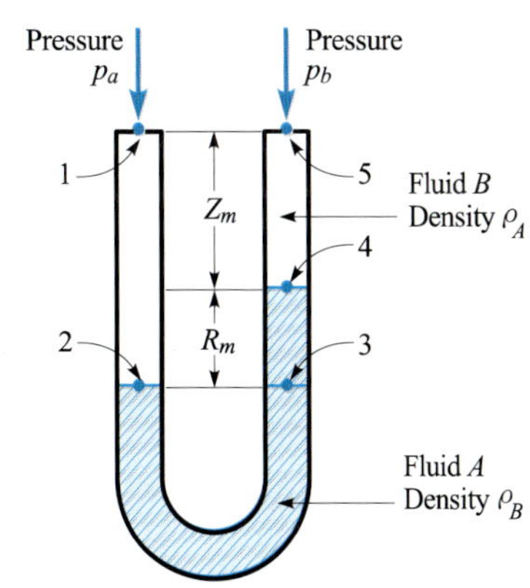

그림 3-16. 단순마노미터

유체의 흐름에서 정압은 모든 방향으로 동일한 크기의 압력으로 작용하며, 정압의 측정은 마노미터를 주로 사용한다.

핵심 체크 정압

- 물체 표면에 작용하는 압력
- 유체 중에 어떤 점에서 모든 방향에서 같은 크기로 나타나는 압력
- 유체의 흐름이 없을 때 또는 유체의 흐름을 고려하지 않을 때 나타내는 압력
- 위치에너지의 형태로 나타낸다.

그림 3-16과 같은 단순마노미터에서의 압력차를 계산하면 식(3-31)과 같다. 지점 2와 3은 높이가 같으므로 이 지점에 작용하는 압력을 기준으로 압력차를 구하면

$$P_a + g\rho_B(Z_m + R_m) = P_b + g\rho_B Z_m + g\rho_A R_m \tag{3-31}$$

가 되며 압력차 $(P_a - P_b)$를 계산하면 식 (3-32)와 같다.

$$P_a - P_b = g(\rho_A - \rho_B) R_m \tag{3-32}$$

가 된다.

예제 3-13

저부의 압력이 1.5 kg_f/cm^2에 있을 경우 밀도 0.7 g/cm^3인 액주의 높이(m)를 구하여라? 단 위쪽은 대기에 개방되어 있다.

풀이 위쪽이 대기에 개방되어 있으므로 대기압(1.033 kg_f/cm^2)이 작용한다고 할 수 있다.

$\Delta P = g\rho h$

$$h = \frac{\Delta P}{g\rho} = \frac{(1.5-1.033)\dfrac{kg_f}{cm^2} \times \left[\dfrac{100\ cm}{1\ m}\right]^2 \times \dfrac{9.8\ N}{1\ kg_f}}{9.8\ m/s^2 \times \left(\dfrac{700\ kg}{m^3}\right)} = \frac{45766\ N/m^2}{6860\ N/m^3} = 6.67\ m$$

(2) 동압(Velocity pressure)

동압(Velocity pressure)은 정압과는 달리 운동하고 있는 유체 중에만 존재하는 압력이다. 이러한 동압은 유체가 흐를 때 발생하는 운동에너지의 형태로 나타낸다. 운동에너지는 유체의 유속의 제곱근에 비례하는 값을 가지는 것으로 유체가 이동하는 방향으로 작용하는 압력을 동압 또는 속도압이라고 한다.

핵심체크 동압

- 운동하고 있는 유체 중에만 존재하는 압력
- 유체가 흐를 때 발생하는 운동에너지의 형태로 나타낸다.

앞서 살펴본 바와 같이 운동에너지 관계식인 $KE=\frac{u^2}{2g}$에서 운동에너지에 의해 발생되는 동압에 의한 유체의 수두 H는

$$H=\frac{u^2}{2g} \tag{3-33}$$

로 나타낸다.

따라서 동압에 의한 속도는 식 (3-34)와 같다. $H=\frac{u^2}{2g}$이므로 $u^2=2gh$가 되며

$$u=\sqrt{2gH} \tag{3-34}$$

여기서, H : 유체의 속도두, u : 유체의 속도[m/s]

핵심체크 동압에 의한 유체의 유속

$$u=\sqrt{2gH}$$

여기서, H : 유체의 속도두, u : 유체의 속도[m/s]

예제 3-14

직경이 2 m이고 높이가 20 m인 물탱크에 15 m의 높이로 물이 차 있다. 물탱크의 바닥에 5 mm의 구멍이 났을 경우 이 구멍을 통해서 흐르는 유체의 유속은 몇 m/s인가?

풀이 $H=\frac{u^2}{2g}$에서 $u^2=2gH$이므로 $u=\sqrt{2gH}$가 된다.

$$u=\sqrt{2gH}=\sqrt{2\times 9.8\ \mathrm{m/s^2}\times 15\ \mathrm{m}}=\sqrt{\frac{294\ \mathrm{m^2}}{s^2}}=\frac{17.15\ \mathrm{m}}{s}$$

(3) 전압(Total pressure)

그림 3-17에서 보는 바와 같이 유체가 흐르는 배관 내에서 발생하는 정압과 동압의 합을 전압이라고 할 수 있다 .

즉, 전압(Total pressure)=정압(Static pressure)+동압(Velocity pressure)으로 표현할 수 있다.

핵심 체크 전압의 측정

전압(Total pressure)=정압(Static pressure)+동압(Velocity pressure)

전압의 측정은 충돌관을 이용하여 유체가 흐르는 방향으로 작용하는 동압과 정압을 동시에 측정한다.

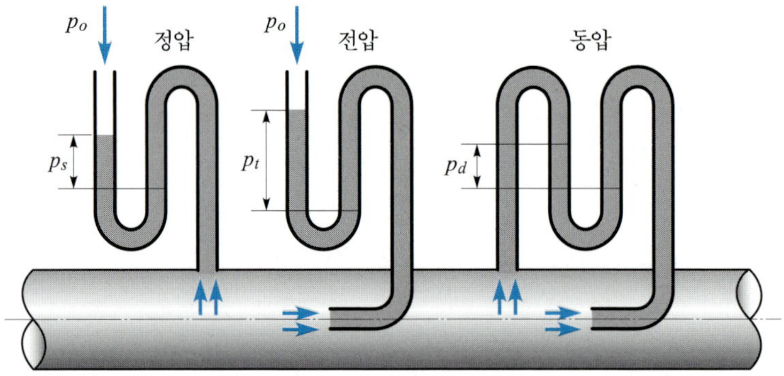

그림 3-17. 압력의 형태

5 부력

물이나 공기 같은 유체에 잠긴 물체는 중력과 반대 방향인 윗 방향으로 힘을 유체로부터 받게 되는데 이 힘을 부력(buoyancy)이라 한다. 배나 잠수함이 물 위에 뜨려면 자신의 무게에 해당하는 물의 양을 담을 수 있을 정도의 넓은 공간을 확보해야 한다. 그래야 부력에 의한 부양력이 자체의 무게를 이겨 낼 수 있기 때문이다. 쉽게 말하면 부력이란 물에 뜨려는 힘을 말한다. 부력의 크기는 유체 속에 있는 물체의 부피와 같은 부피를 가진 유체의 무게와 같다.

핵심 체크 부력

유체에 잠긴 물체는 중력과 반대 방향인 윗 방향으로 힘을 유체로부터 받게 되는데 이 힘을 부력이라 한다.

부력의 작용점은 물체가 밀어낸 부분에 유체가 있다고 가정했을 때의 무게중심과 일치한다. 이 작용점을 부력중심(또는 부심)이라 하며, 부체(떠 있는 물체)가 기울어져 있을 경우의 복원력을 결정하는 중요한 요소이다.

어떤 물체의 무게가 부력보다 크다면 그 물체는 가라앉을 것이다. 반대로 부력이 무게보다 크다면 그 물체는 물에 뜰 것이다. 철젓가락은 물에 가라앉지만 나무젓가락은 물에 뜨는 이유는 철젓가락의 경우 중력이 부력보다 크고, 나무젓가락은 중력보다 부력이 크기 때문이다. 철로 만든 배가 뜨는 이유는 물에 잠기는 부피를 크게 설계하였기에 배의 무게보다 더 큰 부력을 만들었기 때문이다.

일반적으로 물보다 비중이 큰 쇳덩어리와 같은 물체는 물에 가라앉고, 발포 스타이렌수지(스티로폼)처럼 물보다 가벼운 물질은 잘 뜬다. 물에서 뜨려고 하는 성질을 양성부력(positive buoyancy), 가라앉으려는 성질을 음성부력(negative buoyancy), 물과 비중이 비슷하여 뜨지도 가라앉지도 않는 상태를 중성부력(neutral buoyancy)이라고 한다.

6 일

자연적인 흐름이 아닌 경우 흐름이 발생하기 위해서는 외부에서 일(Work)이 작용해야 한다. 유체가 이동할 때 높이의 변화 즉, 중력에 의한 영향을 제외하고는 자연적인 상태로 이동되는 경우는 없다고 할 수 있다. 유체의 이동은 외부에서 강제적인 힘의 변화로 인해 발생하는 것으로 이동되는 유체의 특성에서 동력의 계산은 매우 중요하다. 그러므로 여기에서는 유체가 이동할 때 발생하는 동력의 정의와 계산 방법에 대해서 살펴보기로 하자.

일(W)은 힘(F)이 가해진 방향으로 움직인 물체의 거리(L)로 정의된다. 이렇게 정의할 때 일은 단순히 다음의 식으로 나타낼 수 있다.

$$W = F \times L$$

여기서, W : 일, F : 힘, L : 거리

일-에너지 이론에 의하면 일은 작용을 통해 힘에 의해 변환된 내부에너지(E)의 총합으로 정의할 수 있다. 이렇게 정의할 때 일은 다음의 식으로 나타낼 수 있다.

$$W = \Delta E = E_2 - E_1 = \frac{m\Delta u^2}{2}$$

여기서, W : 일, ΔE : 내부에너지변화량, m : 질량, u : 속도

핵심 체크 힘(F)과 일(W)이란?

- 힘(F)은 물체의 질량(m)에 가속도(a)가 가해진 값이다.
  $F = ma$
- 일(W)은 힘(F)에 일정거리의 변화(ΔL)가 발생했을 때 나타난다.
  $W = F \times \Delta L$

일의 값을 SI단위체계에서 살펴보기로 하자.

일(W)은 힘(F)에 거리변화(dx)가 가해진 값이므로 일의 차원을 살펴보면 다음과 같다.

$$\text{일}(W)\text{의 차원} = \mathrm{F} \cdot \mathrm{L} = \frac{\mathrm{ML}}{\mathrm{T}^2} \cdot \mathrm{L} = \frac{\mathrm{ML}^2}{\mathrm{T}^2}$$

여기서 일의 단위를 MKS와 CGS단위별로 살펴보면 다음과 같다.

① MKS단위계에서 일

$W = F \cdot dx$ 이므로

$$F = mg\left[kg \cdot \frac{\mathrm{m}}{s^2} = \mathrm{N}\right]$$

따라서 $W = F \cdot dx\,[\mathrm{N} \cdot \mathrm{m} = \mathrm{J}]$ 즉 MKS단위에서 일(W)은 J의 단위를 가진다.

② CGS단위계에서 일

$W = F \cdot dx$ 이므로 CGS단위계에서 힘(F)은

$$F = g \cdot \frac{\text{cm}}{\text{sec}^2} = \text{dyne}$$

그러므로 일(W)의 단위는 dyne · cm = erg의 단위를 가진다.

핵심 체크　일(W)의 차원과 단위

- 일의 차원 : $[FL] = [ML^2T^{-2}]$
- 일의 단위 : ① MKS : N · m = J　② cgs = dyne · cm = erg

핵심 체크　일(W)의 단위의 MKS와 cgs의 관계

- $1\ \text{N} = 10^5\ \text{dyne}$
- $1\ \text{J} = 10^7\ \text{erg}$

③ FPS단위계에서 일

MKS단위계에서 사용되는 N · m를 FPS단위계로 환산하면 그 결과는 다음과 같다.

$$1\ \text{J} = 1\ \text{N} \cdot \text{m} = 1\ \text{N} \cdot \text{m} \times \frac{1\ \text{kg}_f}{9.8\ \text{N}} \times \frac{1\ \text{lb}_f}{0.454\ \text{kg}_f} \times \frac{1\ \text{ft}}{0.3048\ \text{m}}$$

$$= 0.737\ \text{lb}_f \cdot \text{ft}$$

연습문제

01 힘에는 여러 종류가 있다. 이런 여러 가지 힘 중에서 기체와 액체의 경계면에 작용하는 힘은 다음 중 무엇인가?

① 점성력 ② 압력 ③ 표면장력 ④ 마찰력

해설 액체와 기체사이의 경계면에 작용하는 힘은 표면장력(surface tension)이라고 한다. ③

02 모세관 현상에 의해 액체가 모세관 내로 올라가는 높이에 대한 설명으로 올바른 것은 어느 것인가?

① 관의 직경에 비례한다.
② 관의 직경에 반비례한다.
③ 관 직경의 제곱근에 비례한다.
④ 관의 직경의 제곱근에 반비례한다.

해설 모세관이 액체와 수직하고 있을 때 액체의 상승높이 h는

$$h = \frac{4T\cos\theta}{\gamma d} = \frac{2T\cos\theta}{\rho g r}$$

여기서, T : 표면장력(kg/m), θ : 접촉각
γ : 단위체적당 비중량(kg_f/m^3) 물의 경우 1000 kg_f/m^3
d : 모세관 직경(m), r : 모세관의 반경 ②

03 모세관 현상에서 액체가 모세관 아래로 내려가는 이유는 액체의 어떤 성질 때문인가?

① 부착력이 응집력보다 크기 때문이다.
② 내부 저항력이 응집력보다 크기 때문이다.
③ 응집력이 부착력보다 크기 때문이다.
④ 응집력이 내부 저항력이 크기 때문이다.

해설 부착력이란 같은 분자끼리 모이려고 하는 힘을 의미하고, 응집력은 서로 다른 분자끼리 모이려는 힘을 의미한다. 모세관 현상에서 액체가 모세관을 통해 상승하지 못하고 하강하는 이유는 액체의 응집력이 부착력 보다 크기 때문에 발생하는 현상이다. ③

04 다음의 압력값 중에서 대기압을 무시한 압력을 무엇이라고 하는가?

① 계기압력 ② 절대압력 ③ 진공압 ④ 정압력

해설 절대압력=대기압+게이지(계기)압이다. 이 중에서 계기압은 대기의 압력을 0으로 하여 측정된 압력이다. ①

05 대기압에 대한 다음의 설명 중에서 올바르지 않은 것은 어느 것인가?

① 대기압은 장소, 온도에 따라서 다르다.
② 대기압은 보통 1기압으로 한다.
③ 대기압을 압력의 기준으로 할 때 절대 0이 되지 않는다.
④ 지구를 둘러싸고 있는 공기의 무게에 의해서 지구 표면이 받는 힘을 대기압이라고 한다.

해설 절대압력=대기압+게이지(계기)압이다. 이 중에서 계기압은 대기의 압력을 0으로 하여 측정된 압력이다. 따라서 대기압은 0의 값을 가질 수 있다. ③

06 진공에 대한 다음의 설명에서 올바른 것은 어느 것인가?

① 절대압력이 (−)기호로 표시되는 압력이다.
② 계기압력이 (−)기호로 표시되는 압력이다.
③ 계기압력이 0인 상태의 압력이다.
④ 절대압력이 0인 상태의 압력이다.

해설 절대압력=대기압+게이지(계기)압이다. 진공이란 대기압과 계기압력이 모두 0인 상태의 압력이다. 따라서 진공상태에서 절대압력은 0의 값을 가진다. ④

07 액주계는 무엇을 측정하는 기구인가?

① 물의 깊이 ② 유량 ③ 유속 ④ 압력

해설 액주계는 압력차를 측정하는데 사용되는 기구이다. ④

08 다음의 기구 중 정수압을 측정하는데 사용되는 기구가 아닌 것은 어느 것인가?

① 마노미터 ② 압력계 ③ 켈리퍼스미터 ④ 피에조미터

해설 정수압를 측정하는데 사용되는 기구는 액주계, 피에조미터, 압력계 등이 있다. ③

09 높이가 15 m인 지점에서 5 kg의 유체가 자유낙하 할 때 표준 중력 가속도 조건에서 이 유체의 위치에너지는 몇 J인가?

해설 위치에너지는 $E_P = mgh$

$$E_P = mgh = 5\ \text{kg} \times \frac{9.8\ \text{m}}{\text{s}^2} \times 15\ \text{m} = 735\ \text{N} \times \text{m} = 735\ \text{J}$$

10 용수 공급시설을 위해 지상으로부터 20 m 위치에 높이가 30 ft인 물탱크를 설치하였다. 작업 중 실수로 물탱크의 밑변에 직경이 1 in인 구멍이 뚫렸다. 물탱크 중 물의 높이는 물탱크의 바닥으로부터 80%의 높이만큼 물이 차 있다. 외부에서 어떤 힘도 작용하지 않고 물탱크 아랫부분에 있는 직경 1 in 구멍을 통하여 물이 유출될 때 유출되는 물의 유속은 몇 ft/s인가?

해설 $\frac{u^2}{2g} = h$에서 $u^2 = 2gh$이며 속도 $u = \sqrt{2gh}$ 이다. 여기서 높이가 30 ft인 물탱크 중에 물이 80% 들어 있으므로 물의 높이는 30 ft×0.8=24 ft가 된다.

$$24\ \text{ft} \times \frac{0.3048\ \text{m}}{1\ \text{ft}} = 7.31\ \text{m}$$

따라서 $u = \sqrt{2gh} = \sqrt{2 \times \frac{9.8\ \text{m}}{\text{s}^2} \times 7.31\ \text{m}} = \frac{11.97\ \text{m}}{\text{s}}$ 가 된다.

그러므로 $\frac{11.97\ \text{m}}{\text{s}} = \frac{11.97\ \text{m}}{\text{s}} \times \frac{1\ \text{ft}}{0.3048\ \text{m}} = \frac{39.27\ \text{ft}}{\text{s}}$

11 유체를 이용해서 물체를 이동시키기 위해 직경 15 cm인 원형 노즐에서 $0.1\ \text{m}^3/\text{s}$의 유량속도로 물을 수평방향으로 이동시키는 경우 이 유체에 의해서 가해지는 힘은 N인가?

해설 힘(F)은 질량에 가속도가 가해진 값으로 나타낼 수 있다.
유량(Q)과 직경(D) 그리고 유체의 밀도(ρ)값을 알 수 있으므로 이 값을 이용하면 다음과 같다.
$F = mg = \rho Vg$가 된다. 이 값을 차원해석을 통해 $F = mg = \rho Vg = \rho Qu$가 된다.
주어진 조건에서 노즐의 직경이 15cm이므로 D=15 cm에서 면적

$A = \frac{\pi}{4}(0.15\ \text{m})^2 = 0.0177\ \text{m}^2$이며, 유속($u$)은 $u = \frac{Q}{A} = \frac{\frac{0.1\ \text{m}^3}{\text{s}}}{0.0177\ \text{m}^2} = \frac{5.65\ \text{m}}{\text{s}}$ 이 된다.

흐르는 유체가 물이므로 물의 밀도는 $\rho = \frac{1000\ \text{kg}}{\text{m}^3}$ 을 이용하면

$$F = \rho Qu = \frac{1000\ \text{kg}}{\text{m}^3} \times \frac{0.1\ \text{m}^3}{\text{s}} \times \frac{5.65\ \text{m}}{\text{s}} = \frac{35031.8\ \text{kg} \cdot \text{m}}{\text{s}^2} = 565\ \text{N}$$

12

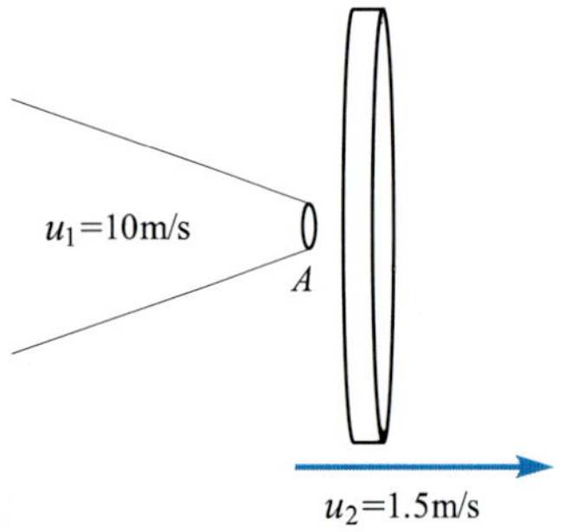

수직으로 설치된 원통형 물체를 이동시키기 위해 그림과 같이 노즐에서 분사되는 비중이 1.3인 액체를 속도가 $u_1 = 10\ \text{m/s}$가 되게 하여 수직형 원통에 분사시킨다. 이 액체의 흐름에 대해 수직으로 서 있는 평판은 속도 $u_2 = 1.5\ \text{m/s}$로 움직일 때 노즐의 단면적이 $0.03\ \text{m}^2$일 때 수직으로 서 있는 평판이 받는 힘은 몇 N인가?

해설 $F = mg$는 $F = \rho uQ$로 나타낼 수 있다.
주어진 액체의 비중이 1.3이므로 밀도는 $1{,}300\ \text{kg/m}^3$이고, 노즐의 단면적(A)가 $0.03\ \text{m}^2$이므로 유량과 면적의 관계($Q = uA$)로부터 유속(u)를 구하면 해결 할 수 있다.
이때 평판에 가해진 액체의 속도는 10 m/s로 가해진 액체의 속도에서 평판의 이동 속도인 1.5 m/s를 고려하면 실제로 액체에 의한 유속은 10 m/s−1.5 m/s=8.5 m/s가 된다. 액체가 분사되는 노즐의 면적 $A = 0.03\ \text{m}^2$, 유속 $u = 8.5\ \text{m/s}$이 되어
유량 $Q = u \times A = 8.5\ \text{m/s} \times 0.03\ \text{m}^2 = 0.255\ \text{m}^3/\text{s}$ 이므로

$$F = \rho uQ = \frac{1300\ \text{kg}}{\text{m}^3} \times \frac{8.5\ \text{m}}{\text{s}} \times \frac{0.255\ \text{m}^3}{\text{s}}$$
$$= \frac{2817.75\ \text{kg} \cdot \text{m}}{\text{s}^2} = 2817.75\ \text{N}$$

13 비중이 1.05인 액체의 표면장력이 70 dyne/cm이다. 이 액체에 수직으로 들어 있는 직경 1.5 mm인 모세관이 액체와 접촉각이 4.5° 인 상태로 액체 속에 들어 있다. 이 액체의 모세관에서 상승높이는 몇 m인가?

해설 모세관이 액체와 수직하고 있을 때 액체의 상승높이 h는

$$h=\frac{4T\cos\theta}{\gamma d}=\frac{2\,T\cos\theta}{\rho g r}$$

여기서, T : 표면장력(kg_f/m), θ : 접촉각

γ : 비중량(kg_f/m^3) 물의 경우 1,000 kg_f/m^3

d : 모세관 직경(m), r : 모세관의 반경

표면장력=70 dyne/cm, θ(접촉각)=4.5° 이고 d(모세관 직경)=1.5 mm=0.0015 m이므로

표면장력=70 dyne/cm의 단위를 MKS단위로 환산하면

$$\frac{70\ \text{dyne}}{\text{cm}}=\frac{\frac{70\ \text{g}\cdot\text{cm}}{\text{s}^2}}{\text{cm}}\times\frac{1\ \text{kg}}{10^3\ \text{g}}\times\frac{1\ \text{m}}{10^2\ \text{cm}}\times\frac{10^2\ \text{cm}}{1\ \text{m}}=\frac{0.07\ \text{N}}{\text{m}}$$

$$\frac{70\ \text{dyne}}{\text{cm}}=\frac{0.07\ \text{N}}{\text{m}}=\frac{0.07\ \text{N}}{\text{m}}\times\frac{1\ \text{kg}_\text{f}}{9.8\ \text{N}}=\frac{0.00714\ \text{kg}_\text{f}}{\text{m}}$$

$$h=\frac{4T\cos\theta}{\gamma d}=\frac{4\times\frac{0.00714\ \text{kg}_\text{f}}{\text{m}}\times\cos 4.5°}{\frac{1050\ \text{kg}_\text{f}}{\text{m}^3}\times 0.0015\ \text{m}}$$

$$=\frac{4\times\frac{0.00714\ \text{kg}_\text{f}}{\text{m}}\times 0.9969}{\frac{1050\ \text{kg}_\text{f}}{\text{m}^3}\times 0.0015\ \text{m}}=0.01808\ \text{m}$$

14 간격(d)이 1.5 mm, 폭(b)이 10 mm인 평판이 그림과 같이 설치되어 있다. 이 평판을 표면장력이 0.07 g_f/cm이고, 비중량이 1.1 g_f/cm^3인 액체 속에 넣었더니 액체와 평판 사이의 각이 5° 이다. 이때 평판사이로 상승하는 액체의 높이는 몇 cm인가?

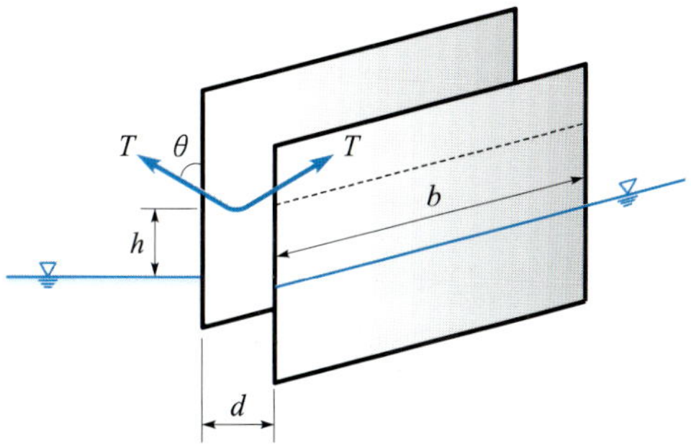

해설 간격이 d인 2개의 수직판을 통한 액체의 상승높이 $h_p=\frac{2T\cos\theta}{\gamma d}$ 이다. 따라서 $h_p=\frac{2T\cos\theta}{\gamma d}$ 가 된다.

$$h=\frac{2T\cos\theta}{\gamma d}=\frac{2\times\frac{0.07\ \text{g}_\text{f}}{\text{cm}}\times\cos 5°}{\frac{1.1\ \text{g}_\text{f}}{\text{cm}^3}\times 0.15\ \text{cm}}=\frac{2\times\frac{0.07\ \text{g}_\text{f}}{\text{cm}}\times 0.9962}{\frac{1.1\ \text{g}_\text{f}}{\text{cm}^3}\times 0.15\ \text{cm}}=0.845\ \text{cm}$$

연습문제

15 850 mmHg의 압력단위를 kPa의 단위로 환산하여라.

해설 높이의 단위인 mmHg를 힘의 단위인 kPa로 환산하는 과정

> **핵심체크** 1기압(atm)의 여러 가지 값
>
> $$1\text{ atm} = 760\text{ mmHg} = 1.0336\text{ kg}_f/\text{cm}^2 = 10.33\text{ mH}_2\text{O} = 1013\text{ mbar} = 29.92\text{ inHg} = 14.7\text{ psi} = 1013\times10^3\text{ dyne/cm}^2$$

$$850\text{ mmHg} = 850\text{ mmHg}\times\frac{101.3\text{ kPa}}{760\text{ mmHg}} = 113.3\text{ kPa}$$

16 8.5 m H_2O의 압력단위를 kg_f/cm^2으로 환산하여라.

해설 높이의 단위인 mH_2O를 힘의 단위인 kg_f/cm^2으로 환산하는 과정

> **핵심체크** 1기압(atm)의 여러 가지 값
>
> $$1\text{ atm} = 760\text{ mmHg} = 1.0336\text{ kg}_f/\text{cm}^2 = 10.33\text{ mH}_2\text{O} = 1013\text{ mbar} = 29.92\text{ inHg} = 14.7\text{ psi} = 1013\times10^3\text{ dyne/cm}^2$$

$$8.5\text{ mH}_2\text{O} = 8.5\text{ mH}_2\text{O}\times\frac{1.0336\text{ kg}_f/\text{cm}^2}{10.33\text{ mH}_2\text{O}} = 0.85\text{ kg}_f/\text{cm}^2$$

> **핵심체크** kg_f/cm^2와 mH_2O의 관계
>
> $$1\text{ mH}_2\text{O} \fallingdotseq \frac{0.1\text{ kg}_f}{\text{cm}^2}$$

17 용접용 기체 저장 용기에 부착된 압력계의 지침이 2.35 kg_f/cm^2을 가리키고 있다. 이때의 대기압이 760 mmHg라면 이 가스저장용기안의 절대압은 몇 ftHg인가?

해설 절대압=대기압+게이지압

> **핵심체크** 1기압(atm)의 여러 가지 값
>
> $$1\text{ atm} = 760\text{ mmHg} = 1.0336\text{ kg}_f/\text{cm}^2$$

주어진 압력의 단위인 kg_f/cm^2를 mmHg로 환산한 후에 계산하면 편리하다.

$$\frac{2.35\ \text{kg}_f}{\text{cm}^2}\times\frac{760\ \text{mmHg}}{\frac{1.0336\ \text{kg}_f}{\text{cm}^2}}=1727.94\ \text{mmHg}$$

절대압=대기압+게이지압에서

$1727.94\ \text{mmHg}+760\ \text{mmHg}=2487.94\ \text{mmHg}$

이 값을 ftHg로 환산하면 다음과 같다.

$$2487.95\ \text{mmHg}=2487.95\ \text{mmHg}\times\frac{1\ \text{ftHg}}{30.48\ \text{cmHg}}\times\frac{1\ \text{cmHg}}{10\ \text{mmHg}}=8.16\ \text{ftHg}$$

18 압력차를 측정하기 위해 아래 그림과 같이 수은(Hg)이 들어 있는 U자관 마노미터를 오리피스에 연결하였더니 14 cm의 높이의 차가 발생하였다. 마노미터에 들어 있는 수은의 비중은 13.6이고 원통형 관 속의 유체는 물인 경우 압력차는 몇 kg_f/m^2인가?

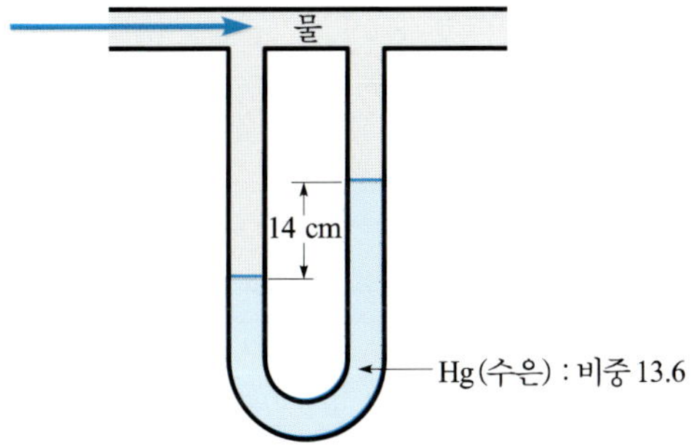

해설 $\Delta P=P_a-P_b=(\rho_A-\rho_B)R_m\times g$

$$\Delta P=(13.6-1)\times\frac{1000\ \text{kg}}{\text{m}^3}\times0.14\ \text{m}\times9.8\ \text{m/s}^2=\frac{17287.2\ \text{N}}{\text{m}^2}$$

$$\Delta P=\frac{17287.2\ \text{N}}{\text{m}^2}=\frac{17287.2\ \text{N}}{\text{m}^2}\times\frac{1\ \text{kg}_f}{9.8\ \text{N}}=\frac{1764\ \text{kg}_f}{\text{m}^2}$$

19 그림과 같이 액주계에서 $\gamma_1=985\ \text{kg}_f/\text{m}^3$, $\gamma_2=2450\ \text{kg}_f/\text{m}^3$, $h_1=450\ \text{mm}$, $h_2=700\ \text{mm}$일 때 관 중심 A에서의 게이지압은 몇 kPa인가?

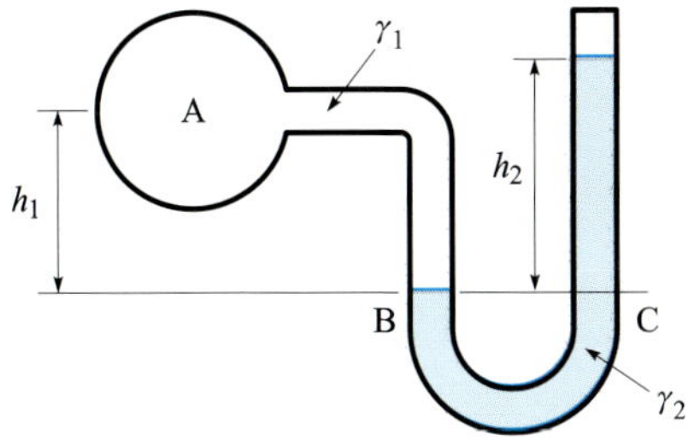

해설 동일 기준면에 작용하는 압력 $P_B = P_C$

$P_B = P_A + \gamma_1 h_1$, $P_C = \gamma_2 h_2$에서 $P_B = P_C$이므로

$$P_A = \gamma_2 h_2 - \gamma_1 h_1 = \frac{2450\ \text{kg}_\text{f}}{\text{m}^3} \times 0.7\ \text{m} - \frac{985\ \text{kg}_\text{f}}{\text{m}^3} \times 0.45\ \text{m} = \frac{1271.75\ \text{kg}_\text{f}}{\text{m}^2}$$

$$P_A = \frac{1271.75\ \text{kg}_\text{f}}{\text{m}^2} = \frac{1271.75\ \text{kg}_\text{f}}{\text{m}^2} \times \frac{9.8\ \text{N}}{1\ \text{kg}_\text{f}} \times \frac{\text{Pa}}{\text{N/m}^2} = 12463.15\ \text{Pa} = 12.46315\ \text{kPa}$$

20 그림과 같은 액주계의 상층부에는 물이 들어 있고 아래에는 비중이 2.6인 액체가 들어 있다. 액주계 양쪽에서의 액체의 높이가 $h = 20$ cm이고 $H = 45$ cm이다. A, B 두 지점에서의 압력 차이는 몇 $\text{kg}_\text{f}/\text{m}^2$인가?

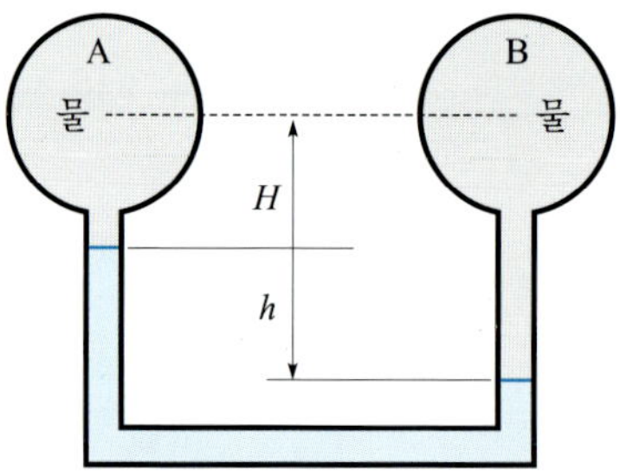

해설 동일 기준면에 작용하는 압력은 서로 같으므로

$P_A + \frac{1000\ \text{kg}_\text{f}}{\text{m}^3} \times 0.45\ \text{m} + \frac{2600\ \text{kg}_\text{f}}{\text{m}^3} \times 0.2\ \text{m}$와 $P_B + \frac{1000\ \text{kg}_\text{f}}{\text{m}^3} \times 0.65\ \text{m}$로부터

$P_A + \frac{1000\ \text{kg}_\text{f}}{\text{m}^3} \times 0.45\ \text{m} + \frac{2600\ \text{kg}_\text{f}}{\text{m}^3} \times 0.2\ \text{m} = P_B + \frac{1000\ \text{kg}_\text{f}}{\text{m}^3} \times 0.65\ \text{m}$가 된다.

이 값을 정리하면

$$P_B - P_A = \frac{1000\ \text{kg}_\text{f}}{\text{m}^3} \times 0.45\ \text{m} + \frac{2600\ \text{kg}_\text{f}}{\text{m}^3} \times 0.2\ \text{m} - \frac{1000\ \text{kg}_\text{f}}{\text{m}^3} \times 0.65\ \text{m}$$

$$P_B - P_A = \frac{450\ \text{kg}_\text{f}}{\text{m}^2} + \frac{520\ \text{kg}_\text{f}}{\text{m}^2} - \frac{650\ \text{kg}_\text{f}}{\text{m}^2} = \frac{320\ \text{kg}_\text{f}}{\text{m}^2}$$

21 물이 흐르고 있는 원통형 관에 액체 A가 들어 있는 U자관 마노미터를 설치하였다. 물이 흐르고 있을 때 속에 액주로 물 27 cm와 액체 A 8.7 cm가 평형을 이루었다면 이 액체 A의 비중은 얼마인가?

해설 평형을 이루었다는 건 액체 A 8.7 cm의 압력과 물 27 cm의 압력이 같아졌다는 것을 의미한다.

즉, $\gamma_A h_A = \gamma_{물} h_{물}$

따라서 $\rho_A g h_A = \rho_{물} g h_{물}$

$$\rho_A = \frac{\rho_{물} g h_{물}}{g h_A} = \frac{\rho_{물} h_{물}}{h_A} = \frac{1\ \text{g}}{\text{cm}^3} \times \frac{27\ \text{cm}}{8.7\ \text{cm}} = \frac{3.10\ \text{g}}{\text{cm}^3}$$

$$\text{액체의 비중} = \frac{\text{액체의 밀도}}{\text{물의 밀도}} = \frac{3.10\ g/cm^3}{1\ g/cm^3} = 3.1$$

22 그림과 같이 물이 흐르는 관에 U자형 액주계를 설치하였다. 액주계에는 Hg이 들어 있는데, Hg의 높이차가 0.5 m가 발생하였다. 이러한 조건에서 A, B 두 지점에서의 압력 차이는 몇 kg_f/m^2인가?

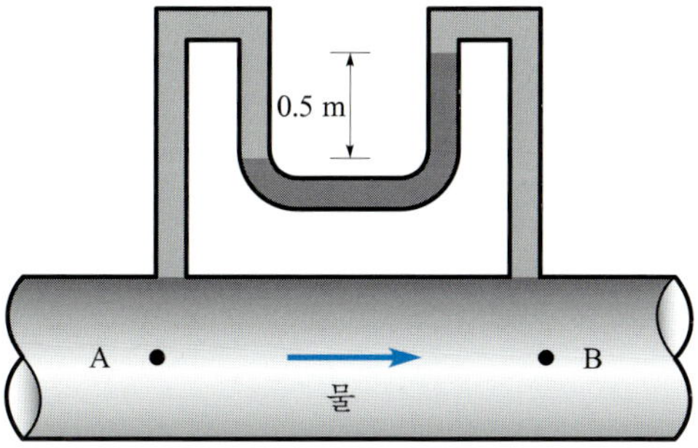

해설 동일 기준면에 작용하는 압력은 서로 같으므로

$$\Delta P = P_A - P_B = (\rho_A - \rho_B)R_m \times g$$

$$\Delta P = (13.6-1) \times \frac{1000\ kg}{m^3} \times 0.5\ m \times \frac{9.8\ m}{s^2} = \frac{61740\ N}{m^2}$$

$$\Delta P = \frac{61740\ N}{m^2} = \frac{61740\ N}{m^2} \times \frac{1\ kg_f}{9.8\ N} = \frac{6300\ kg_f}{m^2}$$

제4장 유체의 속도 및 흐름 형태

04 유체의 속도 및 흐름 형태

유체가 실제공정에서 사용되는 경우 일정한 크기를 지닌 관을 통해서 공급되거나 유출되는 공정이 거의 대부분을 차지한다. 따라서 유체를 활용할 때 발생하는 유체의 속도에 대한 이해와 관을 통해 흐르는 유체의 흐름 특성에 대한 이해가 중요하다. 본 장에서는 이처럼 유체가 이동할 때 유체의 속도와 관련된 내용과 유체의 흐름 형태에 대한 내용을 주로 다루게 된다.

1 연속 방정식(continuity equation)

앞선 살펴본 바와 같이 유체는 크게 압축성 유체와 비압축성 유체로 구별된다. 압축성 유체는 외부에서 힘이 가해지면 부피가 변화하는 유체이고 비압축성 유체는 외부에서 힘이 가해져도 부피가 변화하지 않는 유체를 의미한다. 유체가 일정한 크기를 지닌 관을 통해 흐를 때 유체의 흐름 양을 측정하는 것은 그리 쉬운 문제는 아니다.

그림 4-1에서 보는 바와 같이 일정한 직경을 가진 원통형 관을 통해 유체가 흐르고 있는 경우를 생각하자. 이때 일정시간이 경과한 다음에 흐름 양에 미치는 요인들에 대해 살펴보기로 하자.

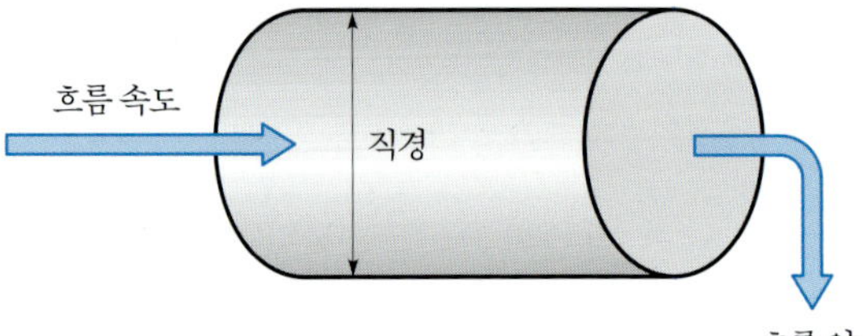

그림 4-1. 유체의 흐름 속도와 흐름 양

1.1 유체의 흐름 양(유량)과 흐름 속도(u)와의 관계

유체가 그림 4-1에서와 같이 일정한 크기를 가지는 원통형 관을 통해서 흐르는 경우 일정시간이 경과한 후의 유체의 흐름 양은 흐름 속도에 비례하여 증가하게 될 것이다. 즉 유체의 흐름은 흐름 속도인 유속에 비례하는 특성을 보이게 된다.

$$\text{유량}(Q) \propto \text{유속}(u)$$

> **핵심체크** 유체의 흐름 양(Q)과 유속(u)의 관계
>
> 일정한 크기(D)를 가지는 원통형 관을 통해서 흐르는 경우 일정시간이 경과한 후의 유체의 흐름 양(Q)은 흐름 속도(u)에 비례한다.

1.2 유체의 흐름 속도와 관의 직경과의 관계

그림 4-2에서와 같이 유입되는 부분의 관의 직경과 유출되는 부분의 관의 직경이 다른 원통형 관을 통해서 유체가 일정한 유량으로 흐른다고 가정해 보자. 유체의 흐름 양(유량)이 일정하게 유지된다면 관의 크기가 큰 경우가 관의 크기가 작은 경우에 비해 흐름 속도가 느려지게 된다. 따라서 유체의 전체 흐름 양이 일정하게 유지되는 조건에서 유체의 흐름 속도는 관의 직경(D)에 반비례하는 관계가 성립한다.

$$\text{유속}(u) \propto \frac{1}{\text{직경}(D)}$$

> **핵심체크** 유체의 유속(u)과 관의 직경(D)의 관계
>
> 일정한 유량(Q)을 가지는 유체가 원통형 관을 통해서 흐르는 경우 유속(u)은 관의 직경(D)에 반비례한다.

일정한 직경(D)을 가지는 원통형 관을 통해 유체가 흐를 때 유체의 흐름 양(유량, Q)은 유체의 속도(u)에 비례 하고, 일정한 유량(Q)을 가지는 유체가 원통형 관을 통해 흐를 때 유체의 흐름 속도(유속, u)는 이동하는 관의 크기인 직경(D)에 반비례 하는 관계를 나타낸다. 이것을 식으로 나타내면

유량(Q) $\propto$ 직경(D) $\times$ 유속(u)

핵심 체크 **유체의 흐름 양(Q)과 유속(u) 그리고 직경(D)의 관계**

유량$(Q) \propto$ 직경$(D) \times$ 유속(u)

유체가 공급되는 부분의 관의 크기가 유출되는 부분의 관의 크기와 서로 다른 형태인 관을 통해서 유체가 흐를 경우 그 유체는 유체가 흐르는 각 지점에서의 흐름 속도가 서로 같지 않게 된다. 이와 같이 유체가 흐르는 유로의 크기가 변화하는 경우 유체의 흐름 속도에 미치는 영향에 대해서 살펴보기로 하자.

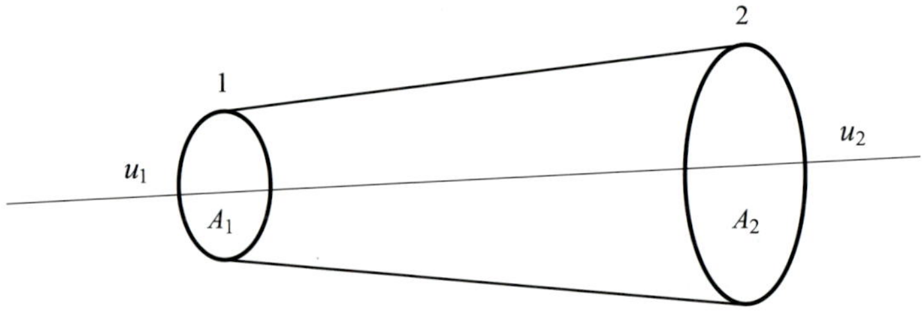

그림 4-2. **관 직경 변화에 따른 흐름 속도 변화**

그림 4-2에서 보는 바와 같이 유입구의 직경(D_1)과 유출구의 직경(D_2)이 서로 다른 크기를 갖는 원통형 관을 통해 유체가 흐르고 있다.

관의 직경이 D_1인 지점에서의 관의 면적은 A_1이고 이때 유체의 흐름 속도가 u_1이다. 유입된 유체가 직경이 D_2인 유출구로 유출될 때 유속이 u_2라고 하면 유입속도 u_1과 유출속도 u_2의 관계는 다음과 같다.

유입되는 전체 유체의 유량이 일정하게 유지되면 관의 직경의 변화에 따라 유입속도(u_1)와 유출속도(u_2)는 서로 다른 값을 나타낸다. 즉 유량(Q)과 직경(D) 그리고 유속(u_1)의 관계로부터

$$Q = u_1 A_1 = u_2 A_2 \tag{4-1}$$

여기서 u : 유체의 속도, A : 단면적$\left(\pi r^2 = \frac{\pi}{4} D^2\right)$

유체가 흐를 때 관의 면적(A)과 관계없이 유량(Q)은 항상 일정하게 유지되는 질량 보전의 관계가 성립하게 된다.

이 식을 연속 방정식이라고 한다.

핵심 체크 유량이 일정할 때 유속(u)과 직경(D)의 관계

유량(흐름 양)이 일정할 때 직경(D)이 증가하면 유속(u)은 감소한다.

핵심 체크 연속 방정식

(1) 유량(Q)이 일정할 때 유체의 흐름 속도(u)는 관의 직경(D)에 반비례한다.
(2) $Q = u_1 A_1 = u_2 A_2 =$ 일정

2 유체의 유량과 유속의 관계

유체(액체와 기체 등과 같이 흐를 수 있는 물체)의 흐름에서 수송되는 물질의 속도를 유속이라 한다. 일반적으로 유속(flow rate)이라고 하는 것은 단위시간당 이동한 거리를 의미한다.

직경이 D인 원형 관에서 유량(Q)을 흐름의 단면적(A)으로 나누면 유속(u)을 구할 수 있다.

직경이 D인 원통형 관의 단면적 A는 $A = \pi r^2 = \pi\left(\frac{D}{2}\right)^2 = \frac{\pi}{4}D^2$이 된다.

그림 4-3. 유속(u)과 유량(Q)

핵심 체크 원의 면적

직경이 D인 원통형 관의 단면적 A는 $A=\pi r^2=\pi\left(\frac{D}{2}\right)^2=\frac{\pi}{4}D^2$이 된다.

표 4-1. **형태에 따른 면적**

	사각형	삼각형	원	타원
관의 형태	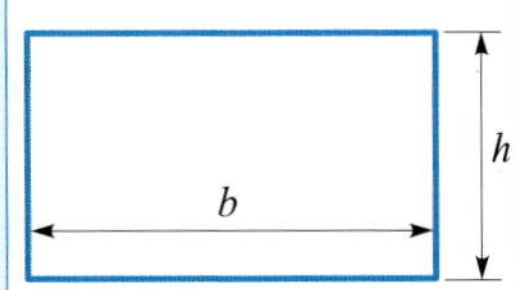	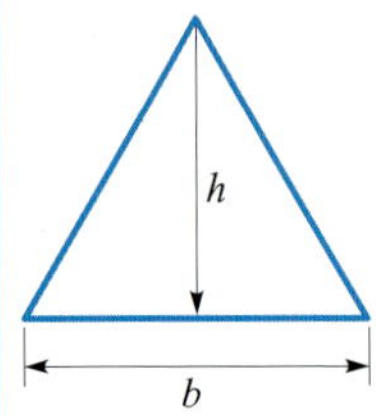	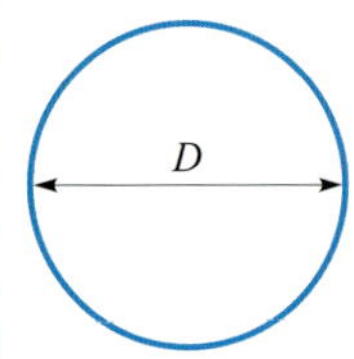	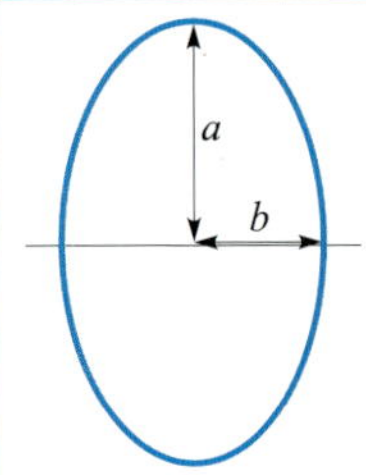
면적(A)	$A=bh$	$A=\frac{bh}{2}$	$A=\frac{\pi D^2}{4}$	$A=\pi ab$

앞서 살펴 본 유체가 흐를 때 질량보존의 관계인 연속 방정식을 통해서 직경이 D인 원통형 관을 통해 유체가 유속 u로 흐를 때, 이동된 유체의 양(Q)은 유속에 비례하고, 관의 크기(A)에 비례하는 값을 가진다라는 것을 확인하였다. 즉 $Q=uA$가 된다. 따라서 유속은

$$u=\frac{Q}{A}=\frac{Q}{\frac{\pi}{4}D^2}[\mathrm{m/s}] \tag{4-2}$$

로 나타낸다.

여기서, Q : 유량$[\mathrm{m^3/s}]$, u : 평균유속$[\mathrm{m/s}]$, A : 유로의 단면적$[\mathrm{m^2}]$,
D : 관의 내경$[\mathrm{m}]$

핵심 체크 유체의 흐름 양(Q)과 유속(u) 그리고 직경(D)의 관계

직경이 D인 관을 통해 이동한 유체의 유속(u)과 유량(Q) 그리고 직경(D)의 관계

(1) $A=\frac{\pi}{4}D^2$　　(2) $u=\frac{Q}{A}=\frac{Q}{\frac{\pi}{4}D^2}$　　(3) $Q=u\times A=u\times\frac{\pi}{4}D^2$

예제 4-1

그림과 같이 직경(D)이 20 mm인 원통형 관을 통하여 400 L/min의 유량으로 물이 흐르고 있다. 이때 물의 흐름 속도는 몇 m/s인가?

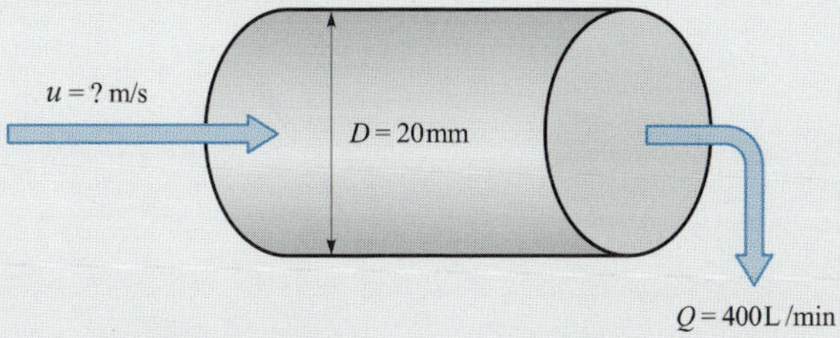

풀이 관의 직경이 20 mm이므로 $D=20\ \text{mm}=0.02\ \text{m}$가 되어

$A=\pi r^2=\pi\left(\frac{D}{2}\right)^2=\frac{\pi}{4}D^2=\frac{\pi}{4}(0.02\ \text{m})^2=0.000314\ \text{m}^2$이 된다.

물의 유량이 400 L/min이므로, $1000=1\ \text{m}^3$의 부피 환산관계로부터

$$\frac{400\ \text{L}}{\text{min}}=\frac{400\ \text{L}}{\text{min}}\times\frac{1\ \text{m}^3}{1000\ \text{L}}\times\frac{1\ \text{min}}{60\ s}=\frac{0.00667\ \text{m}^3}{s}$$

따라서 유속은 $u=\frac{Q}{A}=\frac{Q}{\frac{\pi}{4}D^2}$ 로부터 $u=\frac{0.00667\ \text{m}^3/\text{s}}{0.000314\ \text{m}^2}=\frac{21.24\ \text{m}}{s}$ 이다.

예제 4-2

직경이 10 cm인 원통형 관을 통해 4 m^3/min의 유량으로 물이 흐르고 있을 때 물의 유속은 몇 m/s인가?

풀이 주어진 조건은 아래의 그림과 같이 유량(Q)과 직경(D)을 알고 있을 때 유속(u)을 계산하는 문제이다.

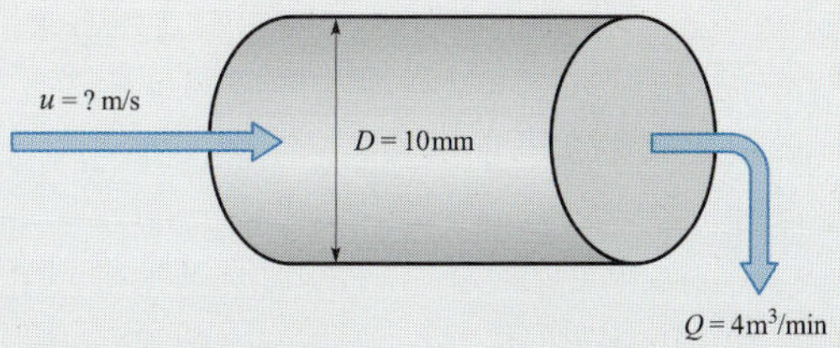

내경이 10 cm이므로 이관의 단면적(A)은 $A=\frac{\pi}{4}D^2$에서

$A=\frac{\pi}{4}D^2=\frac{\pi}{4}(0.1\ \text{m})^2$이 된다. 연속 방정식 $Q=uA$에서 유속 u를 구하면 다음과 같다.

$$u=\frac{Q}{A}=\frac{4\ \text{m}^3/\text{min}\times 1\ \text{min}/60s}{0.00785\ \text{m}^2}=\frac{8.49\ \text{m}}{s}$$

예제 4-3

배관 내의 유량이 500 L/min이고 유속이 2.5 m/s일 경우 배관의 관경은 몇 cm인가?

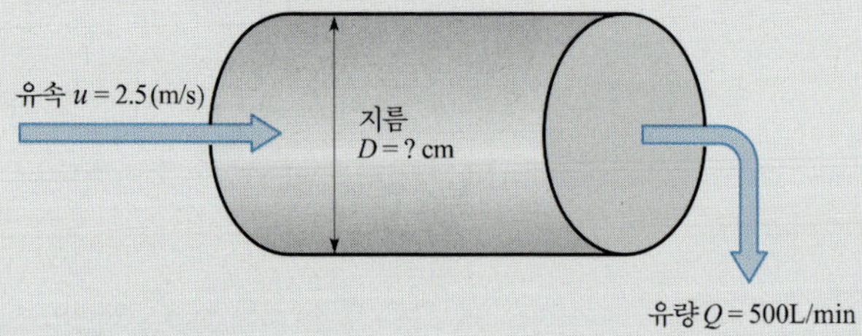

풀이 $Q=uA$에서 면적 A를 구하고 이 값을 이용하여 직경 D를 구한다.

$$A=\frac{Q}{u}=\frac{\frac{500\ \text{L}}{\text{min}}\times\frac{1\ \text{min}}{60\ s}\times\frac{1\ \text{m}^3}{1000\ \text{L}}}{\frac{2.5\ \text{m}}{s}}=0.0033\ \text{m}^2$$

단면적(A)은 $A=\frac{\pi}{4}D^2$에서

$$D=\sqrt{\frac{4A}{\pi}}=\sqrt{\frac{4\times 0.0033\ \text{m}^2}{\pi}}=0.0648\ \text{m}=6.48\ \text{cm}$$이 된다.

유체가 이동할 때 유체의 흐름 양을 유량으로 표시한다. 유량은 단위시간 동안에 이동한 체적 값으로 유체수송설비에서 이동량을 표현하는데 가장 널리 사용하는 물리량이다.

핵심체크 유량(Q)

유량은 일정한 관을 통해 일정 시간동안 이동한 유체의 총 부피를 의미한다.
따라서 유량은 흐르는 속도인 유속(u)과 흐름이 발생한 관의 면적(A)에 따라서 결정된다.
① 유량 = 유속 × 면적 = u(거리/시간) × A(거리^2) = Q(거리^3/시간) = Q(부피/시간)
② 유량은 m^3/s, cm^3/s, ft^3/s의 단위를 갖는다.

유체가 수평방향으로 이동하는 경우에는 모든 지점에서 작용하는 중력 가속도(g)가 일정하기 때문에 위치에너지의 차이가 발생하지 않는다. 그러나 수직방향으로 이동하는 경우에는 중력 가속도(g)에 의한 영향과 유체의 이동높이(h)에 의한 영향이 크게 발생한다.

이처럼 유체가 이동할 때 이동되는 유체의 질량과 관련된 물성치에 대한 계산이 필요하게 된다. 이때 유체의 유량을 질량으로 바꾸는 물성치인 밀도 값을 이용하면 편리

하다. 즉 유량 $= \dfrac{\text{부피}}{\text{시간}}$ 이므로 유량$\left(\dfrac{\text{부피}}{\text{시간}}\right) \times$ 밀도$\left(\dfrac{\text{질량}}{\text{부피}}\right) = \dfrac{\text{질량}}{\text{시간}}$ 값이 된다.

이와 같이 유량(Q)에 밀도(ρ)를 곱해서 얻어진 $\dfrac{\text{질량}}{\text{시간}}$ 값을 **질량속도**라고 한다. 질량속도는 기호로 $\dot{m}$로 나타내며, kg/s 의 단위를 갖는다.

핵심체크 질량속도($\dot{m}$)

유체의 이동량을 부피가 아닌 질량으로 표시한 것을 질량속도라 한다.
유체의 질량은 유체의 부피와 유체의 밀도 값으로부터 계산할 수 있으므로 유체의 질량속도 역시 유량과 밀도 값을 이용하여 계산한다.
유속 u[m/s]에 그 유체가 흐른 단면적 A[m^2]를 곱해주면 유량 Q[m^3/s]가 되고 유량 Q[m^3/s]에 그 액체의 밀도 ρ[kg/m^3]를 곱해주면 그 값은 질량속도 $\dot{m}$[kg/s]가 된다.

① 질량속도 = 유량 × 밀도 = u(부피/시간) × ρ(질량/부피) = $\dot{m}$(질량/시간)
② 질량속도는 kg /s, g /s, lb /s의 단위를 갖는다.

핵심체크 유속의 종류 및 상관관계

① 유속(u)
② 유량(Q) = 유속(u) × 면적(A)
③ 질량속도($\dot{m}$) = 유량(Q) × 밀도(ρ) = 유속(u) × 면적(A) × 밀도(ρ)

유속(u) m/s × 단면적(A) m^2 = 유량(Q) m^3/s

유량(Q) m^3/s × 밀도(ρ) kg/m^3 = 질량속도($\dot{m}$) kg/s

그림 4-4. 유속과 질량속도의 관계

유량(Q) m^3/s × 비중량(r) kg$_f$/m^3 = 중량속도(G) kg$_f$/s

그림 4-4. 유속과 질량속도의 관계

핵심체크 질량속도($\dot{m}$)와 중량속도(G)

① 질량 속도($\dot{m}$)=유량(Q)×밀도(ρ)=유속(u)×면적(A)×밀도(ρ)
② 중량 속도(G)=유량(Q)×비중량(γ)=유속(u)×면적(A)×비중량(γ)

예제 4-4

비중이 0.98인 액상물질을 125분 동안 500 m^3이 수송되고 있는 공정이 있다. 이 공정을 통하여 30분 동안에 이동된 액상물질의 양은 몇 kg인가?

풀이 이 문제는 비중과 유량(Q)이 제시된 조건에서 일정시간 동안 이동된 액상물질의 양(kg)을 계산하는 문제이다. 비중=(액체의 밀도)/(물의 밀도)이므로 액상물질의 밀도는

$\frac{1\ g}{cm^3}\times 0.98=\frac{0.98\ g}{cm^3}$ 또는 $\frac{1000\ kg}{m^3}\times 0.98 = \frac{980\ kg}{m^3}$이 된다.

그러므로 제시된 값인 125분 동안에 이동된 부피값 500 m^3으로부터

$\frac{500\ m^3}{125\ min}\times\frac{980\ kg}{m^3}=\frac{3920\ kg}{min}$이 되는데

실제로 이송된 시간은 30분이므로 이 시간동안에 이동한 액상물질의 양은

$\frac{3920\ kg}{min}\times 30\ min = 117600\ kg$이 된다.

예제 4-5

직경이 7 cm인 원통형 관에 밀도가 0.7 g/cm^3인 액체가 700 g/s의 질량속도로 흐르고 있다. 이 조건에서 다음을 구하시오. ① 유량은 몇 cm^3/s인가? ② 평균속도는 몇 cm/s인가?

풀이 주어진 700 g/s의 질량속도로부터 유량과 평균속도를 구한다.

① 유량

질량속도=유량×밀도이므로

$$\text{유량}=\frac{\text{질량속도}}{\text{밀도}}=\frac{\frac{700\ g}{s}}{\frac{0.7\ g}{cm^3}}=\frac{1000\ cm^3}{s}$$

② 평균속도

유량=속도×면적이므로 면적$(A)=\frac{\pi}{4}D^2=\frac{\pi}{4}(7\ cm)^2=38.465\ cm^2$

$$\text{평균속도}=\frac{\text{유량}}{\text{면적}}=\frac{\frac{1000\ cm^3}{s}}{38.465\ cm^2}=\frac{26\ cm}{s}$$

예제 4-6

물이 4 m/s의 평균속도로 직경이 5 cm인 원통형 관을 흐르고 있을 때 50분 후에 이동된 물의 양은 몇 m^3인가?

풀이 유속과 유량의 관계로부터 관의 직경이 D이고 유속이 u일 때 $A=\frac{\pi}{4}D^2$이므로 유량(Q)은 다음과 같다. $Q=uA=u\times\frac{\pi}{4}D^2$이 된다.

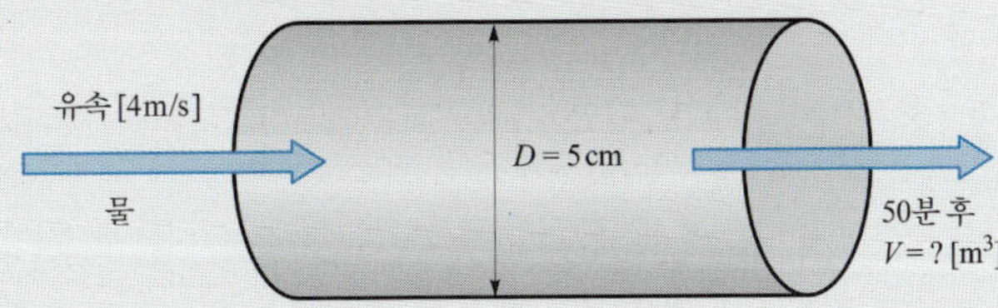

주어진 조건에서 $D=5\ \text{cm}=0.05\ \text{m}$이므로 $A=\frac{\pi}{4}(0.05\ \text{m})^2=0.00196\ \text{m}^2$이며,

$Q=uA=u\times\frac{\pi}{4}D^2$에서

$Q=uA=u\times\frac{\pi}{4}D^2=\frac{4\ \text{m}}{s}\times 0.00196\ \text{m}^2=\frac{0.00785\ \text{m}^3}{s}$가 되어 이를 단위환산하면

$$Q=\frac{0.00785\ \text{m}^3}{s}=\frac{0.00785\ \text{m}^3}{s}\times\frac{60\ s}{1\ \text{min}}=\frac{0.471\ \text{m}^3}{\text{min}}$$

따라서 50분 후 이동된 물질의 부피는

$$V=\frac{0.471\ \text{m}^3}{\text{min}}\times 50\ \text{min}=23.55\ \text{m}^3$$

예제 4-7

중량속도가 76.8 N/s의 물이 흐른다. 직경이 10 cm일 때 유체의 유속은 몇 m/s인가?

풀이 관의 직경이 D이고 유속이 u일 때 $A=\frac{\pi}{4}D^2$이므로 연속 방정식 $Q=uA$로부터 $Q=uA=u\times\frac{\pi}{4}D^2$이 되며, 중량속도는 $G=\gamma uA=\gamma u\times\frac{\pi}{4}D^2$로 나타낼 수 있다.

주어진 조건에서 $D=10\ \text{cm}=0.1\ \text{m}$이므로 $A=\frac{\pi}{4}(0.1\ \text{m})^2=7.85\times10^{-3}\ \text{m}^2$이며,

유체의 중량속도가 76.8 N/s이므로 물의 경우 밀도가 질량단위로는 1000 kg/m^3이고, 힘의 단위로는 9800 N/m^3이므로 $G=\gamma uA$에서 $u=\frac{G}{\gamma A}$가 된다. 이 값으로부터 유체의 유속을 계산하면

$$u=\frac{G}{\gamma A}=\frac{\frac{76.8\ \text{N}}{s}}{\frac{9800\ \text{N}}{\text{m}^3}\times 7.85\times10^{-3}\ \text{m}^2}=\frac{0.998\ \text{m}}{s}$$

3 관직경의 축소 및 확대에 따른 유속의 변화

앞서 연속 방정식의 설명에서 살펴본바와 같이 유체가 공급되는 부분의 관의 크기가 유출되는 부분의 관의 크기와 서로 다른 형태인 관을 통해서 유체가 흐를 경우 발생되는 유체의 흐름 속도에 대해서 살펴보기로 하자.

핵심 체크 유체의 유속(u)과 관의 직경(D)의 관계

일정한 유량(Q)을 가지는 유체가 원통형 관을 통해서 흐르는 경우 유속(u)은 관의 직경(D)에 반비례한다.
(1) 연속 방정식 $Q=uA$
(2) 연속 방정식 $u_1A_1=u_2A_2$

유량이 일정할 때 유체의 흐름 속도는 관의 면적에 반비례한다고 살펴본 바와 같이 관을 통해서 이동하는 유체의 흐름 양이 일정하게 유지되는 조건에서 관의 크기가 변화하면 유체의 흐름 속도 역시 변화하게 된다. 유체가 흐르는 유로의 크기가 변화하는 경우 유체의 흐름 속도에 미치는 영향에 대해서 살펴보기로 하자.

그림 4-2에서 보는 바와 같이 유입구의 직경(D_1)과 유출구의 직경(D_2)이 서로 다른 크기를 갖는 원통형 관을 통해 유체가 흐르고 있다.

관의 직경이 D_1인 지점에서의 관의 면적은 A_1이고 이때 유체의 흐름 속도가 u_1이다. 유입된 유체가 직경이 D_2인 유출구로 유출될 때 유속이 u_2라고 하면 유입속도 u_1과 유출속도 u_2의 관계는 다음과 같다.

유입되는 전체 유체의 유량이 일정하게 유지되면 관의 직경의 변화에 따라 유입속도(u_1)와 유출속도(u_2)는 서로 다른 값을 나타낸다. 즉

$$Q=u_1A_1=u_2A_2$$

여기서 u : 유체의 속도, A : 단면적$\left(\frac{\pi}{4}D^2\right)$

유체가 흐를 때 관의 면적(A)과 관계없이 유량(Q)은 항상 일정하게 유지되는 질량보전의 관계가 성립하게 된다.

이 식을 연속 방정식이라고 한다.

$u_1 A_1 = u_2 A_2$ 이므로 $u_2 = \dfrac{u_1 A_1}{A_2} = u_1 \dfrac{D_1^2}{D_2^2} = u_1 \left[\dfrac{D_1}{D_2}\right]^2$ 가 된다.

즉 관의 직경 변화에 의해 유속은 관의 직경이 증가하면 감소하고 관의 직경이 감소하면 증가하는 특성을 나타낸다.

(1) 관의 크기가 증가하는 경우

$u_1 A_1 = u_2 A_2$ 에서 관의 크기가 증가하여 $D_2 > D_1$ 이므로

$u_2 = \dfrac{u_1 A_1}{A_2} = u_1 \dfrac{D_1^2}{D_2^2} = u_1 \left[\dfrac{D_1}{D_2}\right]^2$ 에서 u_2는 u_1에 비하여 감소한다.

(2) 관의 크기가 감소하는 경우

$u_1 A_1 = u_2 A_2$ 에서 관의 크기가 감소하여 $D_1 > D_2$ 이므로

$u_2 = \dfrac{u_1 A_1}{A_2} = u_1 \dfrac{D_1^2}{D_2^2} = u_1 \left[\dfrac{D_1}{D_2}\right]^2$ 에서 u_2는 u_1에 비하여 증가한다.

핵심체크 관의 크기가 변화할 때 유속(u)과 관의 직경(D)의 관계

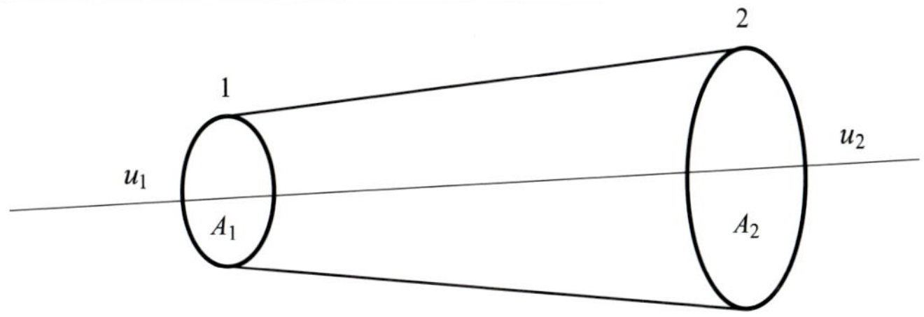

$u_1 A_1 = u_2 A_2$ 이므로 $A = \dfrac{\pi}{4} D^2$ 에서 $u_2 = \dfrac{u_1 A_1}{A_2} = u_1 \dfrac{D_1^2}{D_2^2} = u_1 \left[\dfrac{D_1}{D_2}\right]^2$

예제 4-8

다음 그림과 같이 직경이 25 cm의 관을 통해 유체가 흐르고 있다. 유량이 일정하게 유지될 때 내경이 100 cm의 확대된 관으로 유체가 흘러 나간다면 유속은 어떻게 변화 하는가?

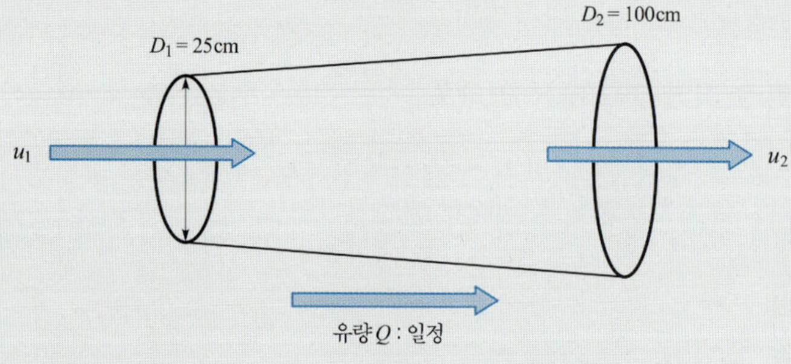

풀이 유체의 유속은 유체가 흐르는 관의 면적에 반비례한다. 일정한 크기를 가진 관에서 흐르던 유체가 관의 크기가 증가하면 흐름 속도가 감소하게 된다.

$\rho_1 u_1 A_1 = \rho_2 u_2 A_2$에서 $u_1 A_1 = u_2 A_2$이므로

$$u_2 = \frac{u_1 A_1}{A_2} = u_1 \frac{D_1^2}{D_2^2} = u_1 \left[\frac{D_1}{D_2}\right]^2 = u_1 \left[\frac{0.25 \text{ m}}{1 \text{ m}}\right]^2 = 0.0625 u_1$$

예제 4-9

밀도가 950 kg/m^{3}인 유체가 질량속도 1200 kg/s으로 아래 그림과 같이 관 내부를 흐르고 있다. 지점 ⓐ와 ⓑ에서의 유속은 몇 m/s인가?

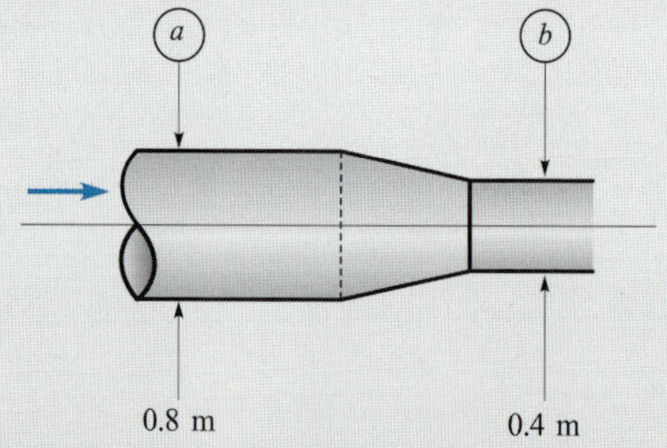

풀이 지점 ⓐ에서 유체의 유량을 Q_a라고 하면 $Q_a = u_a A_a$가 되며, 지점 ⓑ에서 유체의 유량을 Q_b라 하면 $Q_b = u_b A_b$가 되며 두 지점에서의 유량은 서로 같다. 즉 연속 방정식 $Q = uA$의 상관관계가 성립한다.

직경이 0.8m인 지점 ⓐ에서 면적 A는 $A_a = \frac{\pi}{4} D^2 = \frac{\pi}{4}(0.8 \text{ m})^2 = 0.5024 \text{ m}^2$이 된다.

유입되는 질량속도($\dot{m}$)가 1200 kg/s이므로 유속 u_a은 다음과 같다.

$\dot{m} = \rho_a u_a A_a = \rho u_a \times \frac{\pi}{4} D_a^2$에서 유속 u_a는 $u_a = \frac{\dot{m}}{\rho A_a}$이므로

주어진 조건에서 $A = 0.5024$ m2이고 밀도가 950 kg/m3이므로 지점 ⓐ에서의 유속은 다음과 같다.

$$u_a = \frac{\dot{m}}{\rho A_a} = \frac{1200\ \text{kg/s}}{950\ \text{kg/m}^3 \times 0.5024\ \text{m}^2} = 2.51\ \text{m/s}$$

관의 직경이 감소하여 직경이 0.4 m인 지점 ⓑ에서 면적 A_b는

$A_b = \frac{\pi}{4} D_b^2 = \frac{\pi}{4}(0.4\ \text{m})^2 = 0.1256\ \text{m}^2$이 된다.

유입되는 질량속도($\dot{m}$)가 1200 kg/s이므로 유속 u는 다음과 같다.

$\dot{m} = \rho u A = \rho u \times \frac{\pi}{4} D^2$에서 유속 u_b는 $u_b = \frac{\dot{m}}{\rho A_b}$이 된다.

주어진 조건에서 $A_b = 0.1256\ \text{m}^2$이므로 지점 ⓑ에서의 유속은 다음과 같다.

$$u_b = \frac{\dot{m}}{\rho A_b} = \frac{1200\ \text{kg/s}}{950\ \text{kg/m}^3 \times 0.1256\ \text{m}^2} = 10.057\ \text{m/s}$$

본 문제에서 보는 바와 같이 직경이 0.8 m에서 0.4 m로 줄어들었을 경우 유속은 2.51 m/s에서 10.057 m/s로 증가한다. 즉 관의 직경이 $\frac{1}{2}$로 감소하였을 경우 유속은 4배 증가하는 특성을 지닌다. 이 값을 식을 이용해서 살펴보면 $u_1 A_1 = u_2 A_2$이므로 $D_2 = \frac{D_1}{2}$가 되어 $u_2 = u_1\left[\frac{D_1}{D_2}\right]^2 = u_1\left[\frac{D_1}{D_1/2}\right]^2 = u_1[2]^2 = 4u_1$이 된다.

핵심체크 관의 크기가 변화할 때 유속(u)과 관의 직경(D)의 관계

유량이 일정할 때 유체가 흐르는 관의 직경이 변화하면 유속은 관의 직경의 변화의 제곱근에 반비례하는 특성을 지닌다. 관의 직경이 $\frac{1}{2}$로 감소하였을 경우 유속은 4배 증가하는 특성을 지닌다.

$u_1 A_1 = u_2 A_2$이므로 $D_2 = \frac{D_1}{2}$가 되어

$u_2 = u_1\left[\frac{D_1}{D_2}\right]^2 = u_1\left[\frac{D_1}{D_1/2}\right]^2 = u_1[2]^2 = 4u_1$ 이 된다.

4 원통형 관이 아닌 경우 유로의 직경

유체가 흐르는 형태가 원통형 관만 있는 것은 아니다. 이처럼 원통형 관이 아닐 경우 유로의 면적을 계산하는 것이 용이하지 않게 된다. 이런 경우 상당직경이라는 값을 이용하여 유로의 흐름 단면적을 계산하기도 한다. 원형관이 아닌 유로 내의 흐름에 있어서는 원형관의 직경(D)에 해당하는 값으로 상당직경(Equivalent Diameter, D_{eq})을 사용한다.

$$상당직경 = \frac{4 \times 단면적}{유체내\ 접하는\ 주변} \quad D_{eq} = \frac{4 \times S}{L_p} \tag{4-3}$$

① 유체가 원통형 관을 흐를 때 그림 4-6에서 보는 바와 같이 원통형 관에서 외부의 직경을 D_o라 하고 원통형 관의 내부의 직경을 D_i라 하면 상당직경(Equivalent Diameter, D_{eq})은 식 (4-4)와 같이 나타낼 수 있다.

$$D_{eq} = \frac{4\left(\frac{\pi D_o^2}{4} - \frac{\pi D_i^2}{4}\right)}{\pi D_o + \pi D_i} = \frac{D_o^2 - D_i^2}{D_o + D_i} = D_o - D_i \tag{4-4}$$

② 유체가 그림 4-7에서 보는 바와 같이 직사각형의 유로를 통해서 이동할 경우 상당직경은 식 (4-5)와 같이 계산한다.

$$D_{eq} = \frac{4(ab)}{2a + 2b} = \frac{2(ab)}{a + b} \tag{4-5}$$

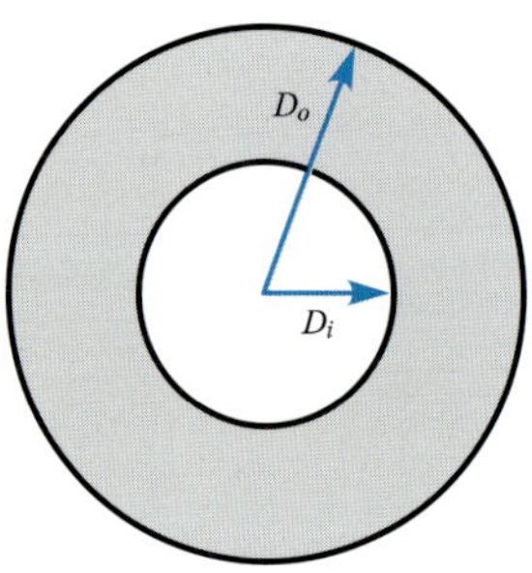

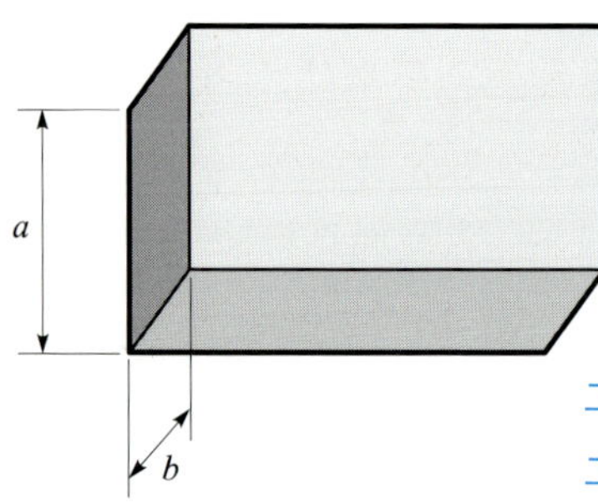

그림 4-6. 원통형 관 형태(좌)

그림 4-7. 직사각형 유로(우)

핵심체크 유체가 흐르는 관의 형태에 따른 상당직경

① 원통형 관	② 직사각형 흐름
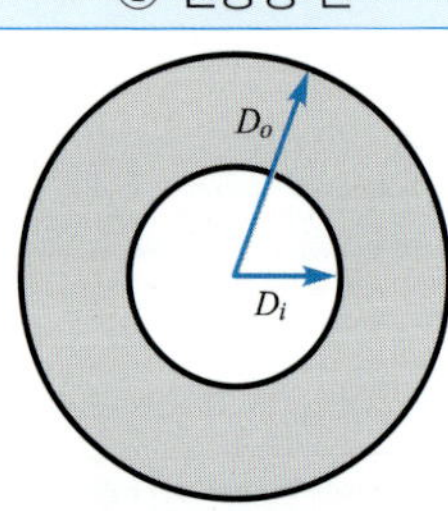	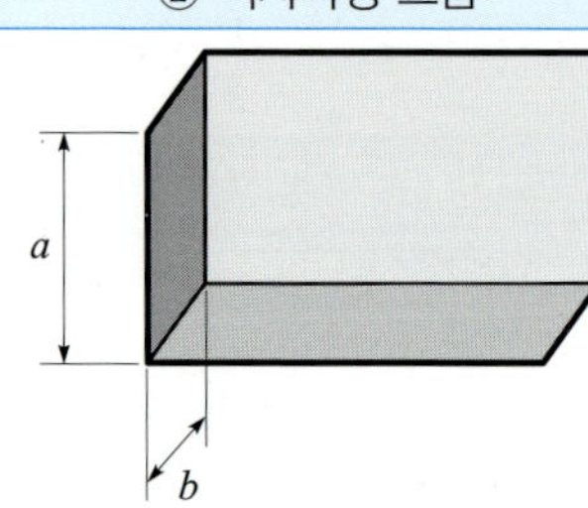
$D_{eq} = \frac{4\left(\frac{\pi D_o^2}{4} - \frac{\pi D_i^2}{4}\right)}{\pi D_o + \pi D_i} = D_o - D_i$	$D_{eq} = \frac{4(ab)}{2a+2b} = \frac{2(ab)}{a+b}$

예제 4-10

폭이 5 m이고, 깊이가 2 m인 직사각형 수로로 유체가 이동할 때 수력 반경은 몇 m인가?

풀이 직사각형 유로의 수력 반경

$$D_{eq}=\frac{4(ab)}{2a+2b}=\frac{2(ab)}{a+b}\text{에서}$$

폭(b)이 5 m이고, 깊이(a)가 2 m이므로

$$D_{eq}=\frac{4(ab)}{2a+2b}=\frac{2(ab)}{a+b}\text{에서}$$

$$D_{eq}=\frac{2(a\times b)}{a+b}=\frac{2(5\ \text{m}\times 2\ \text{m})}{5\ \text{m}+2\ \text{m}}=2.857\ \text{m}$$

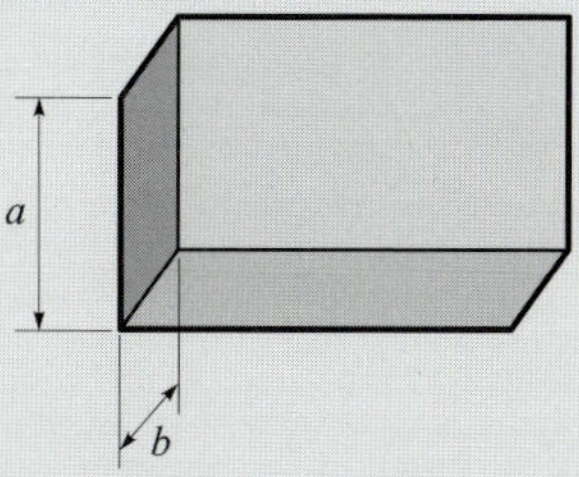

5 레이놀즈수

일정한 유로(流路)를 통해서 유체가 이동할 때 유체는 흐름이 진행되는 방향으로 계속해서 진행하고자 하는 힘과 동시에 그 진행을 방해하는 힘을 받게 된다. 이러한 상황에서 이동하고자 하는 힘이 방해하는 힘보다 커야 유체가 진행방향으로 이동하게 된다. 이처럼 유체가 흐를 때 유체에 가해지는 힘의 비가 유체의 흐름 형태를 설명하는 중요한 key가 된다. 이때 유체에 가해지는 힘의 크기에 따라 유체의 흐름 형태가 구분되는데, 이러한 흐름의 형태는 레이놀즈수(Reynolds Number, N_{Re})라는 값으로 분류한다.

유체가 정해진 관로를 흐를 경우 그림 4-8과 같이 유체가 이동할 때 유체는 흐름이 진행되는 방향으로 계속해서 진행하고자 하는 힘(추진력)과 유체의 흐름을 방해하는 힘(저항력) 2가지가 서로 공존하게 된다.

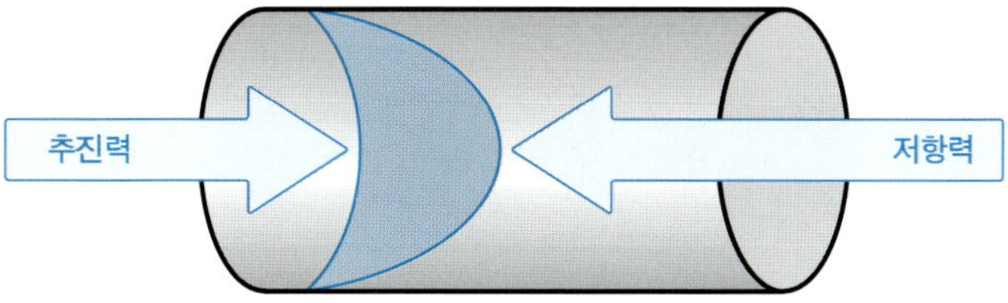

그림 4-8. 유체의 흐름에 작용하는 힘

이때 발생하는 두 힘에 의해서 유체의 흐름 현상은 변화가 발생한다. 유체가 계속해서 흐르고자 하는 힘 즉, 추진력은 관성력의 형태이며, 유체의 흐름을 방해하고자 하는 형태의 힘 즉, 저항력은 점성력이라 할 수 있다. 따라서 추진력인 관성력과 저항력인 점성력의 비를 사용하여 유체의 흐름 특성을 나타낼 수 있다. 이것을 레이놀즈 정의라 하며 다음과 같이 표시한다.

유체의 흐름 상태는 유체가 흐르는 관의 유로의 모양과 유체의 성질에 따라 달라진다. 원통형 관에 유체가 흐를 경우 관의 내경과 평균유속, 유체의 밀도와 점도로서 유체의 흐름 상태를 나타낼 수 있으며 다음과 같이 레이놀즈수(Reynolds Number, N_{Re})를 정의한다.

$$N_{Re} = \frac{\text{관성력}}{\text{점성력}}$$

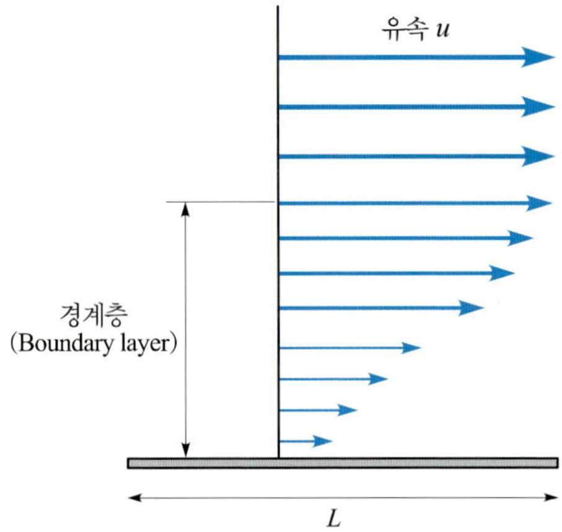

그림 4-9. 유체의 흐름(레이놀즈수)

그림 4-9와 같은 유체의 흐름에 대해 살펴보자. 유체는 관의 벽면으로부터 일정거리가 유지되어야 흐름 속도가 일정하게 유지된다. 이처럼 벽면으로부터 유체의 흐름 속도가 일정하게 유지되기까지의 구간을 경계층(boundary layer)이라고 한다. 이때 유체의 밀도가 ρ이고, 점도가 μ인 경우 유체가 u의 평균속도로 거리 L만큼 이동한 경우 관성력(inertia force)과 점성력(viscous force)을 살펴보면 다음과 같다.

$$\text{관성력} = \rho u \frac{du}{dx} = \rho u^2 / L = \rho u^2 L^{-1} \tag{4-6}$$

$$점성력 = \mu\frac{d^2u}{dx^2} = \mu u/L^2 = \mu u L^{-2} \qquad (4\text{–}7)$$

이 값을 $N_{Re} = \frac{관성력}{점성력}$에 적용하면

$$N_{Re} = \frac{관성력}{점성력} = \frac{\rho u^2 L^{-1}}{\mu u L^{-2}} = \frac{\rho u L}{\mu} \qquad (4\text{–}8)$$

이 된다.

여기서, ρ : 유체의 밀도[ML^{-3}], L : 유체이동거리[L], u : 유체의 속도[LT^{-1}],
μ : 유체의 점도[$ML^{-1}T^{-1}$]

유체가 직경이 D인 원통형 관을 흐를 때 레이놀즈수는 다음과 같이 나타낸다.

$N_{Re} = \frac{관성력}{점성력} = \frac{\rho u D}{\mu}$이 된다.

핵심 체크 **관성력과 점성력**

(1) $관성력 = \rho u\frac{du}{dx} = \rho u^2/L = \rho u^2 L^{-1}$

(2) $점성력 = \mu\frac{d^2u}{dx^2} = \mu u/L^2 = \mu u L^{-2}$

핵심 체크 **레이놀즈수**

레이놀즈수는 유체가 흐를 때 유체가 흐르고자 하는 관성력과 유체의 흐름을 방해하고자 하는 점성력 사이의 비를 의미한다. $N_{Re} = \frac{관성력}{점성력} = \frac{Du\rho}{\mu}$

여기서 ρ : 유체의 밀도[ML^{-3}], D : 관의 직경[L], u : 유체의 속도[LT^{-1}],
μ : 유체의 점도[$ML^{-1}T^{-1}$]

레이놀즈수에 각 값의 단위를 대입하여 정리하면 다음과 같이 나타낼 수 있다.

$N_{Re} = \frac{관성력}{점성력} = \frac{Du\rho}{\mu}$에서 유체의 밀도($\rho$)의 차원은 [$ML^{-3}$]이고, 관의 직경($D$)의 차원은 [$L$], 유체 흐름 속도($u$)의 차원은 [$LT^{-1}$] 그리고 유체의 점도($\mu$)의 차원은 [$ML^{-1}T^{-1}$]이므로 이 값을 이용하면 레이놀즈수는 다음과 같이 차원 해석을 할 수 있다.

$$N_{Re} = \frac{Du\rho}{\mu} = \mathrm{L} \times \frac{\mathrm{L}}{\mathrm{T}} \times \frac{\mathrm{M}}{\mathrm{L}^3} \times \frac{\mathrm{L} \cdot \mathrm{T}}{\mathrm{M}} = [-] \quad (4\text{-}9)$$

레이놀즈수는 단위가 없는 값으로 이처럼 단위가 존재하지 않는 값을 무차원수(Dimensionless Number)라고 한다.

레이놀즈수(Reynolds Number, $\mathrm{N_{Re}}$)는 차원이 없는 수(dimensionless number)이다. 단위계만 통일되면 같은 값이 얻어진다. 레이놀즈수는 유체의 흐름 특성을 구분하게 해주는 것으로 관성력에 대한 점성력의 비를 나타낸다.

핵심 체크 **레이놀즈수의 차원**

레이놀즈수는 차원이 없는 무차원수의 대표적인 값이다.

$$N_{Re} = \frac{Du\rho}{\mu} = \mathrm{L} \times \frac{\mathrm{L}}{\mathrm{T}} \times \frac{\mathrm{M}}{\mathrm{L}^3} \times \frac{\mathrm{L} \cdot \mathrm{T}}{\mathrm{M}} = [-]$$

(1) 층류

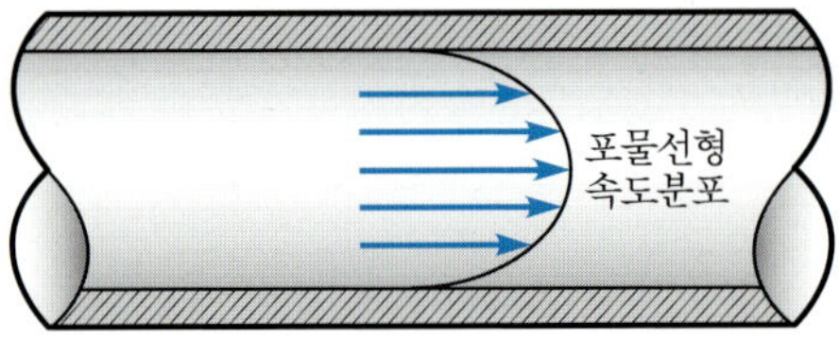

그림 4-10. 층류

층류는 그림 4-10에서 보는 바와 같이 유체가 흐를 때 유체 층(layer)과 유체 층 사이가 서로 층을 이루고 흐르는 형태를 의미한다. 유체의 층(layer)과 층 사이에 혼합 없이 일정하게 흐르는 특성을 지닌 것으로 레이놀즈수(Reynolds Number, $\mathrm{N_{Re}}$)는 보통 2100 이하의 값을 가진다.

(2) 난류

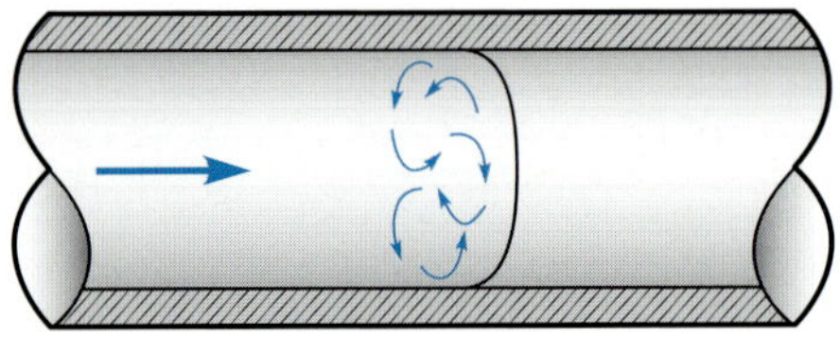

그림 4-11. 난류

난류는 그림 4-11에서 보는 바와 같이 흐르는 유체의 층(layer)과 층 사이에 혼합이 발생하는 흐름으로 유체가 매우 불규칙하게 흐르는 형태를 의미한다. 난류에서 레이놀즈수(Reynolds Number, N_{Re})는 보통 4000보다 큰 값을 가진다.

핵심 체크 레이놀즈수(Reynolds Number, N_{Re})에 따른 유체 흐름

층류	난류
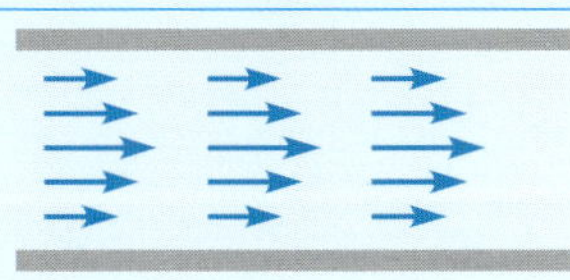	
레이놀즈수(Reynolds Number, N_{Re})가 2100 이하의 값을 가진다.	레이놀즈수(Reynolds Number, N_{Re})가 4000보다 큰 값을 가진다.

예제 4-11

직경이 10 cm인 원통형 호스 내를 유속 3m/s의 속도로 유체가 흐르고 있다. 이때 레이놀즈수는 얼마인가?(단 이 조건에서 유체의 동점도 계수는 2×10^{-6} m^2/s이다.)

풀이 $N_{Re}=\dfrac{Du\rho}{\mu}=\dfrac{Du}{\mu/\rho}=\dfrac{Du}{\nu}$에서 주어진 조건에서 동점도 계수 $\mu/\rho=2\times10^{-6}$ m^2/s, $D=10$ cm$=0.1$ m, $u=3$ m/s이므로 이를 정리하면 다음과 같다.

$$N_{Re}=\frac{Du\rho}{\mu}=\frac{Du}{\frac{\mu}{\rho}}=\frac{0.1\ \text{m}\times3\ \text{m/s}}{2\times10^{-6}\ \text{m}^2/\text{s}}=150000$$

예제 4-12

비중이 0.85이고 점도가 4 cP인 유체를 1.5 m/s의 속도로 내경 10 cm인 관을 사용하여 이동시킬 때 유체의 흐름 형태는 무엇인가?

풀이 $N_{Re}=\dfrac{Du\rho}{\mu}$에서 유체의 비중이 0.85이므로 $\rho=0.85$ g/cm^3, $D=10$ cm, 유체의 유속 $u=1.5$ m/s$=150$ cm/s 그리고 유체의 점도 $\mu=4$ cP$=0.04$ P$=0.04$ g/cm·s가 된다.
따라서

$$N_{Re}=\frac{Du\rho}{\mu}=\frac{\frac{0.85\ \text{g}}{\text{cm}^3}\times\frac{150\ \text{cm}}{s}\times10\ \text{cm}}{\frac{0.04\ \text{g}}{\text{cm}\cdot\text{s}}}=31875$$이므로 유체의 흐름은 난류의 형태이다.

예제 4-13

유체가 내경 130 mm인 관속을 2 m/s의 유속으로 흐르고 있다. 이 유체의 동점도 계수가 $0.75\times10^{-3}\ m^2/s$이라면 유체의 레이놀즈수는 얼마인가?

풀이

$N_{Re}=\dfrac{Du\rho}{\mu}=\dfrac{Du}{\mu/\rho}=\dfrac{Du}{\nu}$ 에서

$D:130\ mm=13\ cm=0.13\ m,\ u:2\ m/s,\ \dfrac{\mu}{\rho}=\dfrac{0.75\times10^{-3}\ m^2}{s}$

$N_{Re}=\dfrac{Du\rho}{\mu}=\dfrac{Du}{\dfrac{\mu}{\rho}}=\dfrac{0.13\ m\times\dfrac{2\ m}{s}}{\dfrac{0.75\times10^{-3}\ m^2}{s}}=346.67$ 으로 층류이다.

6 레이놀즈수의 다양한 표현

원통형 관에 유체가 흐를 경우 관의 내경과 평균유속, 유체의 밀도와 점도로서 유체의 흐름 상태를 나타낼 수 있으며 다음과 같이 레이놀즈수(Reynolds Number, N_{Re})를 정의한다.

$$N_{Re}=\frac{\text{관성력}}{\text{점성력}}=\frac{Du\rho}{\mu}$$

여기서, ρ : 유체의 밀도[ML^{-3}]

D : 관의 직경[L]

u : 유체의 속도[LT^{-1}]

μ : 유체의 점도[$ML^{-1}T^{-1}$]

이러한 레이놀즈수를 앞서 살펴 본 연속 방정식과 연계하여 여러 가지 형태로 나타낼 수 있다.

$N_{Re}=\dfrac{Du\rho}{\mu}$ 이고 $Q=uA$ 이므로 $u=\dfrac{Q}{A}$ 가 되므로 이 두 식으로부터

$$N_{Re}=\frac{Du\rho}{\mu}=\frac{D\frac{Q}{A}\rho}{\mu}=\frac{DQ\rho}{A\mu} \tag{4-10}$$

가 된다.

직경이 D인 원통형 관의 단면적 A는 $A=\pi r^2=\pi\left(\frac{D}{2}\right)^2=\frac{\pi}{4}D^2$이므로

$$N_{Re}=\frac{DQ\rho}{A\mu}=\frac{DQ\rho}{\frac{\pi D^2\mu}{4}}=\frac{4Q\rho}{\pi D\mu} \quad (4-11)$$

로 나타낼 수도 있다.

핵심체크 **레이놀즈수의 표현**

레이놀즈수는 다음과 같이 표현된다.

(1) $N_{Re}=\frac{Du\rho}{\mu}$

(2) $N_{Re}=\frac{DQ\rho}{A\mu}$

(3) $N_{Re}=\frac{4Q\rho}{\pi D\mu}$

연습문제

01 유체의 흐름이 등류흐름일 경우 다음 사항 중 알맞은 것은 어느 것인가?

① 유속은 점차로 빨라진다.
② 유속이 점차로 느려진다.
③ 유속은 0으로 유지된다.
④ 유속의 변화가 0이다.

해설 유체가 위치나 거리에 따라 유속, 유량 등이 일정한 흐름을 등류 흐름이라 한다. ④

02 원통형 관을 흐르는 층류에서 중심부에서의 유속을 최대 유속(u_{max})이라고 하면 평균유속(u_{ave})은 어떻게 정의 되는가?

① $u_{ave} = u_{max}$
② $u_{ave} = 2u_{max}$
③ $2u_{ave} = u_{max}$
④ $2u_{ave} = 3u_{max}$

해설 유원통형 관에서 층류의 경우 평균유속은 최대 유속의 $\frac{1}{2}$이다. ③

03 비압축성 유체의 연속 방정식을 표현한 것으로 가장 올바른 것은 어느 것인가?

① $Q = \rho u A$
② $\rho_1 A_1 = \rho_2 A_2$
③ $Q_1 A_1 u_1 = Q_2 A_2 u_2$
④ $A_1 u_1 = A_2 u_2$

해설 비압축성 유체의 경우 밀도가 일정하므로 유체의 연속 방정식은 $A_1 u_1 = A_2 u_2$로 표현된다. ④

04 다음 중 레이놀즈수가 지니는 의미로 적합한 것은 어느 것인가?

① 관성력/점성력
② 점성력/관성력
③ 점성력/압력
④ 관성력/중력

해설 레이놀즈수는 관성력에 대한 점성력의 비(관성력/점성력)를 의미한다. ①

05 다음 중 유량에 대한 설명으로 올바른 것은 어느 것인가?

① 단위시간 내에 유적을 통과한 유체의 용량이다.
② 단위시간 내에 유체가 이동한 거리이다.
③ 유적을 통과한 단위시간을 의미한다.
④ 유적을 통과하는 유체의 양을 단위시간당의 유속으로 표시한 것이다.

해설 유량은 단위시간 내에 유적을 통과한 유체의 용량을 의미한다. ①

06 다음 중 연속 방정식에 대한 설명으로 알맞은 것은 어느 것인가?

① 연속 방정식은 유체의 일과 에너지에 대한 식이다.
② 연속 방정식은 유체의 이동에서의 에너지보존의 관계를 만족시키는 식이다.
③ 연속 방정식은 유체의 이동에서의 질량보존의 관계를 만족시키는 식이다.
④ 연속 방정식은 유체의 이동에서 관성력과 저항력의 관계를 만족시키는 식이다.

해설 연속 방정식은 유체의 이동에서의 질량 보존의 관계를 만족시키는 식이다. ③

07 유체가 수로를 통해 이동할 때 흐름 특성이 층류가 되는 것은 어느 것인가?

① $N_{Re} > 4100$ ② $N_{Re} > 2100$
③ $N_{Re} < 4100$ ④ $N_{Re} < 2100$

해설 층류는 레이놀즈수(Reynolds Number, N_{Re})가 2100 이하의 값을 가진다. ④

08 관성력에 대한 점성력의 비(관성력/점성력)를 의미하는 레이놀즈수를 유량(Q), 지경(D) 그리고 동점도(ν)의 함수로 나타낸 것으로 알맞은 것은 어느 것인가?

① $N_{Re} = \dfrac{4Q}{\pi D\nu}$ ② $N_{Re} = \dfrac{\pi Q}{4D\nu}$
③ $N_{Re} = \dfrac{4Q\nu}{\pi D}$ ④ $N_{Re} = \dfrac{\pi Q\nu}{4D}$

해설 $N_{Re} = \dfrac{DQ\rho}{A\mu} = \dfrac{DQ\rho}{\dfrac{\pi D^2\mu}{4}} = \dfrac{4Q\rho}{\pi D\mu} = \dfrac{4Q}{\pi D\dfrac{\mu}{\rho}} = \dfrac{4Q}{\pi D\nu}$ 로 나타낼 수도 있다. ①

09 내경 50cm인 송수관을 유량 3 m^3/s으로 유체가 흐르고 있다. 이 유체의 유속은 몇 m/s인가?

해설 $Q = uA$에서 면적 A를 구하고 이 값을 이용하여 유속 u를 구한다.

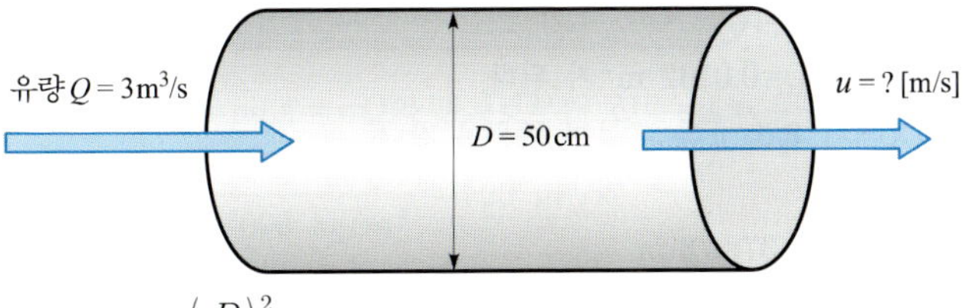

$$A = \pi r^2 = \pi\left(\frac{D}{2}\right)^2 = \frac{\pi}{4}D^2 = \frac{\pi}{4}(0.5\ \text{m})^2 = 0.196\ \text{m}^2$$

따라서 유속은 $u = \dfrac{Q}{A} = \dfrac{Q}{\dfrac{\pi}{4}D^2}$ 로부터 $u = \dfrac{3\ \text{m}^3/\text{s}}{0.196\ \text{m}^2} = \dfrac{15.3\ \text{m}}{\text{s}}$ 이다.

연습문제

14 내경이 50 cm인 원통형 관을 통해 비중이 0.75인 유체가 유속 2.5 m/s로 흐르고 있다. 이때 질량속도는 몇 kg/s인가?

해설 원통형 관을 통해서 공급되는 유체의 비중과 유속을 알고 흐름의 단면적을 알면 질량속도를 계산할 수 있다.
비중이 0.75인 유체의 밀도는 750 kg/m^3이다. 이 값을 이용하면 연속 방정식 $m = \rho u A = \rho Q$의 관계로부터 질량속도를 계산할 수 있다.
유체의 흐름 속도가 2.5 m/s이고 내경(D)이 50 cm이므로 물의 밀도를 이용하여 질량속도를 구하면 다음과 같다.

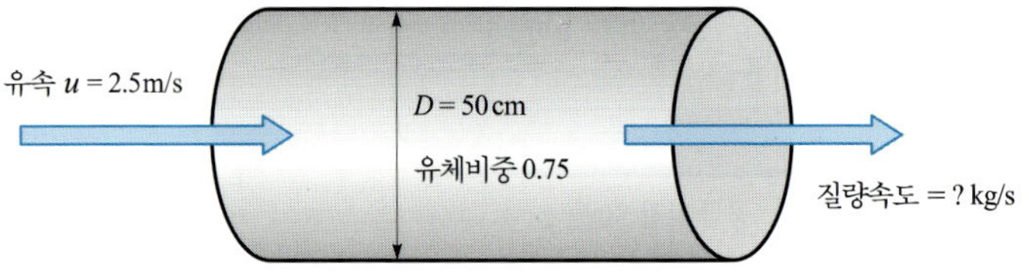

연속 방정식 $m = \rho u A = \rho Q$의 관계로부터 면적(A)$= \frac{\pi}{4} D^2 = \frac{\pi}{4}(0.5\ \mathrm{m})^2 = 0.196\ \mathrm{m}^2$이므로

$$m = \rho u A = \frac{750\ \mathrm{kg}}{\mathrm{m}^3} \times \frac{2.5\ \mathrm{m}}{\mathrm{s}} \times 0.196\ \mathrm{m}^2 = \frac{367.97\ \mathrm{kg}}{\mathrm{s}}$$

15 직경이 10 cm인 원통형 파이프를 통해서 물이 1,000 g/s의 속도로 흐르고 있다. 이 조건에서 다음을 구하시오. ① 유량은 몇 cm^3/s인가? ② 평균속도는 몇 cm/s인가?

해설 1000 g/s의 질량속도로부터 유량과 평균속도를 구한다.

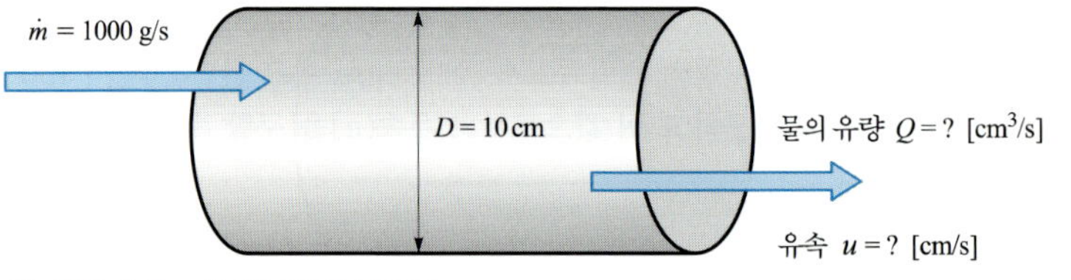

① 질량속도=유량×밀도이므로

$$\text{유량} = \frac{\text{질량속도}}{\text{밀도}} = \frac{\frac{1,000\ \mathrm{g}}{\mathrm{s}}}{\frac{1\ \mathrm{g}}{\mathrm{cm}^3}} = \frac{1,000\ \mathrm{cm}^3}{\mathrm{s}}$$

② 유량=유속×면적이므로

$$\text{면적}(A) = \frac{\pi}{4} D^2 = \frac{\pi}{4}(10\ \mathrm{cm})^2 = 78.5\ \mathrm{cm}^2$$

$$\text{평균속도} = \frac{\text{유량}}{\text{면적}} = \frac{\frac{1,000\ \mathrm{cm}^3}{s}}{78.5\ \mathrm{cm}^2} = 12.74\ \mathrm{cm}/s$$

16 직경이 10 cm인 원통형 관을 통해 물이 3 m/s의 유속으로 냉각장치에 공급되고 있다. 작업이 시작되고 2시간이 경과하였다면 냉각장치로 공급된 물의 양은 몇 kg인가?

해설 유속과 유량의 관계로부터 관의 직경이 D이고 유속이 u일 때 $A=\frac{\pi}{4}D^2$이므로 유량(Q)은 다음과 같다.

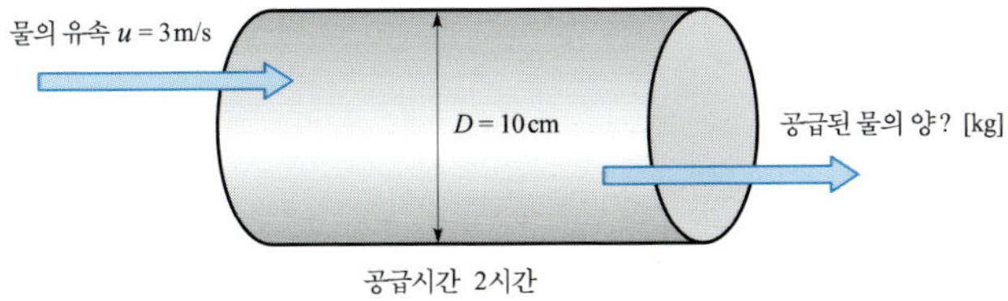

$Q=uA=u\times\frac{\pi}{4}D^2$이 된다.

주어진 조건에서 D=10 cm=0.1 m이므로 $A=\frac{\pi}{4}(0.1\ \text{m})^2=0.00785\ \text{m}^2$이며,

$Q=uA=u\times\frac{\pi}{4}D^2$에서

$Q=uA=u\times\frac{\pi}{4}D^2=\frac{3\ \text{m}}{\text{s}}\times 0.00785\ \text{m}^2=0.02355\frac{\text{m}^3}{\text{s}}$가 되어 이를 단위환산하면

$Q=\frac{0.02355\ \text{m}^3}{s}=\frac{0.02355\ \text{m}^3}{\text{s}}\times\frac{60\ s}{1\text{min}}=\frac{1.413\ \text{m}^3}{\text{min}}$이 된다.

따라서 2시간(120분)분 후 이동된 물의 부피는

$V=\frac{1.413\ \text{m}^3}{\text{min}}\times 120\ \text{min}=169.56\ \text{m}^3$이 되는데, 물의 밀도가 1,000 kg/m^{3}이므로

$m=\rho\times V=\frac{1{,}000\ \text{kg}}{\text{m}^3}\times 169.56\ \text{m}^3=169{,}560\ \text{kg}$이 된다.

17 평균속도 5 m/s로 직경 100 mm인 관속을 물이 흐르고 있을 때 중량속도는 ① 몇 N/s ② 몇 kg$_f$/s인가?

해설 유속(u)과 유량(Q) 그리고 질량속도($\dot{m}$) 의 관계는 다음과 같다.

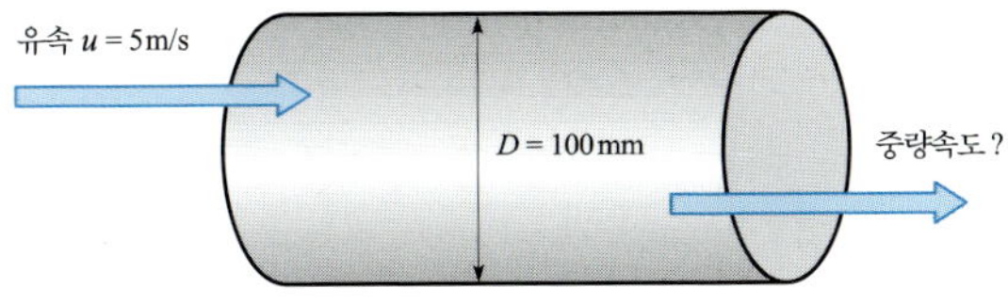

관의 직경이 D이고 유속이 u일 때 $A=\frac{\pi}{4}D^2$이므로

$Q=uA=u\times\frac{\pi}{4}D^2$이되며, $\dot{m}=\rho uA=\rho u\times\frac{\pi}{4}D^2$로 나타낼 수 있다.

주어진 조건에서 D=100 mm=0.1 m이므로 $A=\frac{\pi}{4}(0.1\ \text{m})^2=0.00785\ \text{m}^2$이므로,

① 물의 비중량은 힘의 단위로는 9,800 N/m^{3}이므로 중량속도는 다음과 같다.

$G=\gamma uA=\gamma u\times\frac{\pi}{4}D^2=\frac{9{,}800\ \text{N}}{\text{m}^3}\times\frac{5\ \text{m}}{\text{s}}\times 0.00785\ \text{m}^2=\frac{384.65\ \text{N}}{\text{s}}$가 된다.

② 이 값을 kg$_f$의 단위로 환산하면 다음과 같다.1 kg$_f$는 9.8 N이므로

$G=\gamma uA=\gamma u\times\frac{\pi}{4}D^2=\frac{384.65\ \text{N}}{\text{s}}\times\frac{1\ \text{kg}_f}{9.8\ \text{N}}=\frac{39.25\ \text{kg}_f}{\text{s}}$가 된다.

연습문제

18 다음 그림과 같은 흐름에서 유속 u_2은 몇 m/s인가?

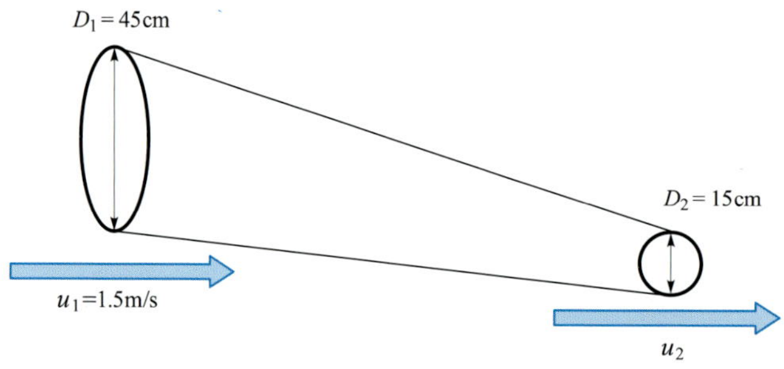

해설 유량(Q)이 일정할 때 유체의 흐름 속도(u)는 단면적(A)의 크기에 따라 변화한다.

$\rho_1 u_1 A_1 = \rho_2 u_2 A_2$에서 $u_1 A_1 = u_2 A_2$이므로

$$u_2 = \frac{u_1 A_1}{A_2} = u_1 \frac{D_1^2}{D_2^2} = u_1 \left[\frac{D_1}{D_2}\right]^2 = \frac{1.5\ \mathrm{m}}{\mathrm{s}} \times \left[\frac{0.45\ \mathrm{m}}{0.15\ \mathrm{m}}\right]^2 = \frac{13.5\ \mathrm{m}}{\mathrm{s}}$$

19 다음 그림과 같은 흐름에서 유량 Q_3은 몇 L/s인가?

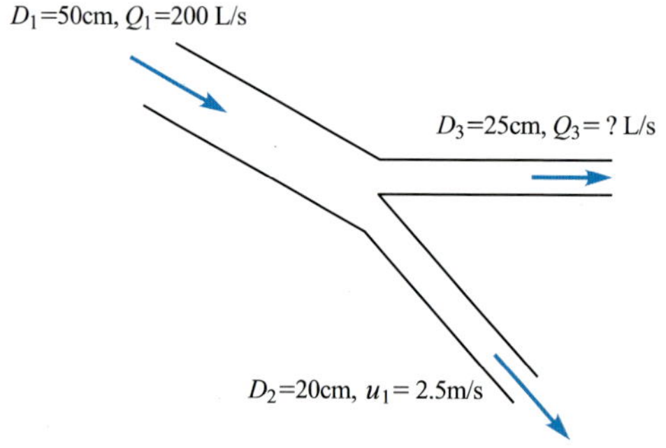

해설 유입되는 유량은 유출되는 유량과 같으므로 $Q_1 = Q_2 + Q_3$가 성립한다.

주어진 조건에서 $Q_1 = \frac{200\ \mathrm{L}}{s}$ 이므로 Q_2를 계산하면 Q_3를 알 수 있다.

D_2가 20 cm이므로 D=20 cm=0.2 m가 되어

$A_2 = \pi r^2 = \pi \left(\frac{D}{2}\right)^2 = \frac{\pi}{4} D^2 = \frac{\pi}{4}(0.2\ \mathrm{m})^2 = 0.0314\ \mathrm{m}^2$이 된다.

$Q_2 = u_2 A_2 = u_2 \times \frac{\pi}{4} D_2^2$에서

$Q_2 = \frac{2.5\ \mathrm{m}}{s} \times 0.0314\ \mathrm{m}^2 = 0.0785\ \mathrm{m}^3/s$가 되어 이를 단위환산하면

$$Q_2 = \frac{0.0785\ \mathrm{m}^3}{s} = \frac{0.0785\ \mathrm{m}^3}{s} \times \frac{1000\ \mathrm{L}}{1\mathrm{m}^3} = \frac{78.5\ \mathrm{L}}{s}$$

$$Q_3 = Q_1 - Q_2 = \frac{200\ \mathrm{L}}{\mathrm{s}} - \frac{78.5\ \mathrm{L}}{\mathrm{s}} = \frac{121.5\ \mathrm{L}}{\mathrm{s}}$$

20 내경이 2 m인 관 내를 동점성 계수가 0.01 cm^2/s인 유체가 50 cm/s의 유속으로 흐르고 있다. 이때 레이놀즈수는 얼마인가?

해설 $N_{Re} = \frac{Du\rho}{\mu} = \frac{Du}{\mu/\rho} = \frac{Du}{\nu}$ 에서

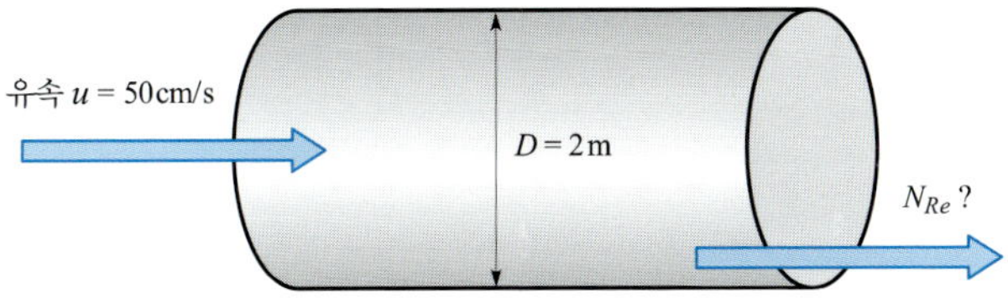

D : 2 m, u : 50 cm/s=0.5 m/s

$\frac{\mu}{\rho} = \frac{0.01\ cm^2}{s} = \frac{0.01\ cm^2}{s} \times \left[\frac{1\ m}{100\ cm}\right]^2 = \frac{1 \times 10^{-6}\ m^2}{s}$ 이므로

$$N_{Re} = \frac{Du\rho}{\mu} = \frac{Du}{\frac{\mu}{\rho}} = \frac{2\ m \times \frac{0.5\ m}{s}}{\frac{1 \times 10^{-6}\ m^2}{s}} = 1000000$$

21 내경이 2 cm인 관내를 유량속도 31.4 cm^3/s로 유체가 흐르고 있다. 이 유체의 점성계수가 0.01 g/cm·s이고 밀도가 1 g/cm^3일 때 레이놀즈수는 얼마인가?

해설 $N_{Re} = \frac{Du\rho}{\mu} = \frac{Du}{\mu/\rho} = \frac{Du}{\nu}$ 에서 D : 2 cm이고 Q : 31.4 cm^3/s이므로 주어진 조건은 유량(Q)과 직경(D)을 알고 있을 때 유속(u)을 계산하여 레이놀즈수를 구하는 문제이다.

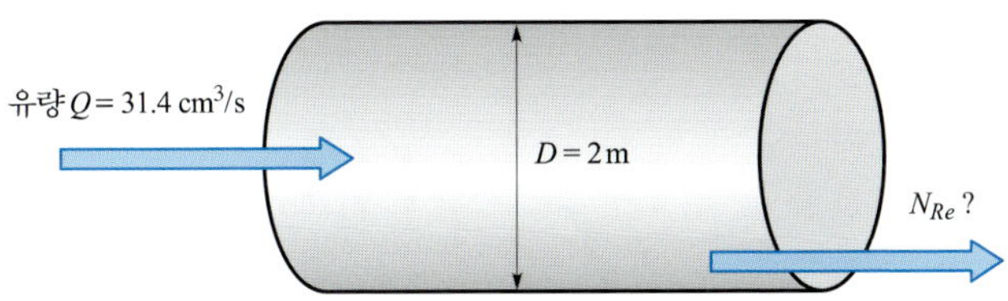

유체가 흐르는 내경이 2 cm이므로 단면적(A)은 $A = \frac{\pi}{4}D^2$ 에서
$A = \frac{\pi}{4}D^2 = \frac{\pi}{4}(2\ cm)^2 = 3.14\ cm^2$가 된다. 유체의 밀도 ρ=1 g/cm^3, D=2 cm,
유체의 유속 u=10 cm/s, μ=0.01 g/cm·s가 된다.
따라서

$$N_{Re} = \frac{Du\rho}{\mu} = \frac{\frac{1\ g}{cm^3} \times \frac{10\ cm}{s} \times 2\ cm}{\frac{0.01\ g}{cm \times s}} = 2000 \text{이다.}$$

연습문제

22 아래 그림과 같이 내경이 50 mm의 작은 관로로 물이 공급되어 관경 100 mm의 관으로 물이 나오는 흐름이 있다. 관경이 50 mm일 때 레이놀즈수가 15000이라면 관경 100 mm의 경우 레이놀즈수는 얼마인가?

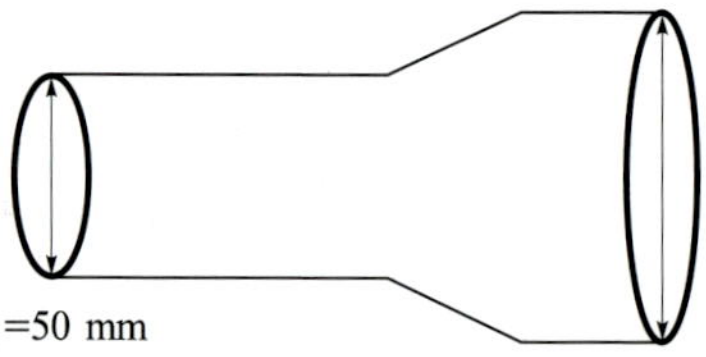

해설 레이놀즈수를 연속 방정식과 연계하여 여러 가지 형태로 나타낼 수 있다.

$N_{Re} = \dfrac{Du\rho}{\mu}$이고 $Q = uA$이므로 $u = \dfrac{Q}{A}$가 되므로 이 두식으로부터

$N_{Re} = \dfrac{Du\rho}{\mu} = \dfrac{D\dfrac{Q}{A}\rho}{\mu} = \dfrac{DQ\rho}{A\mu}$가 된다.

직경이 D인 원통형 관의 단면적 A는 $A = \pi r^2 = \pi\left(\dfrac{D}{2}\right)^2 = \dfrac{\pi}{4}D^2$이므로

$N_{Re} = \dfrac{DQ\rho}{A\mu} = \dfrac{DQ\rho}{\dfrac{\pi D^2\mu}{4}} = \dfrac{4Q\rho}{\pi D\mu}$로 나타낼 수도 있다.

이 값으로부터 $N_{Re} = \dfrac{4Q\rho}{\pi D\mu} = \dfrac{4Q\rho}{\pi\mu} \times \dfrac{1}{D}$이 되어 모든 조건이 일정할 때 레이놀즈수는 직경에 따라 변화한다고 할 수 있다.

그러므로 $15000 : N_{Re} = \dfrac{1}{50\ \text{mm}} : \dfrac{1}{100\ \text{mm}}$가 된다. 그러므로 $N_{Re} = 7500$이 된다.

제 5 장 정지하고 있는 유체의 특성

05 정지하고 있는 유체의 특성

분자로 구성된 물질의 형태는 액체, 고체, 그리고 기체로 구별되는데 이 중에서 흐를 수 있는 성질을 가진 물질을 유체라고 한다. 유체는 연속적인 특성을 가지는 것으로 유체에서 발생하는 운동을 이해하기 위해서는 물질 안에서 발생하는 여러 가지 운동의 특성에 대해서 알아야 한다. 여기에서는 우선 유체가 정지하고 있는 평형상태에서 발생하는 운동에 대해서 살펴보기로 하자.

1 정지하고 있는 유체에 작용하는 압력

정지하고 있는 유체에 작용하는 힘에서 가장 대표적인 것이 압력에 의한 것이다. 압력은 단위면적에 작용하는 유체의 힘으로 정의된다. 즉, 물탱크나 저수지와 같이 흐르지 않고 정지된 상태의 유체에서 유체의 높이에 따라 위치에너지가 달라지므로 유체의 높이가 정지된 상태의 운동에 중요한 영향을 미치게 된다.

핵심체크 위치에너지(PE)

위치에너지 $PE = mgh$

여기서 정지하고 있는 유체에 작용하는 압력에 대해서 살펴보기로 하자. 유체에 작용하는 압력은 여러 가지 성질을 가지는 데 몇 가지 그 특성에 대해서 살펴보기로 하자.

첫째, 유체에 작용하는 압력은 유체가 들어 있는 용기의 모양에 관계없이 항상 용기면에 직각으로 작용한다. 그림 5-1에서 보는 바와 같이 유체에서 면에 가해지는 압력은 면에 직각으로 작용하는 특성을 가지고 있다.

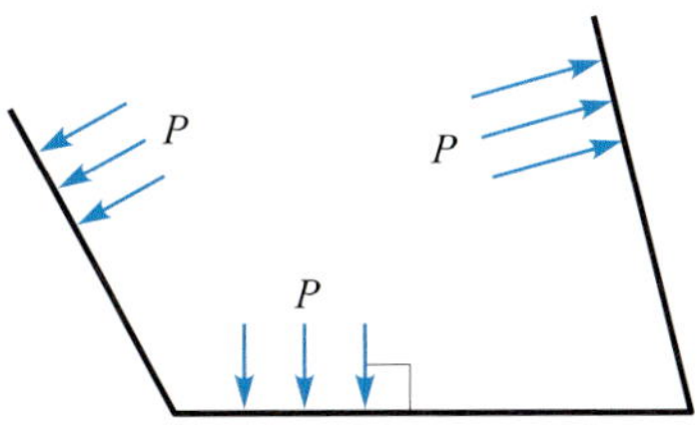

그림 5-1 압력은 면에 수직으로 작용

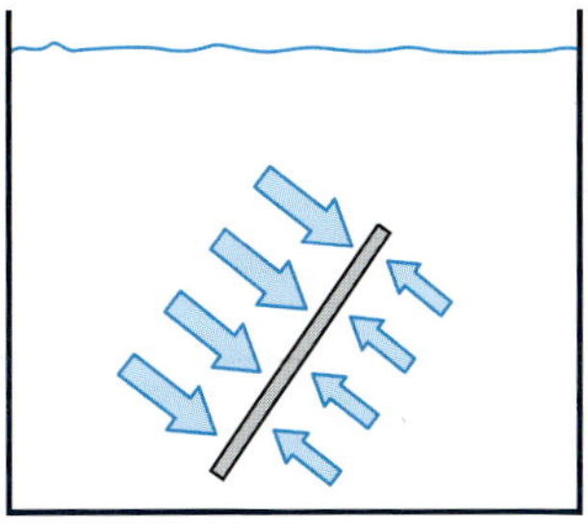

그림 5-2. 유체 중 임의의 면에 작용하는 압력

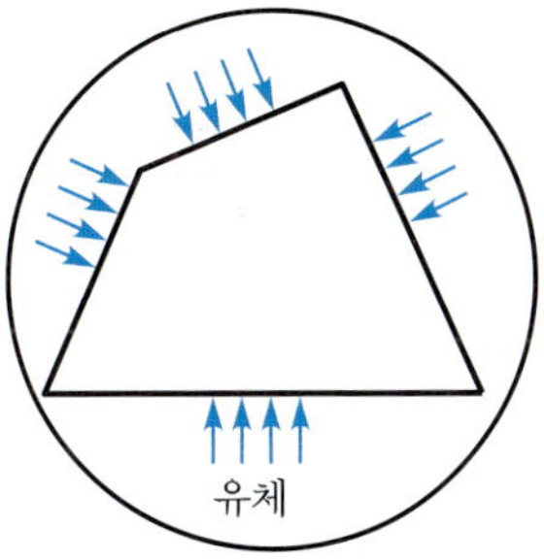

그림 5-3. 유체 중 임의의 면에 작용하는 압력

그림 5-2와 5-3은 유체 중에 물체가 있을 때 그 물체에 가해지는 압력에 대한 것으로 유체가 정지하고 있다면 특정 지점에서의 작용 압력은 임의의 면에 대해 수직으로 작용한다는 것을 의미한다. 이는 유체가 정지하고 있는 경우에는 마찰력이 발생하지 않으므로 항상 면에 직각으로 작용하는 것이다.

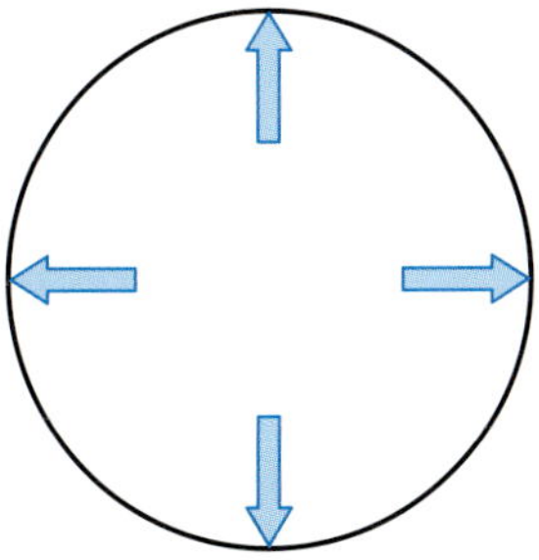

그림 5-4. 외부로 작용하는 압력

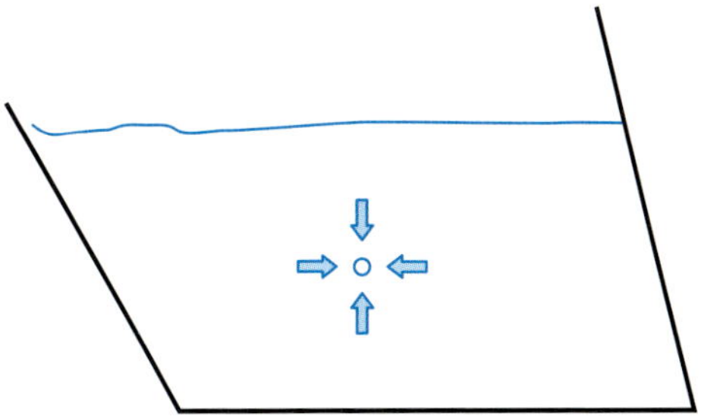

그림 5-5. 유체 중 한 점에서 작용하는 압력의 크기

둘째, 유체 중의 한 점에 의해 작용하는 압력은 모든 방향에서 동등하게 작용한다. 그림 5-4는 유체의 중심에서 모든 방향으로 균일하게 압력이 작용하는 것을 의미하고 그림 5-5는 외부에서 유체의 한 점에 가해지는 압력도 동일하다는 것을 의미한다. 이는 정지하고 있는 유체 속에 있는 어느 한 곳에 의해 작용하는 압력의 세기는 어느 방향에서나 일정하게 작용하기 때문이라고 할 수 있다. 유체에서 어느 한 점에 작용하는 압력은 모든 지점에서 같다는 의미이기도 하다. 만약에 유체 내부에서 가해지는 압력이 방향에 따라서 다르게 나타난다면 유체는 압력 차이에 의해 정지되어 있지 못하고 흐르는 현상이 발생하게 된다. 따라서 정지된 상태에 있는 유체의 경우 어느 한 점에 모든 방향으로 가해지는 압력은 같은 값을 지녀야 한다. 이렇게 작용하는 압력을 **정압**(static pressure)이라고 한다. 유체에서의 정압은 면에 수직으로 작용하고 한 점에 작용하는 정압은 방향에 관계없이 크기가 같다.

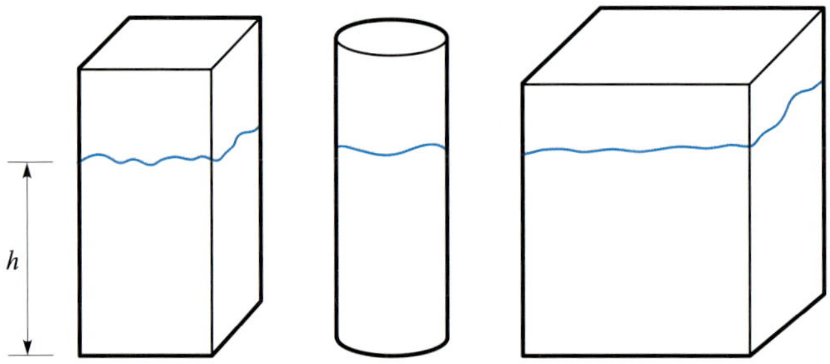

그림 5-6. **유체의 압력과 높이의 관계**

셋째, 정지하고 있는 유체에 작용하는 압력은 유체가 들어 있는 용기의 모양에 관계없이 유체의 높이에 비례한다. 서로 다른 크기의 용기 중에 유체가 들어 있을 경우 그림 5-6에서와 같이 유체에 의해 발생되는 압력의 크기는 용기의 크기와는 관계없이 그 안에 들어 있는 유체의 높이에 의해서 결정된다고 할 수 있다.

> **핵심체크** 유체의 압력(P)과 유체의 높이(h)
>
> 유체에 의한 압력 $P \propto h$

넷째, 정지하고 있는 유체에 작용하는 압력은 유체의 물성인 밀도에 따라서 달라진다.

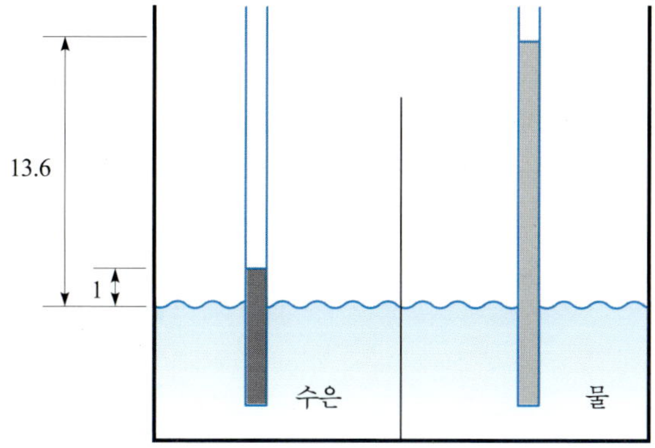

그림 5-7. **유체의 압력과 밀도의 관계**

유체의 높이가 서로 같다고 해도 작용하는 유체의 밀도에 따라서 작용하는 압력의 크기는 달라진다고 할 수 있다. 구체적으로 예를 들어 보면 그림 5-7에서 보는 바와 같이 수은이 1 만큼 액주가 상승하면 물은 13.6 만큼 액주가 상승한다. 이는 수은은 비중이 13.6으로 물에 비해 상대적으로 13.6 배 무거운 물질이기 때문에 발생하는 현상이다. 따라서 물과 수은이 동일한 높이일 경우 작용하는 압력은 당연히 차이가 발생하게 된다.

핵심 체크 유체의 압력(P)과 유체의 밀도(ρ) 사이의 관계

유체의 압력 $P \propto \rho$

핵심 체크 비압축성 유체의 압력(P)과 유체의 밀도(ρ) 그리고 높이(h)의 관계

비압축성 유체의 압력 $P = \rho g h = \gamma h$

핵심 체크 정수압이란?

물의 중량에 의해서 발생하는 힘으로 수면 아래에 있는 물체가 받는 압력

예제 5-1

비중이 1.03인 해수면에서 20 m 지점에 있는 물체에 가해지는 압력은 몇 kPa인가?(이때 해수면에 가해지는 대기압에 대한 영향은 무시한다.)

풀이 $P=\rho gh$을 사용하여 구할 수 있다.

비중이 1.03인 해수면으로부터 20 m 지점에 물체가 있으므로 다음과 같이 계산한다.

비중이 1.03인 해수의 밀도(ρ)는 1.03 g/cm^3=1030 kg/m^{3}이다.

따라서 $h=20$ m이므로

$$P=\rho gh=\frac{1030\ \text{kg}}{\text{m}^3}\times\frac{9.8\ \text{m}}{s^2}\times 20\ \text{m}=\frac{201880\ \text{kg}\cdot\text{m}}{\text{m}^2\cdot\text{s}^2}\times\frac{1\ \text{N}}{1\text{kg}\cdot\text{m/s}^2}=\frac{201880\ \text{N}}{\text{m}^2}$$

$$P=\rho gh=\frac{201880\ \text{N}}{\text{m}^2}=201880\ \text{N/m}^2\times\frac{\text{Pa}}{\text{N/m}^2}=201880\ \text{Pa}=201.88\ \text{kPa}$$

핵심 체크 정지하고 있는 유체에 작용하는 힘인 압력의 특징

(1) 유체가 들어 있는 용기의 모양에 관계없이 압력은 항상 용기면에 직각으로 작용한다.
(2) 유체중의 한 점에 작용하는 압력은 모든 방향에서 동등하게 작용한다.
(3) 정지하고 있는 유체에 작용하는 압력은 유체가 들어 있는 용기의 모양에 관계없이 유체의 높이에 비례한다. ($P\propto h$)
(4) 정지하고 있는 유체에 작용하는 압력은 유체의 밀도에 따라 달라진다. ($P\propto\rho$)

예제 5-2

손목시계에 보면 3 atm water resistant라고 표기되어 있는 경우를 보게 된다. 이것은 물을 기준으로 했을 경우 몇 m에서도 안전하게 방수가 되는 것을 의미하는가?

풀이 $P=\rho gh$을 사용하여 h를 구하면 된다.

물의 경우 밀도(ρ)는 1.0 g/cm^3=1000 kg/m^{3}이다. 따라서 h를 구하면 다음과 같다.

먼저 주어진 압력 3 atm을 SI단위계인 N/m^{2}으로 환산하여 계산하면 편리하다.

$$3\ \text{atm}=3\ \text{atm}\times\frac{101.3\ \text{kPa}}{1\ \text{atm}}\times\frac{10^3\ \text{N/m}^2}{1\ \text{kPa}}=303.9\times10^3\ \text{N/m}^2$$

$P=\rho gh$에서 $h=\dfrac{P}{\rho g}$가 된다.

$$h=\frac{P}{\rho g}=\frac{303.9\times10^3\ \text{N/m}^2}{\frac{1000\ \text{kg}}{\text{m}^3}\times\frac{9.8\ \text{m}}{s^2}}=\frac{303.9\times10^3\ \text{N/m}^2}{9800\ \text{N/m}^3}=31.01\ \text{m}$$

즉, 물속 31.01 m 깊이까지는 방수가 된다는 의미이다.

핵심 체크 수압에 견디는 능력의 측정

앞서 살펴본 예제와 같이 시계의 방수 성능을 측정하기 위해서 일정한 깊이를 지니는 물속에 시계를 집어넣고 실험을 하는 것은 매우 불편한 일이다. 따라서 실제에서는 물의 높이와 같은 압력을 가하고 그 압력에 견디는 여부를 측정장치를 이용해서 측정한다.

앞서 살펴본 압력의 정의에 의하면 압력은 단위면적당 작용하는 힘으로 정의할 수 있는데, 이를 좀 더 구체적으로 살펴보기로 하자.

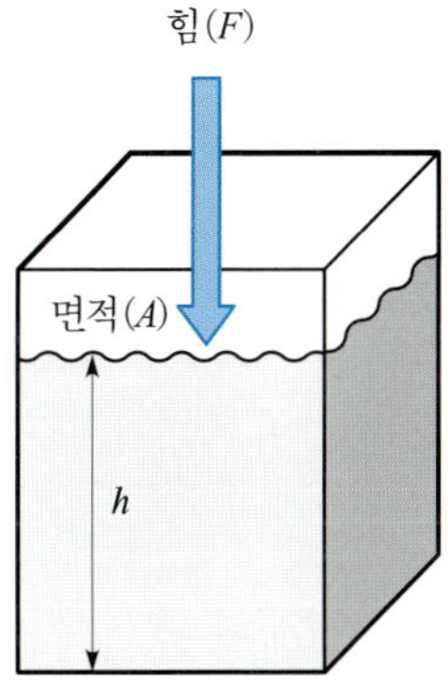

그림 5-8. 유체에 작용하는 힘

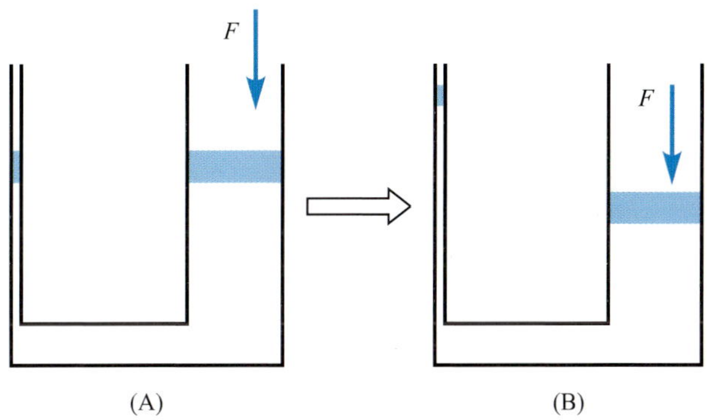

그림 5-9. 단위면적당 가해진 힘에 의한 액체의 높이변화

면적 A인 용기에 유체가 h 높이만큼 있을 때 위에서 힘 F가 균등하게 분포되어 작용한다면 겉으로 보기에 유체의 높이가 변화하거나 또는 유체의 높이는 변화하지 않고 다른 작용이 일어나기도 한다. 힘이 가해질 경우 유체의 높이 h가 변화 했다면 이 유체는 압축성 유체일 것이고, 유체의 높이가 변화하지 않았다면 이 유체는 비압축성 유체일 것이다. 압력을 단위면적(A)에 수직으로 작용하는 힘(F)으로 나타내서 압력 단위에는 힘의 단위(N, kg_f)가 들어가 있는 것이 주로 사용된다. 부차적으로 사용되는 압력의 단위로는 높이의 단위가 사용되고 있다.

그림 5-9에서 보는 바와 같이 단위면적당 가해진 힘을 압력으로 정의하면 그림 (A)에서는 힘 F가 일정한 면적에 가해지면 압력으로 작용하는데 그림 (B)에서 보는 바와 같이 압력의 영향으로 액체의 높이의 변화를 가져왔다.

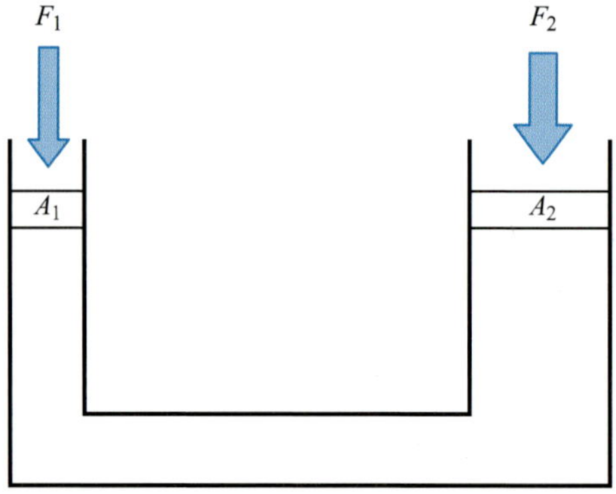

그림 5-10. 파스칼의 원리

다른 측면에서 이를 살펴보면 다음과 같다. 그림 5-10에서 보는 바와 같이 서로 직경이 다른 두 개의 관으로 연결된 밀폐된 공간에 채워진 유체에 힘을 가하면, 내부로 전달된 압력은 밀폐된 공간의 각 면에 동일한 압력으로 작용한다. 단면적이 A_1인 피스톤에 F_1의 힘을 가하면 A_1에 가해진 압력(P_1)이 유체를 통해 같은 압력(P_2)으로 단면적이 A_2인 피스톤에 F_2의 힘이 전달된다는 것이다. 힘과 압력의 관계식으로부터 $P=\dfrac{F}{A}$이므로 $P_1=\dfrac{F_1}{A_1}$이 되고 $P_2=\dfrac{F_2}{A_2}$가 된다. 이때 두 지점의 액체 높이가 같으므로 압력은 같다고 할 수 있다. 그러므로 $P_1=P_2$이므로 $\dfrac{F_1}{A_1}=\dfrac{F_2}{A_2}$가 되어 $F_2=F_1\dfrac{A_2}{A_1}$로 나타낼 수 있다.

따라서 F_2는 A_2/A_1의 면적 비만큼 큰 힘을 낼 수 있음을 알 수 있다. 즉, 좁은 면적에서는 작은 힘(F_1)을 가하더라도 전달되는 다른 쪽의 단면적을 넓히면 큰 힘으로 작용할 수 있음을 알 수 있다. 이러한 원리를 파스칼의 원리라고 한다.

핵심 체크 파스칼의 원리

좁은 면적에서는 작은 힘(F_1)을 가하더라도 전달되는 다른 쪽의 단면적을 넓히면 큰 힘으로 작용할 수 있다.

핵심 체크 연결된 관의 면적이 서로 다른 곳에 작용하는 힘의 관계

힘과 압력의 관계식으로부터 $P = \frac{F}{A}$이므로 $P_1 = \frac{F_1}{A_1}$이 되고 $P_2 = \frac{F_2}{A_2}$가 된다. 두 지점의 액체 높이가 같으므로 압력은 같다고 할 수 있으므로 $P_1 = P_2$이 된다.
$\frac{F_1}{A_1} = \frac{F_2}{A_2}$가 되어 $F_2 = F_1 \frac{A_2}{A_1}$로 나타낼 수 있다.

예제 5-3

그림에서 보는 바와 같이 원통형 관을 통해 액체가 들어 있다. 이 액체는 "1" 과 "2" 에서 높이가 서로 같게 유지되고 있다. "1" 에서의 직경이 3cm이고, "2" 에서의 직경이 10 cm 일 때 "1" 에서의 가해진 힘은 3.5 N이라면 "2" 에서의 가해진 힘은 몇 N인가?

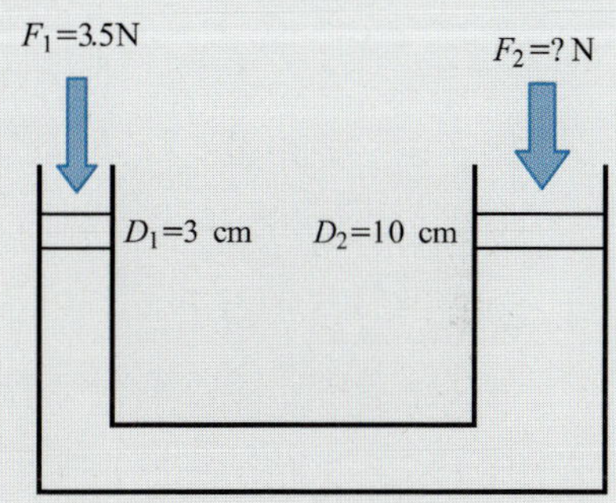

풀이 힘과 압력의 관계식으로부터 $P = F/A$이므로
$P_1 = F_1/A_1$이 되고 $P_2 = F_2/A_2$가 된다. 이때 두 지점의 액체 높이가 같으므로 압력은 같다고 할 수 있다.
그러므로 $P_1 = P_2$이므로 $F_1/A_1 = F_2/A_2$가 되어 $F_2 = F_1 \frac{A_2}{A_1}$로 나타낼 수 있다.

$A = \pi r^2 = \pi \left(\frac{D}{2}\right)^2 = \frac{\pi}{4} D^2$에서

$A_1 = \frac{\pi}{4} D_1^2 = \frac{\pi}{4} (3\ \text{cm})^2 = 7.065\ \text{cm}^2$

$A_2 = \frac{\pi}{4} D_2^2 = \frac{\pi}{4} (10\ \text{cm})^2 = 78.5\ \text{cm}^2$

따라서 $F_2 = F_1 \frac{A_2}{A_1} = 3.5\ \text{N} \times \frac{78.5\ \text{cm}^2}{7.065\ \text{cm}^2} = 38.89\ \text{N}$이 된다.

2 비압축성 유체의 정역학의 응용

여기서는 위에서 힘을 가해도 유체의 높이는 변화하지 않는 **비압축성 유체**의 경우에 대해 살펴보기로 하자. 비압축성 유체의 경우 단위면적당 작용하는 힘으로 인해 유체에

어떤 힘의 변화가 발생하게 될 것이다. 즉 유체 단위면적 당 작용한 힘이므로 이는 압력의 정의와 같다.

$$P(\text{압력}) = \frac{F(\text{힘})}{A(\text{면적})} \tag{5-1}$$

힘이 균등하게 분포 작용하지 않을 경우, 그 면적상의 임의의 미소면적 dA에 작용하는 힘 dF를 생각하여 압력의 평균치를 의미한다.

$$dP = \frac{dF}{dA} \tag{5-2}$$

압력은 단위면적에 작용하는 힘(F)으로, 정지되어 있는 유체에서는 어떤 형태로 작용하는지에 대해서 살펴보자. 앞서 압력에 대한 단위에 대해서 힘의 형태와 높이의 형태에 대해서 언급하였다.

그림 5-11에 보면 면적이 S이고 높이 Z_a인 용기에 밀도가 ρ인 유체가 들어 있다. 여기서 위에서 아래쪽 방향으로 $P+dP$의 압력이 작용하고 아래에서 위쪽 방향으로 P의 압력이 작용하는 유체의 미소구간 dZ에 작용하는 힘의 형태로부터 정지하고 있는 유체에 작용하는 힘의 형태에 대해 살펴보자.

정지상태의 유체에서 압력의 성질은 다음과 같은 특성을 나타낸다.

(1) 항상 용기면에 직각으로 작용한다.

(2) 유체 중의 한 점에 작용하는 압력은 모든 방향에서 동등하게 작용 한다.

높이 Z에 위치한 유체에 가해지는 힘은 중력 가속도에 의한 중력의 힘과 면적 S에 대하여 작용하는 압력값인 $P+dP$, 그리고 P에 의해서 생성되는 3가지 형태의 힘이 작용한다. 이들 힘에 대해 구체적으로 살펴보면 다음과 같다.

① 위쪽 방향으로 작용하는 압력 P에 의한 힘 $= PS$ (5-3)

② 아래쪽 방향으로 작용하는 압력 $P+dP$에 의한 힘 $= (P+dP)S$ (5-4)

③ 중력에 의하여 아래쪽 방향으로 작용하는 힘 $= mg = \rho Vg = \rho g(SdZ)$ (5-5)

여기서, P : 압력, dP : 압력변화
S : 면적, ρ : 밀도
g : 중력 가속도, dZ : 높이변화

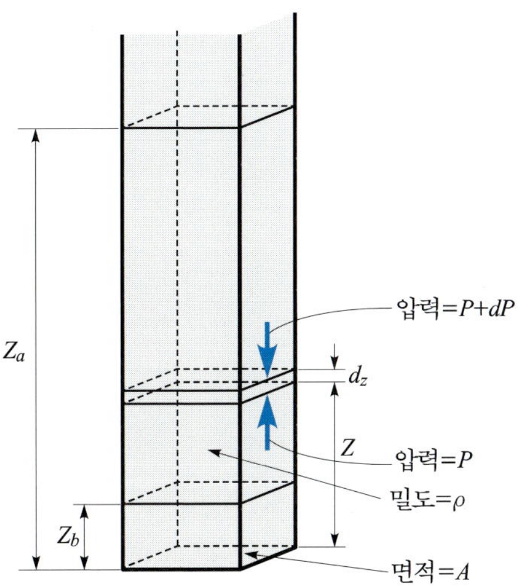

그림 5-11. 유체의 정역학적 거동

수직방향으로 있는 유체가 정지하고 있다는 것은 위에서 아래로 작용하는 힘과 아래에서 위로 작용하는 힘이 서로 같아서 평행하기 때문에 나타나는 현상이다. 즉, 그림 5-11에서 위로 작용하는 힘의 합은 아래로 작용하는 힘이 합과 같다.

그림에서 보면 위로 작용하는 힘은 PS이고, 아래로 작용하는 힘은 압력 힘 $(P+dP)S$와 중력에 의한 힘 $F=mg=\rho dVg=\rho SdZg$이므로 이 값을 정리하면 식 (5-6)과 같다.

$$PS-(P+dP)S-g\rho(SdZ)=0 \tag{5-6}$$

식 (5-6)을 정리하면

$$-dP-\rho gdZ=0 \tag{5-7}$$

식 (5-7)을 정리하면

$$dP+\rho gdZ=0 \tag{5-8}$$

이를 적분하여 정리하면

$$\int_{P_a}^{P_b} dP+\int_{Z_a}^{Z_b} \rho g\, dZ=0 \tag{5-9}$$

이 된다.

핵심 체크 정적분

$\int x^n dx = \frac{1}{n+1}x^{n+1}$이므로 $\int dx = \int x^0 dx = \frac{1}{0+1}x^{0+1} = x$가 된다.

따라서 $\int_{P_a}^{P_b} dP = P_b - P_a$가 된다.

유체의 밀도는 ρ로 일정하므로 식 (5-9)를 적분 계산하면 식 (5-10)과 같다.

$$(P_b - P_a) + \rho g(Z_b - Z_a) = 0 \quad (5\text{-}10)$$

로 나타낼 수 있다. 이렇게 구해진 식 (5-10)을 정리하면 식 (5-11)과 같다. 비중량(γ)과 밀도(ρ)의 관계 $\gamma = \rho g$로부터

$$P_b = P_a + \rho g(Z_b - Z_a) = P_a + \gamma(Z_b - Z_a)$$

$$\text{또는 } P_b - P_a = \rho g(Z_b - Z_a) = \gamma(Z_b - Z_a) \quad (5\text{-}11)$$

이 된다.

핵심 체크 정지하고 있는 유체에 작용하는 압력

(1) $P_b = P_a + \rho g(Z_b - Z_a) = P_a + \gamma(Z_b - Z_a)$

(2) $\Delta P = \rho g(\Delta Z) = \gamma(\Delta Z)$

높이를 h로 표시하는 경우에는 $\Delta P = \rho g(\Delta h) = \gamma(\Delta h)$로 표기한다.

핵심 체크 밀도(ρ)와 비중량(γ)의 관계

$\gamma = \rho g$

예제 5-4

뚜껑이 없는 깊이 15 m의 물탱크에 물이 75% 만큼 들어 있다. 이때 물탱크의 밑바닥에서의 압력은 몇 N/m^2인가?(이때 물탱크 윗부분에 작용하는 압력은 대기압이다.)

풀이 $P_b = P_a + \rho gh$을 사용하여 구할 수 있다.

15 m 물탱크에 물이 75% 만큼 들어 있으므로 물의 높이는 15 m×0.75 = 11.25 m이다.

물탱크에 들어 있는 액체가 물이므로 밀도(ρ)는 1 g/cm^3 = 1000 kg/m^{3}이다.

또한 뚜껑이 없는 물탱크의 윗부분에 작용하는 압력이 대기압이므로

$P_a = 101.3\ \text{kPa} = \dfrac{101300\ \text{N}}{\text{m}^2}$ 이다.

이 값을 이용하여 물탱크의 밑바닥에 작용하는 압력을 계산할 수 있다.

$$P_b = P_a + \rho gh = \frac{101300\ \text{N}}{\text{m}^2} + \frac{1000\ \text{kg}}{\text{m}^3} \times \frac{9.8\ \text{m}}{s^2} \times 11.25\ \text{m} \times \frac{1\ \text{N}}{1\ \text{kg}\cdot\text{m/s}^2}$$
$$= \frac{101300\ \text{N}}{\text{m}^2} + \frac{110250\ \text{N}}{\text{m}^2} = \frac{211550\ \text{N}}{\text{m}^2}$$

예제 5-5

개방된 유체 탱크에 깊이 4 m로 물이 들어 있고, 이 물위에 비중이 0.75인 기름이 깊이 3m의 높이로 떠 있다. 이때 물통 밑바닥에서의 압력은 몇 N/m^{2}인가?(단, 유체 상부 면에 작용하는 대기압에 대한 영향은 무시한다.)

풀이 물통에 물과 기름이 같이 들어 있으므로 물에 의한 압력값과 기름에 의한 압력값을 각각 고려하여야 한다.

따라서 $P_b = P_a + g(\rho_{\text{water}} h_{\text{water}} + \rho_{\text{oil}} h_{\text{oil}})$을 사용하여 구할 수 있다.

유체 탱크에 들어 있는 액체인 물의 밀도(ρ)는 1 g/cm^3 = 1000 kg/m^{3}이다.

유체 탱크에 들어 있는 액체인 기름의 밀도(ρ)는 0.75 g/cm^3 = 750 kg/m^{3}이다.

또한 탱크 윗부분에 작용하는 압력인 대기압에 의한 영향은 무시할 수 있으므로 $P_a = 0$이다.

$P_b = P_a + g(\rho_{\text{water}} h_{\text{water}} + \rho_{\text{oil}} h_{\text{oil}})$에서 물과 기름에 의한 압력 값을 각각 계산하면

$$P_{\text{water}} = gh_{(\text{water})}\rho_{(\text{water})} = \frac{1000\ \text{kg}}{\text{m}^3} \times \frac{9.8\ \text{m}}{\text{s}^2} \times 4\ \text{m} \times \frac{1\ \text{N}}{1\ \text{kg}\cdot\text{m/s}^2} = 39200\ \text{N/m}^2$$

$$P_{\text{oil}} = gh_{(\text{oil})}\rho_{(\text{oil})} = \frac{750\ \text{kg}}{\text{m}^3} \times \frac{9.8\ \text{m}}{s^2} \times 3\ \text{m} \times \frac{1\ \text{N}}{1\ \text{kg}\cdot\text{m/s}^2} = \frac{22050\ \text{N}}{\text{m}^2}$$

$$P_b = \frac{g}{g_c}(\rho_{\text{water}} h_{\text{water}} + \rho_{\text{oil}} h_{\text{oil}}) = 39200\ \text{N/m}^2 + 22050\ \text{N/m}^2 = 61250\ \text{N/m}^2$$

예제 5-6

유체가 들어 있는 탱크의 바닥면으로부터 25 m인 지점까지 유체가 차 있다. 유체에 의해 유체의 아랫부분에 가해진 압력이 2.85 kg$_f$/cm^2 일 때의 유체의 비중량은 몇 kg$_f$/m^{3}인가?

풀이 $\Delta P = P_b - P_a = g\rho h$을 사용하여 구할 수 있다.

액면으로부터 25 m인 지점에서의 압력이 2.85 kg$_f$/cm^{2}이므로

$\Delta P = P_b - P_a = g\rho h$에서 비중량 $\rho g (=\gamma)$은

$$\gamma = \rho g = \frac{\Delta P}{h} = \frac{\dfrac{2.85\ \text{kg}_f}{\text{cm}^2} \times \left(\dfrac{100\ \text{cm}}{1\ \text{m}}\right)^2}{25\ \text{m}} = \frac{1140\ \text{kg}_f}{\text{m}^3}$$

유체가 정지하고 있으면 물체에 작용하는 에너지 중 운동에너지는 0이 되고, 위치에너지가 영향을 준다. 이처럼 정지하고 있는 유체는 높이(h)와 중력 가속도(g)에 의해 생성된 힘(F)이 밑면에 작용하는데, 이렇게 생성된 압력을 정압(static pressure)이라고 한다.

정지된 유체에 의해서 작용하는 정압에 대해서 살펴보면 다음과 같다.

질량이 m이고 밀도가 ρ인 유체가 정지되어 있을 때 생성된 중력에 의한 힘은 $F=mg$가 된다.

따라서 압력 $P=\dfrac{mg}{A}$로 나타낼 수 있다.

유체의 질량이 m이고, 밀도가 ρ이므로 유체의 질량 $m=\rho V=\rho Ah$로 나타내며

$$P=\frac{mg}{A}=\frac{\rho Ah}{A}g=\rho gh=\gamma h \tag{5-12}$$

가 된다.

핵심 체크 유체역학에서 정압

정지하여 있는 유체에 중력 가속도가 작용하여 생기는 힘에 의하여 그 밑면에 미치는 압력을 정압(static pressure)이라 한다.

이때 유체가 밀폐된 계(system)가 아니라 개방된 계에 있다면 유체 상부에는 대기압이 작용하게 된다. 그러므로 밀도가 ρ인 유체에서 수심이 h인 지점에 작용하는 압력은 대기압과 유체의 수심에 의해서 작용된 압력의 합으로 나타낼 수 있다. 이것을 식으로 나타내면 식 (5-13)과 같다.

$$P=P_w+P_a=\gamma h+P_a \tag{5-13}$$

여기서, P_w : 수심 h인 곳에서의 압력

P_a : 대기압

γ : 비중량

h : 유체의 높이

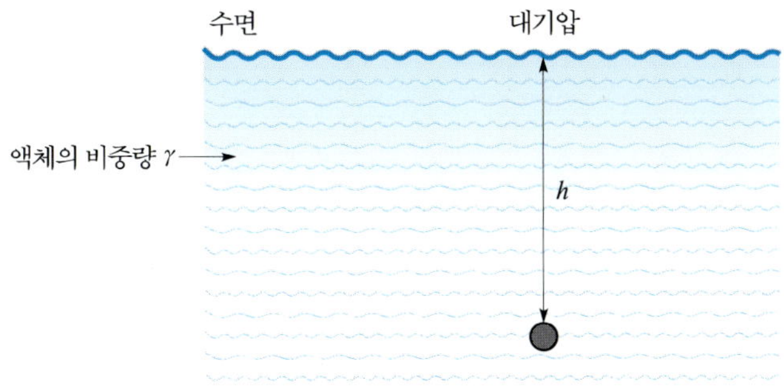

그림 5-12. 수심과 압력의 관계

예제 5-7

호수 수면으로부터 25 m 깊은 곳의 압력을 kPa 단위로 구하시오. 이때의 대기압은 101.3 kPa이며, 호수의 비중은 1.05이다.

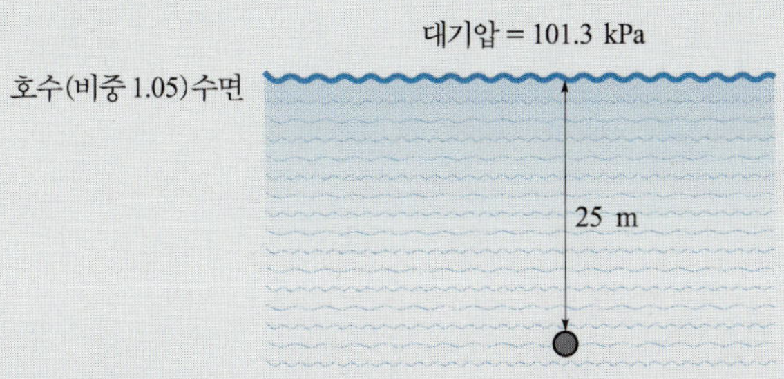

풀이 $P = P_a + P_w = P_a + \rho gh$

$$P = 101.3\ \text{kPa} + \frac{1050\ \text{kg}}{\text{m}^3} \times \frac{9.8\ \text{m}}{\text{s}^2} \times 25\ \text{m} \times \frac{1\,\text{N}}{1\,\text{kg}\cdot\text{m/s}^2} \times \frac{1\,\text{kPa}}{10^3\ \text{N/m}^2} = 358.55\ \text{kPa}$$

3 압축성 유체의 정역학의 응용

정지된 유체에 의해 발생하는 힘에 의해 생성된 압력인 $\Delta P = \rho g Z$ 또는 $\Delta P = \rho g h$를 활용하여 정지된 유체에 작용하는 다음과 같은 몇 가지 응용적인 측면을 살펴보기로 하자. 온도가 일정하게 유지되는 등온상태의 높이의 변화가 압력에 미치는 영향을 살펴보면 다음과 같다. 유체의 밀도가 ρ이고, 액주의 높이변화가 Δh라고 하면 $\Delta P = \rho g \Delta h$가 된다. 이 식을 적분형태로 나타내면 다음과 같다.

$$\int_{P_a}^{P_b} dP + \int_{h_a}^{h_b} \rho g dh = 0$$

이 식을 이용하여 압축성 유체의 높이변화(Δh)가 압력변화(ΔP)에 미치는 영향에 대해 살펴보면 다음과 같다.

유체의 특성에 대한 설명에서 압축성 유체는 외부에서 힘이 가해지면 부피가 변화하는 유체라고 하였다. 즉, 압축성 유체는 밀도가 일정하지 않은 유체라고 할 수 있다. 이처럼 압축성 특징을 갖는 유체는 주로 공기와 같은 기체가 해당된다.

여기서 공기와 같은 기체의 밀도(ρ)를 구하는 방법에 대해서 살펴보면, 이상기체 상태방정식 $PV = \frac{m}{M}RT$로부터 밀도$\left(\rho = \frac{m}{V}\right)$는 다음과 같다.

$PVM = mRT$이므로

$$PM = \frac{m}{V}RT = \rho RT$$

$\rho = \frac{PM}{RT}$이 된다.

밀도 값을 $\int_{P_a}^{P_b} dP + \int_{h_a}^{h_b} \rho g dh$에 대입하면 $\int_{P_a}^{P_b} dP + \frac{PMg}{RT}\int_{h_a}^{h_b} dh$가 된다.

이 식을 적분하면

$$dP + \frac{PMg}{RT}dh = 0 \tag{5-14}$$

이 되며 압축성 기체에서 높이변화(dh)에 따른 압력변화(dP)를 나타낸다.

높이가 h_a인 지점에서의 압력을 P_a라 하고, 높이가 h_b인 지점에서의 압력을 P_b라 하면 이 식은 식 (5-15)와 같다.

$$\int_{P_a}^{P_b} \frac{dP}{P} + \int_{h_a}^{h_b} \frac{Mg}{RT} dh = 0 \tag{5-15}$$

식 (5-15)를 다시 정리하면

$$\int_{P_a}^{P_b} \frac{dP}{P} + \frac{Mg}{RT}\int_{h_a}^{h_b} dh = 0 \tag{5-16}$$

이 된다.

핵심체크 이상기체 상태방정식과 기체의 밀도

(1) 이상기체 상태방정식 : $PV = nRT = \dfrac{m}{M}RT$

(2) 기체의 밀도 : $\rho = \dfrac{PM}{RT}$

여기서 P : 압력, V ; 부피, T : 절대온도, n : 몰수, m : 질량, M : 분자량

이 식을 기압방정식(Barometric equation)이라 하며, 높이변화에 따른 압력변화를 측정하는 중요한 식이다. 기체의 외부 온도가 변화가 없는 등온상태의 경우에는 $\int_{P_a}^{P_b} \dfrac{dP}{P} + \int_{h_a}^{h_b} \dfrac{Mg}{RT} dh = 0$에서 T가 일정하므로 이 식을 식 (5-17)과 같이 나타낼 수 있다.

$$\ln\left(\frac{P_b}{P_a}\right) + \frac{Mg}{RT}(h_b - h_a) = \text{일정} \tag{5-17}$$

핵심체크 관련 적분 공식

$\int \dfrac{dx}{x} = \ln x + c$이므로 $\int_{P_a}^{P_b} \dfrac{dP}{P} = \ln\left(\dfrac{P_b}{P_a}\right)$이 되고,

$\int x^n dx = \dfrac{x^{n+1}}{n+1} + c$이므로 $\dfrac{Mg}{RT}\int_{h_a}^{h_b} dh = \dfrac{Mg}{RT}(h_b - h_a)$이 된다.

$$\frac{P_b}{P_a} = \exp\left[-\frac{Mg}{RT}(h_b - h_a)\right] \tag{5-18}$$

$$P_b = P_a \exp\left[-\frac{Mg}{RT}(h_b - h_a)\right]$$

$$P_b = P_a \exp\left[\frac{Mg}{RT}(h_a - h_b)\right] \tag{5-19}$$

가 된다.

핵심 체크 기압방정식

기압방정식은 압축성 유체가 등온상태에서 높이변화에 따른 압력의 변화 값을 측정하는데 널리 사용되는 방정식이다.

$$P_b = P_a \exp\left[\frac{Mg}{RT}(h_a - h_b)\right]$$

예제 5-8

지구표면에서의 공기의 온도는 25℃로 유지되고 있으며, 압력은 표준대기압의 값을 가진다. 고도가 증가하는 경우 온도는 자연 감율에 따라 100 m 고도가 증가함에 따라 1℃ 온도가 감소한다고 한다. 지상으로부터 1500 m되는 지점에서의 압력은 어떻게 되는가?

풀이 기압방정식은 높이변화에 따른 압력의 변화값을 측정하는데 널리 사용되는 방정식이다.

$P_b = P_a \exp\left[\frac{Mg}{RT}(h_a - h_b)\right]$ 에서 주어진 조건에서 온도는 자연 감률에 따라 감소하므로 15℃가 감소하여 1500 m 고도에서는 10℃가 된다.

P_a: 1atm, M: 29 kg/kmole, g : 9.8 m/s², T=10℃=283 K, $h_a - h_b$: −1500 m가 된다.

이 값을 이용하여 압력을 계산하면 다음과 같다.

$$P_b = P_a \exp\left[\frac{Mg}{RT}(h_a - h_b)\right] = 1\ \text{atm} \times \exp\left[\frac{\frac{29\ \text{kg}}{\text{kmole}} \times \frac{9.8\ \text{m}}{\text{s}^2}}{R \times 283\ \text{K}} \times (-1500\ \text{m})\right]$$

여기서 기체상수 값인 R에 대해서 살펴보기로 하자.

$$R = \frac{PV}{T} = \frac{1\ \text{atm} \times \frac{22.4\ \text{m}^3}{\text{kmole}}}{273\ \text{K}} \text{ 이다.}$$

이 값으로부터 1 atm = 101.3 kPa이므로

$$1\ \text{atm} = 101.3\ \text{kPa} = 101.3\ \text{kPa} \times \frac{10^3\ \text{N/m}^2 \times \text{kg} \cdot \text{m/s}^2/\text{N}}{\text{kPa}} = 101.3 \times 10^3\ \text{kg} \cdot \text{m/s}^2 \times \frac{1}{\text{m}^2}$$

따라서

$$R = \frac{PV}{T} = \frac{101.3 \times 10^3\ \text{kg} \cdot \text{m}/s^2 \times \frac{1}{\text{m}^2} \times 22.4\ \text{m}^3/\text{kmole}}{273\ \text{K}} = 8311.8\ \text{kg}/s^2 \times \text{m}^2/\text{kmole} \cdot \text{K}$$

그러므로

$$P_b = P_a \exp\left[\frac{Mg}{RT}(h_a - h_b)\right] = 1\ \text{atm} \times \exp\left[\frac{\frac{29\ \text{kg}}{\text{kmole}} \times \frac{9.8\ \text{m}}{\text{s}^2}}{8311.8\ \frac{\text{kg}}{s^2} \times \frac{\text{m}^2}{\text{kmole} \cdot \text{K}} \times 283\ \text{K}} \times (-1500\ \text{m})\right]$$

$$P_b = P_a \exp\left[\frac{Mg}{RT}(h_a - h_b)\right] = 1\ \text{atm} \times \exp[-0.1812] = 0.834\ \text{atm} \text{ 이다.}$$

핵심 체크 기압방정식에서 기체상수 R

$$R = \frac{PV}{T} = \frac{101.3 \times 10^3 \ \frac{\text{kg} \cdot \text{m}}{s^2} \times \frac{1}{\text{m}^2} \times \frac{22.4 \ \text{m}^3}{\text{kmole}}}{273 \ \text{K}} = 8311.8 \ \frac{\text{kg}}{s^2} \times \frac{\text{m}^2}{\text{kmole} \cdot \text{K}}$$

연습문제

01 정지하고 있는 유체에 작용하는 압력의 특징에 관한 설명으로 올바르지 않은 것은 어느 것인가?

① 유체가 들어 있는 용기의 모양에 관계없이 항상 용기면에 직각으로 작용한다.
② 유체 중의 한 점에 작용하는 압력은 모든 방향에서 동등하게 작용 한다.
③ 정지하고 있는 유체에 작용하는 압력은 유체가 들어 있는 용기의 모양과 유체의 높이에 비례한다.
④ 정지하고 있는 유체에 작용하는 압력은 유체의 물성(밀도)에 따라 달라진다.

해설 정지하고 있는 유체에 작용하는 힘인 압력의 특징은 다음과 같다.
(1) 유체가 들어 있는 용기의 모양에 관계없이 항상 용기면에 직각으로 작용한다.
(2) 유체 중의 한 점에 작용하는 압력은 모든 방향에서 동등하게 작용 한다.
(3) 정지하고 있는 유체에 작용하는 압력은 유체가 들어 있는 용기의 모양에 관계없이 유체 의 높이에 비례한다.
(4) 정지하고 있는 유체에 작용하는 압력은 유체의 물성(밀도)에 따라 달라진다. ③

02 다음의 설명 중 올바르지 않은 것은 어느 것인가?

① 정지된 유체 중에서 한 점에 작용하는 압력은 항상 접하는 면에 수직으로 작용한다.
② 정지된 유체 중에서 한 점에 작용하는 압력은 모든 방향에서 균일 하게 작용한다.
③ 정지된 유체 는 전단응력에 의한 영향을 받지 않는다.
④ 정지된 유체 는 마찰력에 의한 영향을 받는다.

해설 정지하고 있는 유체는 전단응력 및 마찰력의 영향을 받지 않는다. ④

03 다음의 설명 중에서 정지하고 있는 유체 중에 작용하는 정수압에 대한 설명으로 올바르지 않은 것은 어느 것인가?

① 한 점에 작용하는 정수압은 작용하는 방향에 따라서 그 크기가 서로 다르다.
② 정수압은 물체의 면에 항상 직각으로 작용한다.
③ 정수압은 단위면적에 작용하는 압력의 크기로 나타낸다.
④ 정수압의 크기는 물체가 잠겨있는 깊이에 비례한다.

해설 한 점에 작용하는 정수압의 크기는 방향에 관계없이 그 크기가 일정하다. ①

04 호수의 수면으로부터 수직방향으로 25 m 위치에 물체가 가라앉아 있다. 이 물체에 가해지는 압력은 몇 N/m^2인가? (단, 호수의 비중은 1.05이고 호수 수면에 대기로부터 가해지는 압력이 수면아래 물체에 미치는 영향은 무시할 정도이다.)

해설 호수 수면에 대기로부터 가해지는 압력이 수면아래 물체에 미치는 영향은 무시할 정도이므로 호수 수면아래 있는 물체에 가해진 압력은 다음과 같다.

즉, $P=P_a+P_w=P_a+\rho gh$에서 대기압 $P_a=0$이므로 $P=\rho gh$을 사용하여 구할 수 있다. 비중이 1.05인 해수면으로부터 25 m 지점에 물체가 있으므로 다음과 같이 계산한다. 비중이 1.05인 해수의 밀도(ρ)는 1.05 g/cm^3=1050 kg/m^{3}이다.
따라서 h=25 m이므로

$$P=\rho gh=\frac{1050\ \text{kg}}{\text{m}^3}\times\frac{9.8\ \text{m}}{\text{s}^2}\times 25\ \text{m}=\frac{257250\ \text{kg}\cdot\text{m}}{\text{m}^2\cdot\text{s}^2}\times\frac{1\ \text{N}}{1\ \text{kg}\cdot\text{m/s}^2}=\frac{257250\ \text{N}}{\text{m}^2}$$

05 아래 그림에서 보는 바와 같이 호수의 수면으로부터 수직방향으로 20 m 위치에 물체가 가라앉아 있다. 이 물체에 가해지는 압력은 몇 N/m^{2}인가? 단 호수의 비중은 1.02이고 호수 수면에 대기로부터 가해지는 압력이 101.3 kPa 이며, 이 압력이 호수 수면아래에 있는 물체에 영향을 주고 있다.

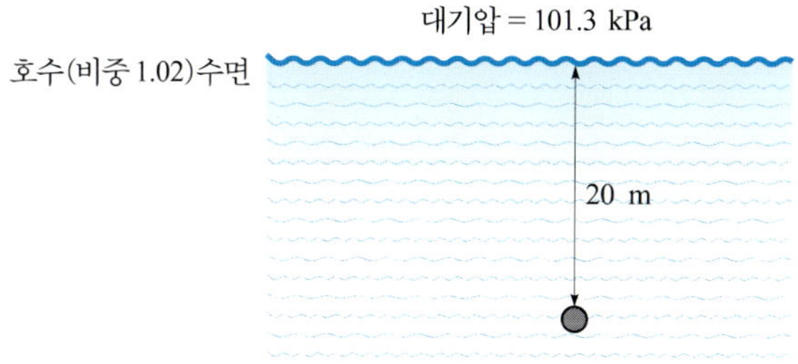

해설 호수의 아랫부분에 가라앉은 물체에는 호수의 높이에 의한 압력과 대기로부터 호수 수면에 가해진 압력 등 2가지가 영향을 미친다. 즉, $P=P_a+P_w=P_a+\rho gh$로 나타낼 수 있다.

(1) 호수의 높이에 의해 물체에 가해진 압력
비중이 1.02인 해수면으로부터 20 m 지점에 물체가 있으므로 다음과 같이 계산한다. 비중이 1.02인 해수의 밀도(ρ)는 1.02 g/cm^3=1020 kg/m^{3}이다. 따라서 h=20 m이므로

$$P=\rho gh=\frac{1020\ \text{kg}}{\text{m}^3}\times\frac{9.8\ \text{m}}{\text{s}^2}\times 20\ \text{m}$$
$$=\frac{199920\ \text{kg}\cdot\text{m}}{\text{m}^2\cdot\text{s}^2}\times\frac{1\ \text{N}}{1\ \text{kg}\cdot\text{m/s}^2}$$
$$=\frac{199920\ \text{N}}{\text{m}^2}$$

(2) 대기압은

$$P=101.3\ \text{kPa}=101.3\,\text{kPa}\times\frac{10^3\ \text{N/m}^2}{1\text{kPa}}=\frac{101300\ \text{N}}{\text{m}^2}$$

따라서 호수 수면아래 물체에 가해진 압력은

$$P=P_a+P_w=\frac{101330\ \text{N}}{\text{m}^2}+\frac{199920\ \text{N}}{\text{m}^2}=\frac{301220\ \text{N}}{\text{m}^2}$$

연습문제

06 그림에서 보는 바와 같이 원통형 관을 통해 액체가 들어 있다. 이 액체가 평형을 이루게 하기 위해 지점 "2"에서 가해주어야 하는 힘은 몇 kg_f인가?

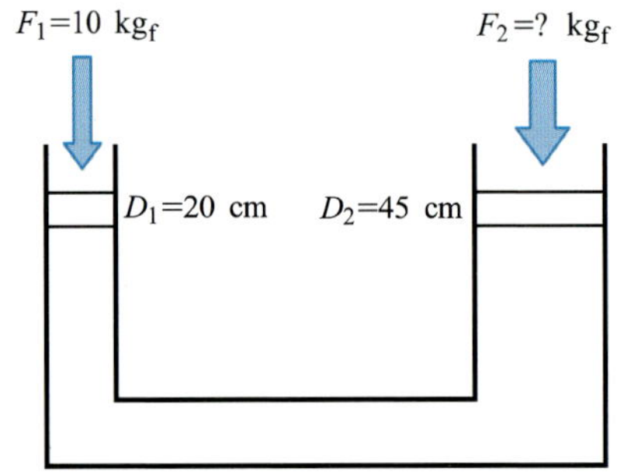

해설 힘과 압력의 관계식으로부터 $P = \dfrac{F}{A}$ 이므로 $P_1 = \dfrac{F_1}{A_1}$ 이 되고 $P_2 = \dfrac{F_2}{A_2}$ 가 된다. 이때 두 지점의 액체 높이가 같으므로 압력은 같다고 할 수 있다.

그러므로 $P_1 = P_2$ 이므로 $\dfrac{F_1}{A_1} = \dfrac{F_2}{A_2}$ 가 되어 $F_2 = F_1 \dfrac{A_2}{A_1}$ 로 나타낼 수 있다.

$A = \pi r^2 = \pi \left(\dfrac{D}{2}\right)^2 = \dfrac{\pi}{4} D^2$ 에서

$A_1 = \dfrac{\pi}{4} D_1^2 = \dfrac{\pi}{4}(0.2\ \text{m})^2 = 0.0314\ \text{m}^2$, $A_2 = \dfrac{\pi}{4} D_2^2 = \dfrac{\pi}{4}(0.45\ \text{m})^2 = 0.159\ \text{m}^2$

따라서 $F_2 = F_1 \dfrac{A_2}{A_1} = 10\ \text{kg}_f \times \dfrac{0.159\ \text{m}^2}{0.0314\ \text{m}^2} = 50.63\ \text{kg}_f$ 이 된다.

07 그림에서 보는 바와 같이 원통형 관을 통해 액체가 들어 있다. 이 액체가 평형을 이루고 있는 상태에서 A 지점에서 힘을 가해 액체가 아래쪽으로 10 cm만큼 이동하였다. 이때 B 지점에서 액체의 상승높이는 몇 cm인가?

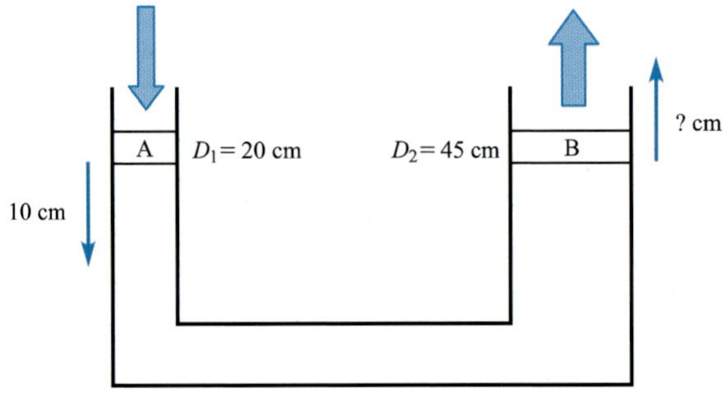

해설 원형 관 속에 있는 액체가 힘의 평형을 이루고 있는 상태에서 어느 한쪽에 힘이 가해지면 A 지점에서의 부피변화 만큼 B 지점에서도 부피변화가 발생하게 된다.

따라서 $A_A \times 10\ \text{cm} = A_B \times x\ \text{cm}$ 이 된다.

$$x\ \text{cm} = \frac{A_A \times 10\ \text{cm}}{A_B}$$

$$A = \pi r^2 = \pi\left(\frac{D}{2}\right)^2 = \frac{\pi}{4}D^2$$에서

$$A_A = \frac{\pi}{4}D_A^2 = \frac{\pi}{4}(0.2\ \text{m})^2 = 0.0314\ \text{m}^2,\ A_B = \frac{\pi}{4}D_B^2 = \frac{\pi}{4}(0.45\ \text{m})^2 = 0.159\ \text{m}^2$$

따라서 $x\ \text{cm} = 10\ \text{cm} \times \frac{A_A}{A_B} = 10\ \text{cm} \times \frac{0.0314\ \text{m}^2}{0.159\ \text{m}^2} = 1.975\ \text{cm}$이 된다.

08 물탱크의 상부는 뚜껑을 이용하여 닫혀 있으며 물탱크의 전체 크기는 직경이 3 m이고 높이가 20 m이다. 이 물탱크에 물이 절반만 채워 있다. 이때 이 물탱크의 하부에 가해지는 압력은 몇 kPa인가?

해설 $P_b = P_a + \rho gh$을 사용하여 구할 수 있다. 물탱크 상부는 뚜껑을 이용해서 닫혀 있으므로 대기압이 물탱크에 있는 물의 상부에 미치는 영향은 거의 없다고 할 수 있다. 그러므로 $P_b = P_a + \rho gh$에서 $P_a = 0$이므로 $P_b = \rho gh$가 된다.

20 m 물탱크에 물이 절반(50%) 만큼 들어 있으므로 물의 높이는 $20\ \text{m} \times 0.5 = 10\ \text{m}$이다.

물탱크에 들어 있는 액체가 물이므로 밀도(ρ)는 1 g/cm^3=1000 kg/m^{3}이다.

이 값을 이용하여 물탱크의 밑바닥에 작용하는 압력을 계산할 수 있다.

$$P = \rho gh = \frac{1000\ \text{kg}}{\text{m}^3} \times \frac{9.8\ \text{m}}{\text{s}^2} \times 10\ \text{m} = \frac{98000\ \text{kg}\cdot\text{m}}{\text{m}^2\cdot\text{s}^2} \times \frac{1\ \text{N}}{1\ \text{kg}\cdot\text{m/s}^2} = \frac{98000\ \text{N}}{\text{m}^2}$$

$$P = \rho gh = \frac{98000\ \text{N}}{\text{m}^2} = \frac{98000\ \text{N}}{\text{m}^2} \times \frac{\text{Pa}}{\text{N/m}^2} = 98000\ \text{Pa} = 98\ \text{kPa}$$

09 밀폐된 저장탱크에 액체인 유기용제 A가 들어 있다. 유기용제의 표면과 탱크의 상부 사이에는 공기가 채워져 있는데, 이때 공기의 압력은 2.8 kg$_f$/cm^{2}이다. 저장탱크 중에 유기용제 A는 4 m 높이로 있고 탱크 밑 부분에서의 압력은 298 kPa이라면 액체 유기용제 A의 비중은 얼마인가?

해설 $P_b = P_a + \rho gh$을 사용하여 구할 수 있다. 저장탱크는 밀폐되어 있고 탱크에는 유기용제 A와 공기가 들어 있는데 공기에 의한 압력은 2.8 kg$_f$/cm^{2}이다. $P_b = P_a + \rho gh$에서 $P_a = \frac{2.8\ \text{kg}_f}{\text{cm}^2}$이다.

유기용제 A의 높이는 4 m이며 탱크 밑 부분에서의 압력은 298 kPa이다. 이 값을 이용하여 유기용제 A의 비중량을 구할 수 있다.

$P = P_{air} + g\rho h$에서 비중량 $g\rho(=\gamma)$은

$$\gamma = \rho g = \frac{P - P_{\text{air}}}{h} = \frac{\left(298\ \text{kPa} \times \frac{\frac{\text{N}}{\text{m}^2} \times \frac{1\ \text{kg}_f}{9.8\ \text{N}}}{\text{Pa}}\right) - \left(\frac{2.8\ \text{kg}_f}{\text{cm}^2} \times \left[\frac{100\ \text{cm}}{1\ \text{m}}\right]^2\right)}{4\ \text{m}} = 602.04\frac{\text{kg}_f}{\text{m}^3}$$

액체 유기용제 A의 비중량이 602.04 kg$_f$/m^{3}이고 물의 비중량은 1000 kg$_f$/m^{3}이므로 이 값으로부터 액체 유기용제 A의 비중을 계산할 수 있다.

액체 유기용제 A의 비중은 $\dfrac{602.04\ \text{kg}_f/\text{m}^3}{1000\ \text{kg}_f/\text{m}^3} = 0.602$

10 개방된 높이 10 m의 유체 탱크에 비중이 1.05인 유체 A가 5 m 들어 있고, 그 위에 비중이 0.83인 유체 B가 2.5 m의 높이로 들어 있다. 이때 유체 저장탱크 밑바닥에서의 압력은 몇 N/m^2인가? (단, 유체 상부 면에 작용하는 대기압에 대한 영향은 무시한다.)

해설 물통에 비중이 1.05인 유체 A와 비중이 0.83인 유체 B가 들어 있으므로 유체 A에 의한 압력과 유체 B에 의한 압력을 각각 고려하여야 한다.
따라서 $P = P_a + g(\rho_A h_A + \rho_B h_B)$을 사용하여 구할 수 있다.
유체 탱크에 들어 있는 유체 A의 밀도(ρ)는 1.05 g/cm^3=1050 kg/m^3이다.
유체 탱크에 들어 있는 유체 B의 밀도(ρ)는 0.83 g/cm^3=830 kg/m^3이다.
또한 탱크 윗부분에 작용하는 압력인 대기압은 무시하므로 $P_a = 0$이다.
$P = P_a + g(\rho_A h_A + \rho_B h_B)$에서 유체 A와 유체 B에 의한 압력 값을 각각 계산하면

$$P = P_a + g(\rho_A h_A + \rho_B h_B) = \frac{1050\ \text{kg}}{\text{m}^3} \times \frac{9.8\ \text{m}}{\text{s}^2} \times 5\ \text{m} + \frac{830\ \text{kg}}{\text{m}^3} \times \frac{9.8\ \text{m}}{\text{s}^2} \times 2.5\ \text{m}$$

$$P = P_a + g(\rho_A h_A + \rho_B h_B) = \frac{51{,}450\ \text{kg}\cdot\text{m/s}^2}{\text{m}^2} + \frac{20{,}335\ \text{kg}\cdot\text{m/s}^2}{\text{m}^2} = \frac{71{,}785\ \text{kg}\cdot\text{m/s}^2}{\text{m}^2}$$

$$P = \frac{71{,}785\ \text{kg}\cdot\text{m/s}^2}{\text{m}^2} = \frac{71{,}785\ \text{kg}\cdot\text{m/s}^2}{\text{m}^2} \times \frac{1\ \text{N}}{1\ \text{kg}\cdot\text{m/s}^2} = \frac{71{,}785\ \text{N}}{\text{m}^2}$$

11 그림과 같이 물이 가득찬 물탱크가 있다. B지점에서의 압력은 몇 kPa인가?

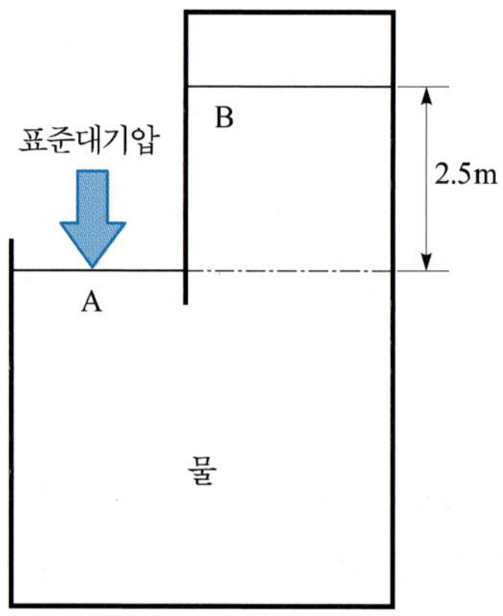

해설 물탱크의 B 지점은 지점 A의 표준 대기압보다 압력이 낮아져서 수면이 상승한 상태이다.
따라서 $P_B = P_A - g\rho_{\text{water}} h_{\text{water}}$을 사용하여 구할 수 있다.
물탱크 중의 물의 밀도(ρ)는 1 g/cm^3=1000 kg/m^3이다.
또한 탱크 윗부분에 작용하는 압력은 표준 대기압이므로 $P_a = 1\ \text{atm} = 101.3\ \text{kPa}$이다.
$P_B = P_A - g\rho_{\text{water}} h_{\text{water}}$에서 유체 A와 물에 의한 압력 값을 각각 계산하면

$$P=P_A-g\rho_{water}h_{water}=101.3\ \text{kPa}-\frac{1000\ \text{kg}}{\text{m}^3}\times\frac{9.8\ \text{m}}{\text{s}^2}\times 2.5\ \text{m}=101.3\ \text{kPa}-\frac{24500\ \text{N}}{\text{m}^2}$$

$$P=101.3\ \text{kPa}-\frac{24500\ \text{N}}{\text{m}^2}=101.3\ \text{kPa}-24.5\ \text{kPa}=76.8\ \text{kPa}$$

12 깊이가 20 m인 액체 저장탱크에 액체 A가 80% 들어 있다. 액체 A에 의해 탱크 밑면에 가해진 압력이 1.4 kg_f/cm^2일 때 이 액체의 비중량은 몇 kg_f/m^3인가?

해설 $\Delta P=P_b-P_a=g\rho h$을 사용하여 구할 수 있다.
깊이가 20 m인 탱크에 80% 액체가 들어 있으므로 액체의 높이는 16 m이다. 즉, 액면으로부터 16 m 아래 지점에서 액체에 의해 주어진 압력이 1.4 kg_f/cm^2이므로
$\Delta P=P_b-P_a=g\rho h$에서 비중량 $g\rho(=\gamma)$은

$$\gamma=\rho g=\frac{\Delta P}{h}=\frac{\frac{1.4\ \text{kg}_f}{\text{cm}^2}\times\left(\frac{100\ \text{cm}}{1\ \text{m}}\right)^2}{16\ \text{m}}=\frac{875\ \text{kg}_f}{\text{m}^3}$$

13 깊이가 30 m인 액체 저장탱크에 밀도가 1200 kg/m^3인 액체 A가 들어 있다. 액체 A에 의해 탱크 밑면에 가해진 압력이 30.5 kPa일 때 대기압이 탱크에 주는 영향은 무시할 수 있다면 액체 A의 저장 높이는 몇 m인가?

해설 $\Delta P=P_b-P_a=g\rho h$을 사용하여 구할 수 있다.
깊이가 30 m인 탱크에 밀도가 1200 kg/m^3인 액체가 들어 있다. 이 액체에 의해 탱크 밑면이 받는 압력이 30.5 kPa=30500 Pa(=N/m^2)이므로 $\Delta P=P_b-P_a=g\rho h$에서 액체의 높이 h는
$h=\frac{P}{g\rho}=\frac{P}{\gamma}$에서 액체의 밀도가 1200 kg/m^3이므로 비중량은 다음과 같다.

$$\gamma=\rho g=\frac{1200\ \text{kg}}{\text{m}^3}\times\frac{9.8\ \text{m}}{\text{s}^2}\times\frac{1\ \text{kg}_f}{9.8\ \text{N}}=\frac{1200\ \text{kg}_f}{\text{m}^3}$$ 가 되므로

$$h=\frac{P}{g\rho}=\frac{P}{\gamma}=\frac{\frac{30500\ \text{N}}{\text{m}^2}\times\frac{1\ \text{kg}_f}{9.8\ \text{N}}}{\frac{1200\ \text{kg}_f}{\text{m}^3}}=2.59\ \text{m}$$

14 산으로 올라갈수록 온도는 낮아지고 압력도 낮아지는 현상이 발생한다. 고도가 1950 m인 한라산을 등반하여 정상에서의 온도가 13℃라고 하면 정상에 올라갔을 때 압력은 어떻게 변화하는가?

해설 기압방정식은 높이변화에 따른 압력의 변화값을 측정하는데 널리 사용되는 방정식이다.
$P_b=P_a\exp\left[\frac{Mg}{RT}(h_a-h_b)\right]$에서 주어진 조건에서
P_1 : 1 atm, M : 29 kg/kmole, g : 9.8 m/s^2, T=13℃=286 K, h_a-h_b : −1950 m가 된다.

연습문제

이 값을 이용하여 압력을 계산하면 다음과 같다.

$$P_b = P_a \exp\left[\frac{Mg}{RT}(h_a - h_b)\right] = 1\ \text{atm} \times \exp\left[\frac{\frac{29\ \text{kg}}{\text{kmole}} \times \frac{9.8\ \text{m}}{\text{s}^2}}{\text{R} \times 286\ \text{K}} \times (-1950\ \text{m})\right]$$

$$P_b = P_a \exp\left[\frac{Mg}{RT}(h_a - h_b)\right] = 1\ \text{atm}$$

$$\times \exp\left[\frac{\frac{29\ \text{kg}}{\text{kmole}} \times \frac{9.8\ \text{m}}{s^2}}{8311.8\frac{\text{kg}}{s^2} \times \frac{\text{m}^2}{\text{kmole} \cdot \text{K}} \times 286\ \text{K}} \times (-1950\ \text{m})\right]$$

$$P_b = P_a \exp\left[\frac{Mg}{RT}(h_a - h_b)\right] = 1\ \text{atm} \times \exp[-0.1195] = 0.887\ \text{atm}$$ 이다.

핵심체크 기압방정식

기압방정식은 압축성 유체가 등온상태에서 높이변화에 따른 압력의 변화 값을 측정하는데 널리 사용되는 방정식이다.

$$P_b = P_a \exp\left[\frac{Mg}{RT}(h_a - h_b)\right]$$

핵심체크 기압방정식에서 기체상수 R

$$R = \frac{PV}{T} = \frac{101.3 \times 10^3 \frac{\text{kg} \cdot \text{m}}{\text{s}^2} \times \frac{1}{\text{m}^2} \times \frac{22.4\ \text{m}^3}{\text{kmole}}}{273\ \text{K}} = 8311.8\frac{\text{kg}}{\text{s}^2} \times \frac{\text{m}^2}{\text{kmole} \cdot \text{K}}$$

제 6 장 이동하는 유체의 특성

1. 오일러의 운동 방정식
2. 베르누이 방정식
3. 토리체리의 정리
4. 베르누이 방정식과 에너지 보존

연습문제

06 이동하는 유체의 특성

평형상태에 있는 물체에 변화가 발생하면 그 변화에 대한 영향을 최소화시키기 위한 쪽으로 변화가 진행된다. 평형상태, 즉 정지된 상태의 유체에 속도차(Δu), 압력차(ΔP) 또는 위치의 차이(ΔZ)가 발생하는 순간 유체는 정지상태에서 벗어나 이동하려고 한다. 외부적인 변화에 의해서 유체가 이동할 때 유체는 여러 가지 형태의 흐름 특성이 발생하게 된다. 이러한 흐름 현상을 이해하기 위해서는 외부적인 변화가 유체 흐름에 어떤 영향을 주었는지에 대한 이해가 필요하다.

유체의 흐름 특성은 앞서 살펴본 바와 같이 속도차, 압력차 그리고 위치의 차이 등 여러 가지 유체의 물리적 특성에 의하여 결정된다. 유체 흐름의 형태는 관의 내경(D)과 평균유속(u), 유체의 밀도(ρ)와 점도(μ) 그리고 유체가 흐르는 관의 표면특성에 따라 흐름의 특성이 결정된다고 할 수 있다. 이처럼 유체의 흐름 특성을 변화시키기 위해서는 많은 외부 환경변화가 작용한다. 이들 외부적인 요인들이 개별적으로 영향을 주기 보다는 동시에 복합적인 영향을 주는 것이 실제적이므로 외부 환경변화에 대해 개별적으로 그 영향을 비교하는 것은 결코 용이한 일이 아니다. 그런 이유로 유체의 흐름 특성을 나타내는 방법에는 여러 가지가 있으나 여기에서는 몇 개의 중요한 유체 관련 법칙을 이용하여 유체의 흐름 특성에 대한 설명을 하고자 하였다. 이 장에서는 오일러(Euler) 식 그리고 베르누이(Bernoulli) 방정식을 이용하여 흐름 특성에 대해 살펴보기로 하자.

1 오일러의 운동 방정식

오일러(Euler) 운동 방정식은 유선을 따라서 흐르는 유체의 미소 체적변화(dV)에 대해 뉴턴의 운동 제2법칙을 적용한 식이라고 할 수 있다. 즉, 유체의 유선방향의 모든 미소 힘(dF)의 합은 질량(m)과 유선방향의 가속도(a)의 곱과 같다고 할 수 있다.

핵심체크 유선

유동장 내 모든 지점에서 어느 순간 유동방향에 접선이 되도록 유동장에 그려진 선으로, 유동장 내 모든 점에서 속도벡터에 접하기 때문에 유선(Stream line)을 지나는 유동은 없다. 정상유동에서 각 지점에서의 속도는 시간에 대해 일정하므로 유선도 한 순간에서 다음 순간으로 이동할 때 변하지 않는다. 이것은 주어진 유선에 위치한 입자는 같은 유선 위에 남아 있음을 뜻하며, 공간에 고정된 지점을 지나는 연속적인 입자들도 같은 유선에 있다.

핵심체크 운동 제2법칙

물체의 가속도(a)는 물체에 가한 힘(F)에 비례하고 질량(m)에 반비례한다.

$F = ma$

오일러의 운동 방정식은 유체에 대한 특징 중 다음과 같은 가정에 의해 출발하였다.

1. 유체는 유선(stream line)을 따라서 이동한다.
2. 유체는 마찰이 없는 비점성 유체이다.
3. 유체의 이동에 의해 유체가 가지고 있는 기본적인 물성(속도, 유량, 밀도, 압력 등)은 시간이 경과해도 변화하지 않고 일정하게 유지되는 정상상태(steady state)의 유동을 한다.

핵심체크 오일러 방정식의 가정 조건

1. 유체는 유선(stream line)을 따라서 이동한다.
2. 유체는 마찰이 없는 비점성유체이다.
3. 유체는 정상상태(steady state)의 유동을 한다.

핵심 체크 정상상태 흐름

유체 흐름의 상태가 모든 지점에서 속도, 유량, 밀도, 압력이 시간에 따라서 변화하지 않는 흐름을 정상상태 흐름(Steady state flow)이라 한다.

$$\frac{\partial V}{\partial t}=0,\quad \frac{\partial \rho}{\partial t}=0,\quad \frac{\partial P}{\partial t}=0,\quad \frac{\partial T}{\partial t}=0$$

유체의 흐름이 발생하기 위해서는 속도의 차, 압력의 차 또는 높이의 차이가 발생하여야 한다. 그림 6-1을 통해 서로 떨어져 있는 두 지점사이에 높이차가 있거나, 속도차가 발생하거나, 압력의 차이가 있는 경우 유체의 흐름이 고체의 벽의 표면특성에 영향을 받지 않는 흐름에서 유체의 흐름에 따라 발생하는 일에 대해서 살펴보기로 하자.

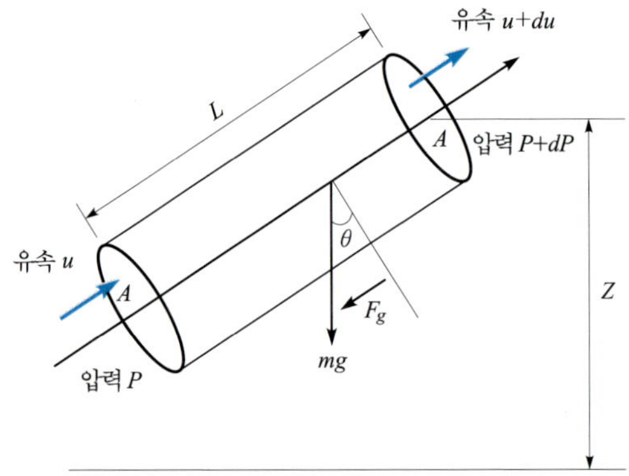

그림 6-1. 오일러 방정식

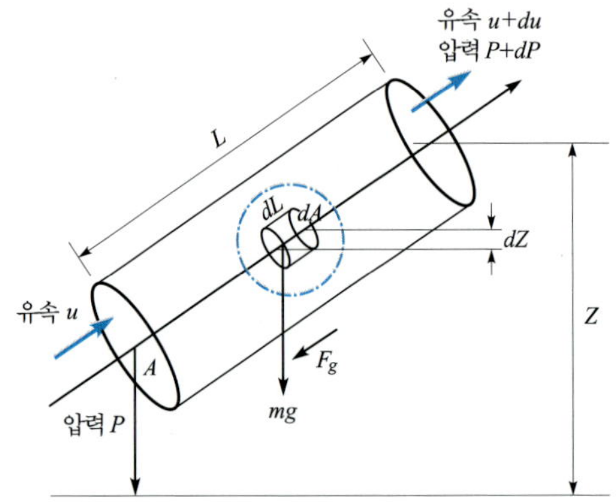

그림 6-2. 오일러 방정식(미소구간)

그림 6-1에서 보는 바와 같이 지면으로부터 Z만큼 떨어진 위치에 있는 단면적이 A인 원통형 관이 각 θ만큼 기울게 설치되어 있다.

유체의 흐름이 유체가 흐르는 관의 직경분포에 관계없이 일정한 속도로 흐른다면, 관 중심을 통해 이동하는 유체의 미소구간은 그림 6-2와 같이 원통형 관의 중심을 기준으로 유체가 u의 속도로 공급되는 지점과 $u+du$의 속도로 유체가 나오는 지점 사이에는 ΔZ만큼의 높이차가 발생하고 있다. 이러한 조건에서 원통형 관의 단면적을 dA, 유체의 평균밀도를 ρ, 유체가 들어가는 부분에서의 속도와 압력을 u와 P 그리고 유체가 관을 통과해서 나오는 부분에서의 속도와 압력을 $u+du$ 그리고 $P+dP$라 하고 유체가 이동한 거리를 dL이라 하면, 이 원통형 관을 흐르는 유체에 작용하는 힘은 중력에 의한 힘과, 압력에 의한 힘이 존재하게 된다.

① 유체가 흐르는 방향으로는 압력에 의한 힘 : $F_P = P \times A$

② 수직방향으로는 중력에 의한 힘 : $F_g = mg$

③ 유체의 이동에 의해 발생하는 전체 힘 : $F_T = ma$

이들 3가지 힘 사이의 관계는 다음과 같다.

압력에 의한 힘 − 중력에 의한 힘=전체 힘

① 압력에 의한 힘 : $F_p = P \times dA - (P+dP) \times dA = - dP \times dA$ (6–1)

② 중력에 의한 힘에 대해서 구체적으로 살펴보면 다음과 같다.

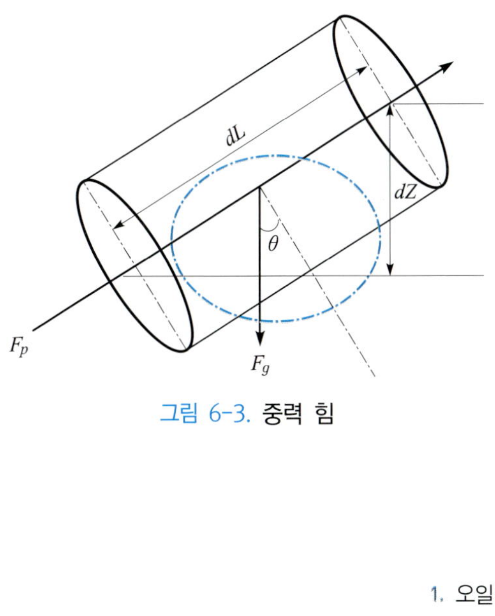

그림 6-3. 중력 힘

그림 6-3에서 보는 바와 같이 원통형 관이 수직방향에서 각 θ만큼 기울기를 가지므로 중력에 의한 힘은 각 θ를 고려하여야 한다.

유체가 흐를 때 질량(m)을 계산하는 것이 어려우므로 질량을 대신할 수 있는 물성값을 활용하기 위해 유체의 밀도 값을 이용하여 설명하면 다음과 같이 나타낼 수 있다.

밀도 $= \dfrac{\text{질량}}{\text{부피}}$ 이므로 질량$(m) =$ 부피$(V) \times$ 밀도(ρ)로 계산된다.

부피(체적)는 3차원이므로 부피$(V) =$ 면적$(A) \times$ 길이(L)값으로 표현된다.

따라서 $m = \rho \times V = \rho A\,dL$이 된다. 그러므로 중력에 의한 힘 F_g는 식 (6-2)와 같다.

$$F_g = mg\sin\theta = \rho dAdLg\sin\theta \tag{6-2}$$

③ 전체 힘은 뉴턴의 운동 제2법칙에 의해서 결정되는 힘이므로 식 (6-3)과 같이 나타낼 수 있다.

$F_T = ma$에서 $m = \rho dAdL$이고, $a = \dfrac{du}{dt}$ 이므로

$$F_T = ma = \rho dAdL\frac{du}{dt} \tag{6-3}$$

핵심체크 질량과 거리차원간의 관계

- 부피 = 면적 × 길이
- 질량 = 부피 × 밀도 = 면적 × 길이 × 밀도, $[\mathrm{m} = \rho dAdL]$

핵심체크 속도(u)와 가속도(a)의 관계

- 속도$(u) = \dfrac{\text{거리}}{\text{시간}}\left[\dfrac{L}{T}\right]$
- 가속도$(a) = \dfrac{\text{속도}}{\text{시간}} = \dfrac{\text{거리/시간}}{\text{시간}}\left[\dfrac{L}{T^2}\right]\ \left[a = \dfrac{du}{dt}\right]$

식 (6-1)부터 (6-3)에 의하여 dZ의 높이변화를 지닌 원통형 관에 ρ의 밀도를 가진 유체가 dP의 압력차를 가지고 흐를 때의 유체에 발생하는 운동의 상관관계는 다음과 같다.

① 압력에 의한 힘

$$F_P = -dPdA$$

② 중력에 의한 힘

$$F_g = \rho dAdLg\sin\theta$$

③ 전체힘

$$F_T = \rho dAdL\frac{du}{dt}$$

힘의 상관관계로부터 $F_P - F_g = F_T$이므로

$$-dPdA - g\rho dALsin\theta = \rho dLdA\frac{du}{dt} \tag{6-4}$$

위 식을 정리하면

$$dPdA + g\rho dAdL\sin\theta + \rho dLdA\frac{du}{dt} = 0$$

이 식의 각항을 $\rho dA\,dL$으로 나누면 다음과 같이 된다.

$$\frac{dPdA}{\rho dAdL} + \frac{g\rho dAdL\sin\theta}{\rho dAdL} + \frac{\rho dLdA}{\rho dAdL}\frac{du}{dt} = 0$$

이 식을 정리하면

$$\frac{dP}{\rho dL} + g\sin\theta + \frac{du}{dt} = 0 \tag{6-5}$$

그림 6-1에서 살펴보면 $\sin\theta = dZ/dL$이므로 이 값을 식 (6-5)에 대입하여 정리하면 식 (6-6)과 같은 결과 식을 얻는다.

$$\frac{dP}{\rho dL} + g\frac{dZ}{dL} + \frac{du}{dt} = 0 \tag{6-6}$$

식 (6-6)에서 $\frac{du}{dt} = \frac{dL}{dt} \times \frac{du}{dL} = u\frac{du}{dL}$이므로 이 결과를 이용하여 식 (6-6)을 정리하면 식 (6-7)과 같이 압력차(dP), 높이차(dZ) 그리고 유속차(du)의 형태로 식을 정리할 수 있다.

$$\frac{dP}{\rho dL}+g\frac{dZ}{dL}+u\frac{du}{dL}=0 \tag{6-7}$$

이렇게 구해진 식 (6−7)의 분모항에 있는 거리변화(dL)값을 정리하기 위해 각항× dL을 하면 그 결과는 다음과 같다.

$$\frac{dP}{\rho dL}\times dL+g\frac{dZ}{dL}\times dL+u\frac{du}{dL}\times dL=0$$

이 식을 정리하면

$$\frac{dP}{\rho}+gdZ+udu=0 \tag{6-8}$$

식 (6−8)을 **오일러(Euler) 방정식**이라 한다.

핵심 체크 오일러 방정식

- 오일러 운동 방정식은 유선을 따라서 흐르는 유체의 미소 체적변화(dV)에 대해 뉴턴의 운동 제2법칙을 적용한 식이라고 할 수 있다.
- 유체의 유선방향의 모든 미소 힘(dF)의 합은 질량(m)과 유선방향의 가속도(a)의 곱과 같다고 할 수 있다.
- 유체가 du의 속도차를 가지고 dZ의 높이차가 발생하는 유로를 이동할 때 dP만큼의 압력차가 발생하는 운동량을 나타낸 것

$$\frac{dP}{\rho}+gdZ+udu=0$$

2 베르누이 방정식

2.1 비압축성 유체의 베르누이 식

유체가 외부에서 압력이 가해지면 부피가 변화하는 압축성일 수도 있고 반대로 비압축성 유체일 수도 있으므로 오일러 방정식 $\frac{dP}{\rho}+gdZ+udu=0$에 있는 밀도 값을 임의로 적분할 수가 없다. 따라서 베르누이(Bernoulli)는 오일러 식의 정의에 유체는 밀도가 변화하지 않는 비압축성이라는 가정을 추가하여 오일러 식을 적분하여 전개하였다.

유체흐름에 관한 연속 방정식이 질량보존의 관계라고 하면, 베르누이의 방정식은 역학적 에너지 보존법칙의 변형이라 생각할 수 있다. 외부에서 힘이 가해져도 밀도가 일정하게 유지되는 비압축성 유체가 양끝의 높이가 다른 관에 담겨져 있다고 가정하자. 그림 6-2에서 보는 바와 같이 이때 한 쪽 끝에 P의 압력을 가해서 dV만큼 밀려나면 비압축성 유체이기 때문에 부피의 변화가 발생하지 않고 반대방향으로 다른 압력 $P+dP$으로 $dV(=dL\times dA)$만큼 밀려날 것이다.

핵심 체크 베르누이 방정식의 가정 조건

1. 유체는 유선(stream line)을 따라서 이동한다.
2. 유체는 마찰이 없는 비점성유체이다.
3. 유체는 정상상태(steady state)의 유동을 한다.
4. 유체는 비압축성이다.

핵심 체크 베르누이 방정식과 오일러 방정식의 가정 조건

베르누이 방정식의 가정 조건	오일러 방정식의 가정 조건
1. 유체는 유선(stream line)을 따라서 이동한다. 2. 유체는 마찰이 없는 비점성유체이다. 3. 유체는 정상상태(steady state)의 유동을 한다. 4. 유체는 비압축성이다.	1. 유체는 유선(stream line)을 따라서 이동한다. 2. 유체는 마찰이 없는 비점성유체이다. 3. 유체는 정상상태(steady state)의 유동을 한다.

베르누이 정리는 유체의 운동에 의해 발생하는 동압과 압력에 의해 발생하는 정압 사이의 관계를 나타낸 것이다. 베르누이 방정식은 앞서 얻어진 오일러 방정식으로부터 구할 수 있다.

식 (6-8) $\dfrac{dP}{\rho}+gdZ+udu=0$을 미분 식으로 표시하면 $udu=d\left(\dfrac{1}{2}u^2\right)$이므로 식 (6-8)은 식 (6-9)와 같이 나타낸다.

$$\frac{dP}{\rho}+gdZ+d\left(\frac{1}{2}u^2\right)=0 \qquad (6\text{–}9)$$

비압축성 유체의 경우 밀도가 변화하지 않으므로 식 (6-9)에서 밀도(ρ), 중력 가속도(g)는 상수의 값을 가지므로 식 (6-9)는 식 (6-10)과 같이 나타낼 수 있다.

$$\frac{\Delta P}{\rho}+g\Delta Z+\frac{\Delta u}{2}=0 \qquad (6\text{–}10)$$

핵심 체크 압력의 형태

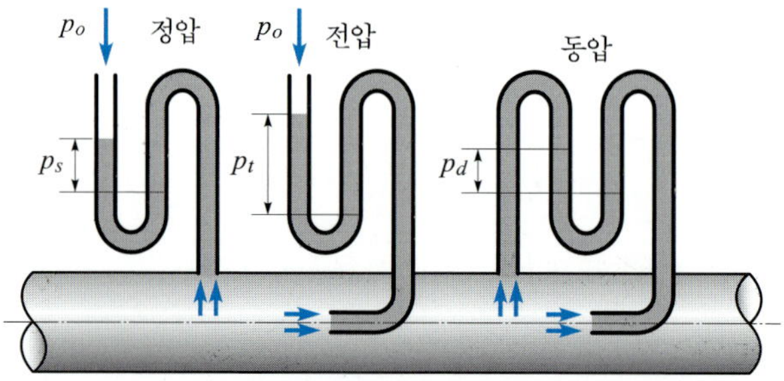

정압 : 유체 속의 한 점의 방향에 관계없이 일정하게 작용하는 압력
동압 : 유체의 속도를 운동에너지를 해당되는 압력으로 환산한 것
전압=정압+동압

핵심 체크 베르누이 방정식

유체에 작용하는 정압과 동압 사이의 관계를 나타낸 식

식 (6−10)을 처음상태 "1"의 값과 나중상태 "2"의 값을 고려해서 전개하면 식 (6−11)과 같다.

$$\frac{P_2-P_1}{\rho}+g(Z_2-Z_1)+\frac{1}{2}(u_2^2-u_1^2)=0 \qquad (6\text{–}11)$$

즉, 베르누이 방정식은 압력(P), 유속(u), 그리고 높이(Z) 변화가 유체의 흐름에 영향을 주는 에너지 값에 대한 관계를 구체적으로 설명하고 있다.

여기서, $\frac{\Delta P}{\rho}=\frac{P_2-P_1}{\rho}$: 압력에너지

$g\Delta Z=g(Z_2-Z_1)$: 위치에너지

$\frac{1}{2}\Delta u^2=\frac{1}{2}(u_2^2-u_1^2)$: 운동에너지

> **핵심체크** 비압축성 유체에서의 베르누이 방정식
>
> $$\frac{P_2-P_1}{\rho}+g(Z_2-Z_1)+\frac{1}{2}(u_2^2-u_1^2)=0$$
>
> 여기서, $\frac{\Delta P}{\rho}=\frac{P_2-P_1}{\rho}$: 압력에너지
>
> $g\Delta Z=g(Z_2-Z_1)$: 위치에너지
>
> $\frac{\Delta u^2}{2}=\frac{1}{2}(u_2^2-u_1^2)$: 운동에너지

2.2 압축성 유체의 베르누이 식

압축성 유체의 경우에는 외부에서 힘이 가해지면 밀도가 변화하므로 밀도 값을 다른 물성치로 표현하는 것이 올바른 방법이다.

그러므로 식 (6-10) 으로부터 압축성 유체에 대한 베르누이 식은 식 (6-12)와 같이 설명할 수 있다. 압력에너지항 $\frac{\Delta P}{\rho}$ 중에 있는 밀도(ρ)가 변화하게 되는 압축성 유체에서는 ρ값을 다른 물성치로 바꾸어서 해석을 해야 한다. 따라서 식 (6-10)의 각항을 g로 나누면 그 결과는 식 (6-12)와 같다.

$$\frac{\Delta P}{\rho g}+\Delta Z+\frac{\Delta u^2}{2g}=0 \tag{6-12}$$

이 된다.

여기서 ρg는 비중량 γ이므로 식 (6-12)는 식 (6-13)과 같이 길이의 차원을 가진 값으로 나타낼 수 있다.

$$\frac{\Delta P}{\gamma}+\Delta Z+\frac{\Delta u^2}{2g}=0 \tag{6-13}$$

여기서, $\frac{\Delta P}{\gamma}$: 압력수두

ΔZ : 위치수두

$\frac{\Delta u^2}{2g}$: 속도수두

압축성 유체에 대한 베르누이 방정식은 유체 흐름에서 압력, 운동, 그리고 위치에너지와의 관계를 거리의 함수로 나타내어 각 수두별로 유체의 흐름에 영향을 주는 특성

에 대한 해석을 가능하게 하였다.

핵심체크 **압축성 유체에서 베르누이 방정식**

$$\frac{\Delta P}{\gamma}+\Delta Z+\frac{\Delta u^2}{2g}=0$$

$\frac{\Delta P}{\gamma}$: 압력수두, ΔZ : 위치수두, $\frac{\Delta u^2}{2g}$: 속도수두

이렇게 얻어진 결과 식 (6-13)을 각 항에 비중량 γ를 곱하면 압축성 유체에 관한 베르누이 방정식을 압력의 형태로 표현할 수 있다.

$$\Delta P+\gamma\Delta Z+\gamma\frac{\Delta u^2}{2g}=0 \tag{6-13-1}$$

여기서, ΔP : 정압력

$\gamma\Delta Z=\rho g\Delta Z$: 위치압력

$\gamma\frac{\Delta u^2}{2g}$: 동압력

핵심체크 **압축성 유체에서 압력형태로의 베르누이 방정식**

$$\Delta P+\gamma\Delta Z+\gamma\frac{\Delta u^2}{2g}=0$$

ΔP : 정압력, $\gamma\Delta Z=\rho g\Delta Z$: 위치압력, $\gamma\frac{\Delta u^2}{2g}$: 동압력

예제 6-1

저장용 탱크의 크기는 직경이 15 m이고 높이가 20 m이다. 탱크에는 액체가 90% 들어 있다. 액체는 탱크의 아랫부분에 설치되어 있는 직경 2.5 cm의 배관을 통해서 배출되도록 설계되어 있다. 탱크의 상부에서 액체 면에 가해지는 압력은 대기압이다. 배관을 개방하였을 때 배관을 통해서 유출되는 액체의 초기 유출 속도를 베르누이 방정식을 이용하여 계산하였을 때 몇 m/s인가?

풀이 유체가 들어 있는 저장탱크의 크기는 직경이 15 m이고 높이가 20 m이며, 이 저장탱크에 액체가 90% 들어 있다. 초기에 유체는 정지된 상태이므로 속도는 거의 0에 접근하는 값을 가진다. 따라서 아래 그림에서 보는 바와 같이 지점 1에서의 유체의 속도는 매우 작으므로 $u_1 \fallingdotseq 0$이 된다.

액체가 유출되는 부분을 기준으로 하면 $Z_2 = 0$이고 액체는 탱크의 90% 들어 있으므로 $Z_1 = 20\ \text{m} \times 0.9 = 18\ \text{m}$가 된다. 마찰이 없는 이상유체의 경우이므로 베르누이 식을 사용하면

$$\frac{P_2 - P_1}{\rho} + g(Z_2 - Z_1) + \frac{1}{2}(u_2^2 - u_1^2) = 0$$

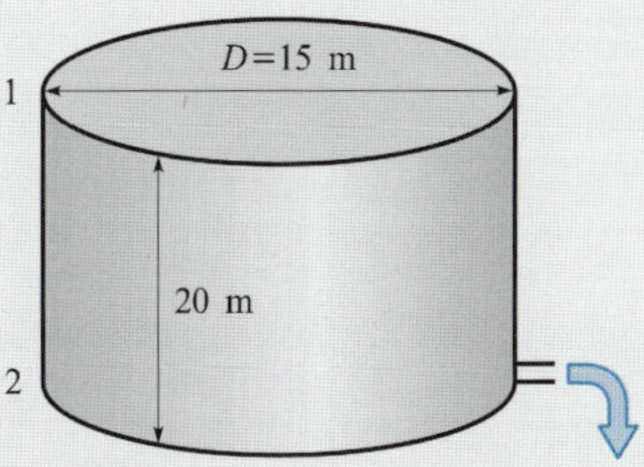

액체가 유출되는 배관과 탱크는 대기 중에 열려있으므로 압력이 대기압으로 서로 같은 값을 가진다. 즉, 위의 식에서 $P_1 = P_2 =$대기압이 된다.

그러므로 $\frac{P_2 - P_1}{\rho} + g(Z_2 - Z_1) + \frac{1}{2}(u_2^2 - u_1^2) = 0$은 $g(Z_1) = \frac{1}{2}u_2^2$이 된다.

이 식으로부터 초기에 배출되는 유체의 유속을 구하면 다음과 같다.

$U_2^2 = 2gZ_1$이므로 $u_2 = \sqrt{2gZ_1}$이 된다. 따라서

$u_2 = \sqrt{2gZ_1} = \sqrt{2 \times \frac{9.8\ \text{m}}{s^2} \times 18\ \text{m}} = \frac{18.78\ \text{m}}{s}$이 된다.

예제 6-2

유체를 이동시키는 가장 보편적인 방법은 일정한 크기를 지닌 수송관을 통해 정해진 유체의 양을 이동시키는 것이다. 그 하나의 예를 보면 다음과 같다. 중력 가속도는 $9.8\ \text{m/s}^2$인 조건에서 내경 65 mm인 원통형 배관을 통해 물이 500 L/min의 유량으로 이송될 때 ① 유체의 운동에너지는 몇 N×m/kg인가? ② 속도수두는 몇 m인가?

풀이 베르누이 방정식은 에너지 개념으로는 $\frac{P_2 - P_1}{\rho} + g(Z_2 - Z_1) + \frac{1}{2}(u_2^2 - u_1^2) = 0$으로 나타낼 수 있고, 수두(head)의 개념으로는 $\frac{\Delta P}{\gamma} + \frac{\Delta u^2}{2g} + \Delta Z = 0$으로 표현된다.

주어진 조건에서 유속(U)을 계산하기 위해서 직경(D)와 유량(Q)이 주어졌으므로 $Q = uA$에서 계산할 수 있다.

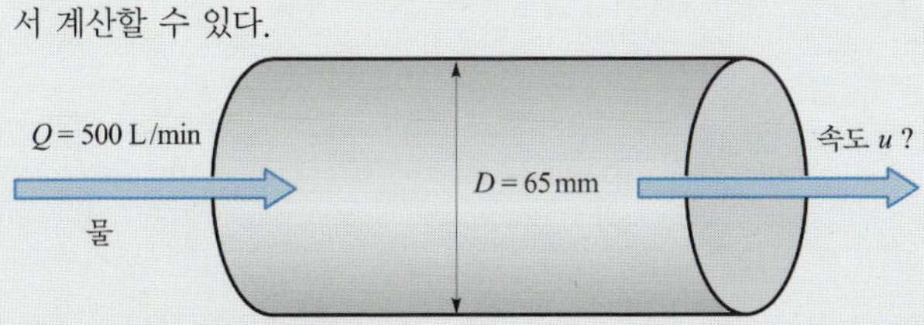

면적은 $A = \frac{\pi}{4}D^2 = \frac{3.14}{4} \times (6.5\ \text{cm})^2 = 33.17\ \text{cm}^2$이므로 유속은 다음과 같다.

$$u = \frac{Q}{A} = \frac{\frac{500\ \text{L}}{\text{min}} \times \frac{1000\ \text{cm}^3}{1\ \text{L}} \times \frac{1\ \text{min}}{60\ s}}{33.17\ \text{cm}^2} = \frac{251.2\ \text{cm}}{s} = \frac{2.51\ \text{m}}{s}$$

① 유체의 운동에너지는 몇 N×m/kg인가?

$\frac{\Delta P}{\rho} + g\Delta Z + \frac{1}{2}\Delta U^2 = 0$에서 운동에너지는 $\frac{\Delta u^2}{2}$이므로

운동에너지 $\frac{\Delta u^2}{2}=\frac{\left(\frac{2.51\ \mathrm{m}}{s}\right)^2}{2}=\frac{3.15\ \mathrm{m}^2}{s^2}$가 되며 이를 N×m/kg의 단위로 환산하면

$$\frac{\Delta u^2}{2}=\frac{\left(\frac{2.51\ \mathrm{m}}{s}\right)^2}{2}=\frac{3.15\ \mathrm{m}^2}{s^2}=\frac{3.15\mathrm{m}^2}{s^2}\times\frac{\mathrm{kg}}{\mathrm{kg}}\times\frac{\mathrm{N}}{\mathrm{kg}\cdot\mathrm{m}/s^2}=\frac{3.15\ \mathrm{N}\cdot\mathrm{m}}{\mathrm{kg}}$$ 이 된다.

② 속도수두는 몇 m인가?

$\frac{\Delta P}{\gamma}+\frac{\Delta u^2}{2g}+\Delta Z=0$에서 속도수두는 $\frac{\Delta u^2}{2g}$이므로 속도수두는

$$\frac{\Delta u^2}{2g}=\frac{\left(\frac{2.51\ \mathrm{m}}{s}\right)^2}{2\times\frac{9.8\ \mathrm{m}}{s^2}}=0.321\ \mathrm{m}$$가 된다.

예제 6-3

압력을 가해서 유체를 이동시키려고 한다. 이때 설비는 아래 그림과 같다.

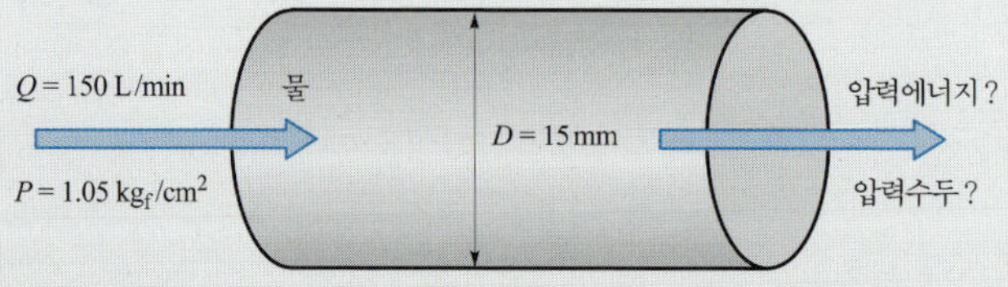

① 유체의 압력에너지는 몇 N×m/kg인가? ② 압력수두는 몇 m인가?

풀이

베르누이 방정식은 에너지 개념으로는 $\frac{P_2-P_1}{\rho}+g(Z_2-Z_1)+\frac{1}{2}(u_2^2-u_1^2)=0$으로 나타낼 수 있고, 수두(head)의 개념으로는 $\frac{\Delta P}{\gamma}+\frac{\Delta u^2}{2g}+\Delta Z=0$으로 표현된다.

① 유체의 압력에너지는 몇 N×m/kg인가?

$\frac{\Delta P}{\rho}+g\Delta Z+\frac{1}{2}\Delta u^2=0$에서 압력에너지는 $\frac{\Delta P}{\rho}$이다.

따라서 압력에너지 $\frac{\Delta P}{\rho}$이므로 이를 N×m/kg의 단위로 환산하면

$$\frac{\Delta P}{\rho}=\frac{\frac{1.05\ \mathrm{kg_f}}{\mathrm{cm}^2}\times\frac{9.8\ \mathrm{N}}{1\ \mathrm{kg_f}}\times\left(\frac{100\ \mathrm{cm}}{1\ \mathrm{m}}\right)^2}{\frac{1000\ \mathrm{kg}}{\mathrm{m}^3}}=\frac{102.9\ \mathrm{N}\cdot\mathrm{m}}{\mathrm{kg}}$$ 이 된다.

② 압력수두는 몇 m인가?

$\frac{\Delta P}{\gamma}+\frac{\Delta u^2}{2g}+\Delta Z=0$에서 압력수두는 $\frac{\Delta P}{\gamma}$이 된다.

유체가 물이므로 물의 비중량은 $\gamma=\rho\times g=\frac{1000\ \mathrm{kg}}{\mathrm{m}^3}\times\frac{9.8\ \mathrm{m}}{s^2}=\frac{9800\ \mathrm{N}}{\mathrm{m}^3}$이다.

따라서 압력수두는 $\frac{\Delta P}{\gamma}=\frac{\frac{1.05\ \mathrm{kg_f}}{\mathrm{cm}^2}\times\left(\frac{100\ \mathrm{cm}}{1\ \mathrm{m}}\right)^2\times\frac{9.8\ \mathrm{N}}{1\ \mathrm{kg_f}}}{\frac{9800\ \mathrm{N}}{\mathrm{m}^3}}=10.5\ \mathrm{m}$가 된다.

예제 6-4

내경이 25 mm인 배관 속을 흐르는 물의 속도가 5 m/s이고, 이때 압력은 1.5 kg_f/cm^2이다. 이 배관을 이용해서 액체를 기준면으로부터 15 m 위로 이송시킨다. 이 공정에서 발생되는 ① 전체 에너지는 몇 N×m/kg인가? ② 전 수두(total head)는 몇 m인가?(중력 가속도는 9.8 m/s^2이다.)

풀이 ① 전체 에너지는 몇 N×m/kg인가?

베르누이 방정식은 에너지 개념으로는 $\frac{P_2-P_1}{\rho}+g(Z_2-Z_1)+\frac{1}{2}(u_2^2-u_1^2)=0$이므로

Ⓐ 유체의 운동에너지(N×m/kg)는?

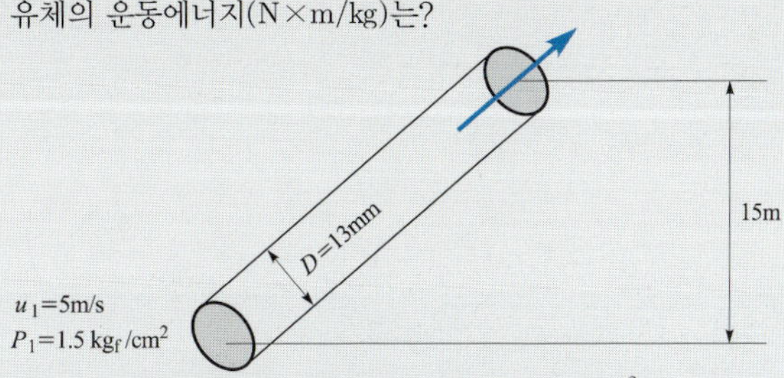

$\frac{\Delta P}{\rho}+g\Delta Z+\frac{1}{2}\Delta u^2=0$에서 운동에너지는 $\frac{\Delta u^2}{2}$이므로

운동에너지 $\frac{\Delta u^2}{2}=\frac{\left(\frac{5\ m}{s}\right)^2}{2}=\frac{12.5\ m^2}{s^2}$가 되며 이를 N×m/kg의 단위로 환산하면

$\frac{\Delta u^2}{2}=\frac{12.5\ m^2}{s^2}=\frac{12.5\ m^2}{s^2}\times\frac{kg}{kg}\times\frac{N}{kg\cdot m/s^2}=\frac{12.5\ N\cdot m}{kg}$ 이 된다.

Ⓑ 유체의 압력에너지(N×m/kg)는?

$\frac{\Delta P}{\rho}+g\Delta Z+\frac{1}{2}\Delta U^2=0$에서 압력에너지는 $\frac{\Delta P}{\rho}$이다.

따라서 압력에너지 $\frac{\Delta P}{\rho}$이므로 이를 N×m/kg의 단위로 환산하면

$\frac{\Delta P}{\rho}=\frac{\frac{1.5\ kg_f}{cm^2}\times\frac{9.8\ N}{1\ kg_f}\times\left(\frac{100\ cm}{1\ m}\right)^2}{\frac{1000\ kg}{m^3}}=\frac{147\ N\cdot m}{kg}$ 이 된다.

Ⓒ 유체의 위치에너지(N×m/kg)는?

$\frac{\Delta P}{\rho}+g\Delta Z+\frac{1}{2}\Delta U^2=0$에서 위치에너지는 $g\Delta Z$이다.

따라서 위치에너지를 N×m/kg의 단위로 환산하면 $g\Delta Z=\frac{9.8\ m}{s^2}\times 15\ m=\frac{147\ m^2}{s^2}$이므로 이를 환산하면 다음과 같다.

$g\Delta Z=\frac{147\ m^2}{s^2}=\frac{147\ m^2}{s^2}\times\frac{kg}{kg}\times\frac{N}{kg\cdot m/s^2}=\frac{147\ N\cdot m}{kg}$ 이 된다.

따라서 전체 운동에너지(N×m/kg)는

$\frac{\Delta P}{\rho}+g\Delta Z+\frac{1}{2}\Delta u^2=\frac{147\ N\cdot m}{kg}+\frac{147\ N\cdot m}{kg}+\frac{12.5\ N\cdot m}{kg}=\frac{306.5\ N\cdot m}{kg}$

② 전 수두(total head)는 몇 m인가?

베르누이 방정식에 의하면 $\frac{\Delta P}{\gamma}+\frac{\Delta u^2}{2g}+\Delta Z=H$(Total Head)

물에서 비중량은 $\gamma=\rho\times g=\frac{1000\ \text{kg}}{\text{m}^3}\times\frac{9.8\ \text{m}}{s^2}=\frac{9800\ \text{N}}{\text{m}^3}$이다.

Ⓐ 압력수두는 $\frac{\Delta P}{\gamma}=\frac{\frac{1.5\ \text{kg}_\text{f}}{\text{cm}^2}\times\left(\frac{100\ \text{cm}}{1\ \text{m}}\right)^2\times\frac{9.8\ \text{N}}{1\ \text{kg}_\text{f}}}{\frac{9800\ \text{N}}{\text{m}^3}}=15\ \text{m}$이다.

Ⓑ 속도수두는 $\frac{\Delta u^2}{2g}=\frac{\left(\frac{5\ \text{m}}{s}\right)^2}{2\times\frac{9.8\ \text{m}}{s^2}}=1.27\ \text{m}$

Ⓒ 위치수두 $\Delta Z=15\ \text{m}$

따라서 전수두 (Total Head)$H=\frac{\Delta P}{\gamma}+\frac{\Delta u^2}{2g}+\Delta Z=15\ \text{m}+1.27\ \text{m}+15\ \text{m}=31.27\ \text{m}$

3 토리체리의 정리

앞서 살펴본 베르누이(Bernoulli) 방정식은 유체는 유선(stream line)을 따라서 이동하고, 마찰이 없는 비점성유체이며, 정상상태(steady state)의 유동을 하는 비압축성 유체에 경우에 적용할 수 있다고 하였다. 그러나 실제로 유체역학에서는 이런 경우만 존재하는 것은 아니다. 따라서 다양한 현상의 변화에 따른 변형된 형태의 베르누이 관계식이 사용되고 있다. 여기에서는 이처럼 베르누이 관계식을 이용하여 다양한 유체역학적 특성을 나타낸 관계식들에 대해서 살펴보기로 하자.

토리체리(Torricelli)의 정의는 일정 높이를 가진 유체가 유출될 때 발생하는 유체의 높이변화와 유출속도의 관계를 나타낸 식이다. 토리체리의 정의는 주변의 압력이 대기압으로 일정할 때 일정 높이를 가진 유체의 수면이 낮아질 때 수면이 낮아지는 속도를 무시할 수 있을 정도에 대한 베르누이 방정식의 변형의 형태이다.

3.1 액체 높이와 속도의 관계

액체의 높이(h)가 유체의 흐름 속도(u)에 미치는 영향에 대해서 살펴보기 위해 그림 6-4에서 보는 바와 같이 대기압이 작용하는 개방된 물탱크에 물이 높이 h만큼 차 있

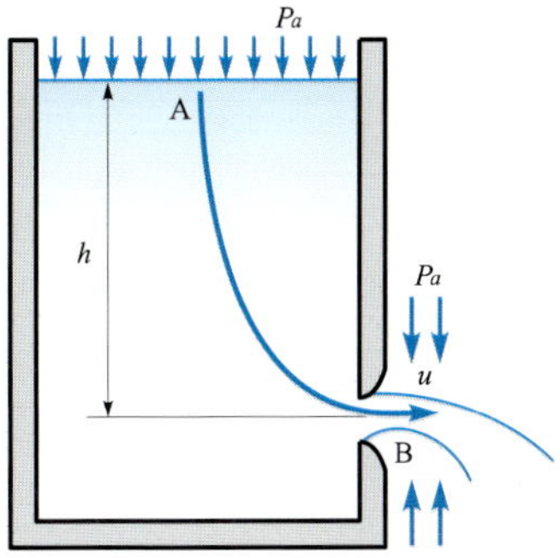

그림 6-4. 액주와 유속의 관계

는 경우 물탱크의 아랫부분에 있던 밸브가 개방되어 물이 흐르는 경우 흐름 속도는 어떻게 측정할 수 있겠는가 알아보기로 하자. 이때 물탱크 벽면과 유체 사이에 존재하는 마찰 등과 같은 외부적인 요인은 무시할 수 있다

그림 6-4는 기계적인 힘의 작용 없이 오직 액체의 높이에 의한 중력의 힘에 의해 액체가 측면에 있는 구멍을 통해서 유출되는 경우를 고려한 것이다. 그림에서 보면 물탱크는 상부가 개방된 상태이므로 지점 A에서 작용하는 압력(P_a)은 대기압이고 액체 상부의 면으로부터 액체가 유출되는 지점 B까지의 높이는 h이고, 지점 A에서의 액체의 초기 흐름 속도는 u_a라고 할 수 있으며 지점 B에서의 압력(P_b)도 대기압이고 지점 B에서의 높이는 0 그리고 지점 B에서 액체의 흐름 속도는 u_b라고 할 수 있다.

이를 베르누이 방정식 (6-11)에 대입하여 정리하면 식 (6-14)와 같은 식이 된다.

$$\frac{P_b - P_a}{\rho} + (Z_b - Z_a)g + \frac{(u_b^2 - u_a^2)}{2} = 0 \tag{6-14}$$

지점 A에서의 압력과 지점 B에서의 압력은 대기압으로 서로 같으므로 $P_b - P_a = 0$가 된다. 그러므로 식 (6-14)는 식 (6-15)와 같이 된다.

$(Z_b - Z_a)g + \frac{(u_b^2 - u_a^2)}{2} = 0$이 되며 B지점에서의 높이는 액체높이의 기준점이므로 0이라고 할 수 있다. 따라서 이 값을 이용하면,

$$(0 - h)g + \frac{(u_b^2 - u_a^2)}{2} = 0\text{이므로 } \frac{u_b^2 - u_a^2}{2} = gh \tag{6-15}$$

지점 A가 B에 비하여 직경이 매우 크므로 연속 방정식($Q = uA$)에 의하면 $u_b \gg u_a$의 관계가 성립된다. 이때 u_a는 액체가 유출되기 직전의 정지된 상태이므로 실질적으

로는 0의 값을 가진다. 따라서 $u_a = 0$이고 $u_b = u$라 할 수 있다. 그러므로 유출속도(u)와 높이(h)의 관계는 식 (6-16)과 같이 표현된다.

$$\frac{u_b^2 - u_a^2}{2} = gh \text{에서 } u_a = 0 \text{이므로 } \frac{u^2}{2g} = h \text{이므로 } u = \sqrt{2gh} \tag{6-16}$$

가 된다.

핵심체크 **유체의 높이(h)와 유출속도(u)의 관계**

개방된 통에 담겨있는 액체가 액체 표면으로부터 h만큼 아래에 있는 지점에서 유출될 때 유출속도 u는 높이 h에서 자유낙하 하는 물체의 속도와 같다.
즉, 유체의 높이(h)와 유출속도(u)와의 관계 $u = \sqrt{2gh}$를 규명한 것

예제 6-5

개방된 저장탱크에 액체가 25 m의 높이로 저장되어 있다. 이 액체가 저장탱크 밑에 있는 노즐을 통해 방사될 때 방사속도는 몇 m/s인가?

풀이 일정 높이를 가진 유체가 유출될 때 발생하는 유체의 높이(h) 변화가 유출속도(u)와의 관계 $H = \frac{(u)^2}{2g}$에서 액체의 저장높이가 25 m이다. 따라서

$$u = \sqrt{2gH} = \sqrt{2 \times \frac{9.8\ \text{m}}{s^2} \times 25\ \text{m}} = \frac{22.13\ \text{m}}{s}$$

3.2 액체 흐름 양과 압력의 관계

토리체리의 정의를 이용하면 액체의 높이변화에 의해 유출되는 액체의 유량(Q) 및 그 때 작용하는 압력(P)에 대한 관계를 설명할 수 있다. 그림 6-4에서 지점 B에 방사노즐이 부착되어 유체가 흐르는 경우를 생각해 보자.

식 (6-16)으로부터 방사구에서의 방출속도는 $u = \sqrt{2gh}$으로 나타낼 수 있다. 이 때 방사구에 의한 방수량 Q(L/min)을 구하면 다음과 같다.

$u = \sqrt{2gh}$에서 압력 $P = g \times \rho \times h = \gamma \times h$이므로 이를 $h = \frac{P}{\rho g} = \frac{P}{\gamma}$으로 표현할 수 있다. 이 값을 $u = \sqrt{2gh}$에 대입하면 $u = \sqrt{2gh} = \sqrt{\frac{2gP}{\gamma}}$으로 된다.

유량(Q)과 유속(u)의 관계로 $Q = uA$이므로 이 값을 이용하면 유량(Q)과 압력

(P)의 관계를 나타낼 수 있다.

$$Q = uA = \sqrt{2gh}\,A = \sqrt{2gh} \times \frac{\pi}{4} D^2 = \sqrt{\frac{2gP}{\gamma}} \times \frac{\pi}{4} D^2 \qquad (6\text{–}17)$$

이 된다.

여기서 직경(D)의 단위는 mm이고, 압력(P)의 단위는 kg_f/cm^2(대기압 1.0332 kg_f/cm^2)이 되며 중력 가속도(g)는 9.8 m/s^2로 나타낼 수 있다. 이 값들을 식 (6–17)에 대입하면 식 (6–18)과 같다.

$$\sqrt{\frac{2gP}{\gamma}} = \sqrt{2 \times \frac{9.8\ m}{s^2} \times \frac{m^3}{1000\ kg_f} \times \left(\frac{100\ cm}{1\ m}\right)^2 \times \frac{1.0332\ kg_f}{cm^2}}$$

$$= \frac{14m}{s}\sqrt{P} \qquad (6\text{–}18)$$

이 된다. 이 값을 이용하여 $Q = uA = \sqrt{\frac{2gP}{\gamma}} \times \frac{\pi}{4} D^2$를 구할 수 있다.

$$Q = \frac{\pi}{4} D^2 \times \frac{14\ m}{s}\sqrt{P} \qquad (6\text{–}19)$$

이 값에 위에서 제시된 D[mm] 값을 대입하면 Q를 계산할 수 있다.

$Q = \frac{14\ m}{s} \times \frac{60\ s}{1\ min} \times \frac{3.14}{4} \times 1\ mm^2 \times \left(\frac{1\ m}{1000\ mm}\right)^2 \times \frac{1000\ L}{1\ m^3} \times D^2\sqrt{P}$ 이므로 단위를 정리하면

$$Q = 0.66 D^2 \sqrt{P}\,[L/min] \qquad (6\text{–}20)$$

가 된다.

핵심 체크 노즐에서 방사압(P)과 방출량(Q)의 관계

$Q = 0.66 D^2 \sqrt{P}\,[L/min]$

핵심 체크 물의 압력과 높이의 관계

압력의 관계에서 $\frac{1.0336\ kg_f}{cm^2} = 10.33\ mH_2O$이므로 $\frac{1\ kg_f}{cm^2} \fallingdotseq 10\ mH_2O$가 된다.

예제 6-6

오리피스를 통하여 외부로 방출되는 액체의 유출속도를 측정하기 위한 실험을 실시해서 다음과 같은 실험 결과를 구하였다. 저장탱크 수면으로부터 아래로 7.3 m인 지점에 오리피스를 설치하였다. 이 오리피스의 속도계수(C_V)가 0.95라 할 경우 오리피스를 통하여 외부로 방출되는 물의 속도는 몇 m/s인가?(단, 대기압은 1.033 kg/cm^2, 중력 가속도는 9.8 m/s이다.)

풀이 오리피스의 분출속도 $u = C_V\sqrt{2gh}$ 이므로 이를 이용하여 계산하면 다음과 같이 구할 수 있다. $u = C_V\sqrt{2gh}$ 에서

$$u = 0.95\sqrt{2 \times \frac{9.8\ \text{m}}{s^2} \times 7.3\ \text{m}} = 0.95\sqrt{\frac{143.08\ \text{m}^2}{s^2}}$$

$$u = 0.95 \times \frac{11.96}{s} = \frac{11.36\ \text{m}}{s}$$

예제 6-7

액체가 방출되는 부분의 직경이 25 mm인 노즐을 통해 액체가 유출될 때 유출되는 액체의 압력을 측정하였더니 압력이 3.5 kg$_f$/cm^2 일 때 방출되는 액체의 양은 몇 L/min인가?(단, 방사압과 방출량의 관계는 $Q = 0.653D^2\sqrt{P}$이다.)

풀이 액체의 방사압(P)과 방출량(Q)의 관계 $Q = 0.653D^2\sqrt{P}$에서 주어진 조건에서 액체가 방출되는 부분의 직경이 D가 25 mm이고 압력 P가 3.5 kg$_f$/cm^{2}이므로

$$Q = 0.653D^2\sqrt{P} = 0.653 \times (25\ \text{mm})^2\sqrt{\frac{3.5\ \text{kg}_f}{\text{cm}^2}} = \frac{763.5\ \text{L}}{\text{min}}$$

4 베르누이 방정식과 에너지 보존관계

계(system)를 기준으로 하여 일(W)과 열의 변화에 대해서 간단히 살펴보기로 하자. 여기서 계라는 것은 유체가 이동할 때를 예로 든다면 유체가 이동하는 경로 즉 유체가 이동하는 수송관과 같은 것을 의미한다. 일반적으로 시스템을 기준으로 하여 열과 일의 변화가 발생할 경우 그림 6-5에서 보는 것과 같이 계의 주변(surround)에서 열이 계로 가해지면 $+Q$로 표기되고, 동시에 계로 가해지는 일도 $+W$로 표기 한다. 이때 생성되는 열과 일의 차를 내부에너지라고 할 수 있다.

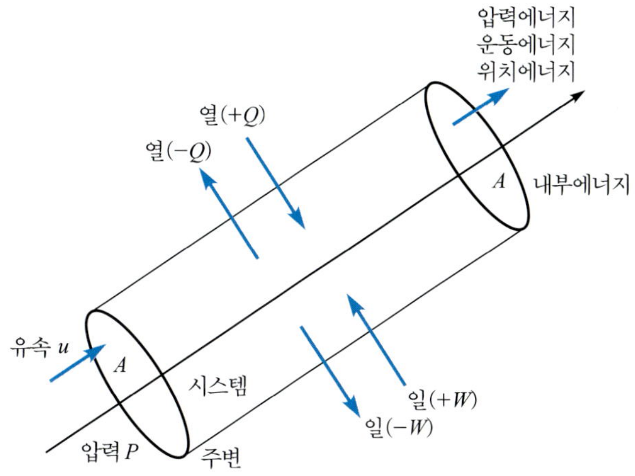

그림 6-5. **유체 이동에 의한 일과 열의 이동**

유체가 흐를 때 생성되는 에너지는 운동에너지, 위치에너지, 압력에너지 그리고 내부에너지의 형태가 된다. 이러한 에너지를 가진 유체가 일정한 경로를 통해 이동하는 경우 유체의 이동에 의해 일과 열이 생성될 수 있다.

핵심체크 내부에너지

물체가 가지고 있는 에너지 중에서 물체가 이동하기 위해 필요한 운동에너지 이외에 물체에 축적되는 에너지를 내부에너지(Internal Energy, E)라고 한다.
물체가 열을 받으면 그 양만큼 내부에너지가 증가하고, 열을 잃으면 그 양만큼 내부에너지는 감소한다. 내부에너지의 증가는 받은 일(W)과 얻은 열량(Q)의 합과 같다.

핵심체크 계(system)에서 일(W)과 열(Q)의 값

- 계에서 주변으로 일(W)과 열(Q)이 이동된 경우 : $+Q$, $+W$
- 주변에서 계로 일(W)과 열(Q)이 이동된 경우 : $-Q$, $-W$

계와 주변사이에 서로 열(Q)과 일(W)을 주고받게 되면 계의 내부에는 에너지가 존재하게 된다. 이런 에너지를 내부에너지라 하며, 기호 E로 표시한다. 외부에서 유체에 가한 열을 Q', 유체가 이동하면서 외부에 한일을 W_s라 하면 유체가 이동하는 경우 그림 6-5에서 내부에너지의 변화가 발생한다. 유체가 흐르면서 외부에서 열을 받으므로 $+Q'$의 변화와 이동하면서 주변으로 일을 하므로 $-W_s$의 변화가 발생한다.

따라서 이를 내부에너지 값으로 표기하면 식 (6-21)와 같다.

$$\Delta E = Q' - W_s \tag{6-21}$$

식 (6-21)을 베르누이 방정식에 적용하면 식 (6-22)와 같다.

$\frac{\Delta P}{\rho} + g(\Delta Z) + \frac{\Delta u^2}{2} = 0$에 내부에너지($\Delta E$)와 열($Q'$)과 일($W_s$)의 변화를 고려하면 유체가 이동할 때 일과 열이 발생되는 경우 베르누이 관계식은 식 (6-22)와 같다.

$$\Delta E + \frac{\Delta P}{\rho} + g\Delta Z + \frac{\Delta u^2}{2} = Q' - W_s \tag{6-22}$$

핵심 체크 **열과 일의 변화가 있는 유체의 이동에서 베르누이 관계**

$$\Delta E + \frac{\Delta P}{\rho} + g\Delta Z + \frac{\Delta u^2}{2} = Q' - W_s$$

식 (6-22)를 정리하면

$$(E_2 - E_1) + \frac{(P_2 - P_1)}{\rho} + g(Z_2 - Z_1) + \frac{(u_2^2 - u_1^2)}{2} = Q' - W_s \text{ 이므로}$$

$$E_2 + \frac{P_2}{\rho} + gZ_2 + \frac{u_2^2}{2} + W_s = E_1 + \frac{P_1}{\rho} + gZ_1 + \frac{u_1^2}{2} + Q' \tag{6-23}$$

실제로 유체가 받은 열을 Q라 하면 유체가 받은 열은 외부에서 유체에 가한 열 Q'과 마찰에 의한 에너지(ΣF)도 포함하므로 유체가 받은 열 Q는 식 (6-24)와 같이 표현된다.

$$Q = Q' + \Sigma F \text{ 또는 } Q' = Q - \Sigma F \tag{6-24}$$

에너지 변화가 존재하는 유체흐름에서의 베르누이 식은 식 (6-22)와 식 (6-24)로부터 식 (6-25)과 같다.

$$\Delta E + \frac{\Delta P}{\rho} + g\Delta Z + \frac{\Delta u^2}{2} = Q - \Sigma F - W_s \tag{6-25}$$

내부에너지(ΔE)와 압력에너지의 합을 엔탈피(ΔH)와 같다고 할 수 있다.

$$\Delta H = \Delta E + \Delta(PV) = \Delta E + \frac{\Delta P}{\rho} \tag{6-26}$$

식 (6−25)과 식 (6−26)를 이용하여 베르누이 식을 정리하면 식 (6−27)과 같다.

$$\Delta H + g\Delta Z + \frac{\Delta u^2}{2} = Q - \sum F - W_s \tag{6-27}$$

유체를 수송할 때 사용하는 펌프에 의하여 유체가 받은 일을 W_p라 하면 베르누이 식은 식 (6−28)과 같이 표현된다.

$$\Delta H + g\Delta Z + \frac{\Delta u^2}{2} = Q - \sum F + W_p \tag{6-28}$$

예제 6-9

직경이 10 cm로 일정한 원통형 관 내부를 4°C의 물이 5 m/s의 일정한 속도로 흐르고 있다. 물이 유출되는 출구는 입구보다 7.5 m 높이에 있고, 입구의 압력은 1.05 kg_f/cm^2이고, 출구의 압력은 1.96 kg_f/cm^2이다. 펌프는 물 1 kg에 10 $kg_f \cdot m$의 에너지를 공급하여야 한다면 마찰에 의한 에너지 손실은 몇 J/kg인지 계산하여라.

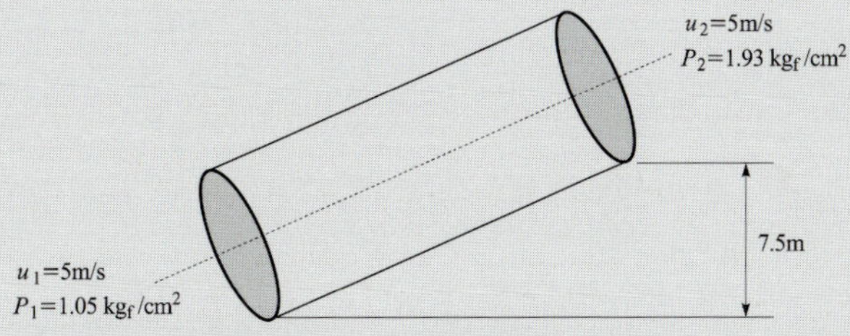

풀이 주어진 흐름공정에서 유체인 물은 4℃로 일정하게 유지되므로 온도의 함수인 내부에너지 변화는 존재하지 않으며, 온도가 일정한 단열공정이므로 열(Q)의 이동도 발생하지 않는다. 즉, $\Delta E = 0$이고, $Q = 0$인 공정이다.

따라서 $\Delta E + \frac{\Delta P}{\rho} + g\Delta Z + \frac{\Delta u^2}{2} = Q - W_s - \Sigma F$은 다음과 같다.

$\frac{\Delta P}{\rho} + g\Delta Z + \frac{\Delta u^2}{2} = W_s - \Sigma F$

여기서 관의 직경이 10 cm로 일정하면 속도는 5 m/s로 일정한 흐름이 유지되는 공정이므로 유속의 변화도 발생하지 않는다. 그러므로 $\Delta u = 0$이 된다.

따라서 $\frac{\Delta P}{\rho} + g\Delta Z = W_s - \Sigma F$이 된다.

그러므로 마찰에 의한 에너지 손실(ΣF)은 다음과 같다. $-\Sigma F = \frac{\Delta P}{\rho} + g\Delta Z - W_s$

여기서 $-\Sigma F = \frac{P_2 - P_1}{\rho} + g(Z_2 - Z_1) - W_s$이므로

$\frac{P_2 - P_1}{\rho} = \frac{(1.93 - 1.05)kg_f}{cm^2} \times \frac{m^3}{1000\ kg} \times \frac{(100\ cm)^2}{1\ m^2} \times \frac{9.8\ N}{1\ kg_f} = \frac{86.25\ N \times m}{kg}$

$$g(Z_2-Z_1)=\frac{9.8\ \text{m}}{s^2}\times(7.5\ \text{m}-0\ \text{m})=\frac{73.5\ \text{m}^2}{\text{s}^2}\times\frac{\text{kg}}{\text{kg}}\times\frac{1\ \text{N}}{1\ \text{kg}\times\text{m/s}^2}=\frac{73.5\ \text{N}\times\text{m}}{\text{kg}}$$

$$W_s=\frac{10\ \text{kg}_\text{f}\cdot\text{m}}{\text{kg}}=\frac{10\ \text{kg}_\text{f}\cdot\text{m}}{\text{kg}}\times\frac{9.8\ \text{N}}{1\ \text{kg}_\text{f}}=\frac{98\ \text{N}\times\text{m}}{\text{kg}}$$

$$-\Sigma F=\frac{86.25\text{N}\times\text{m}}{\text{kg}}+\frac{73.5\text{N}\times\text{m}}{\text{kg}}-\frac{98\text{N}\times\text{m}}{\text{kg}}=\frac{61.75\text{N}\times\text{m}}{\text{kg}}=\frac{61.75\text{J}}{\text{kg}}$$

실제유체의 흐름에서는 유체와 고체 벽의 계면에서 마찰이 발생한다. 이로 인하여 기계적 에너지는 감소하고 그 감소량 만큼이 열로 변화한다. 파이프라인(Pipe Line)을 흐르는 유체의 유속은 위치에 따라서 다르게 나타낼 수 있다.

유체와 고체벽면 사이에 마찰이 발생할 때 마찰손실의 합을 ΣF라 하면 마찰이 없는 이상유체의 경우 베르누이 식은 다음과 같이 표현된다.

$$\frac{P_2-P_1}{\rho}+g(Z_2-Z_1)+\frac{1}{2}(u_2^2-u_1^2)=0 \qquad (6\text{–}29)$$

마찰손실의 합(ΣF)을 고려하면 베르누이 식은 다음과 같이 나타낼 수 있다.

$$\frac{P_2-P_1}{\rho}+g(Z_2-Z_1)+\frac{1}{2}(u_2^2-u_1^2)+\Sigma F=0 \qquad (6\text{–}30)$$

$\Sigma F=F_s+F_f$

F_s : 표면마찰(유체가 관벽을 따라 흐를 때 계면에서의 마찰)

F_f : 형태마찰(경계층의 분리현상이 뚜렷할 때 발생하는 마찰)

핵심체크 **마찰손실의 합(ΣF)을 고려한 베르누이 식**

$$\frac{P_2-P_1}{\rho}+g(Z_2-Z_1)+\frac{1}{2}(u_2^2-u_1^2)+\Sigma F=0$$

예제 6-10

직경이 1 m인 수평 관에 4℃의 물이 흐르고 있다. 관로의 길이가 10 m이고 초기압력은 2 atm에서 최종상태의 압력이 1 atm인 상태로 1 m/s의 속도로 물이 흐를 경우 발생하는 마찰손실의 합은 몇 J/kg인가?

풀이 마찰이 발생하는 경우 베르누이 식은 다음과 같다.

$$\frac{P_2 - P_1}{\rho} + g(Z_2 - Z_1) + \frac{1}{2}(u_2^2 - u_1^2) + \sum F = 0$$

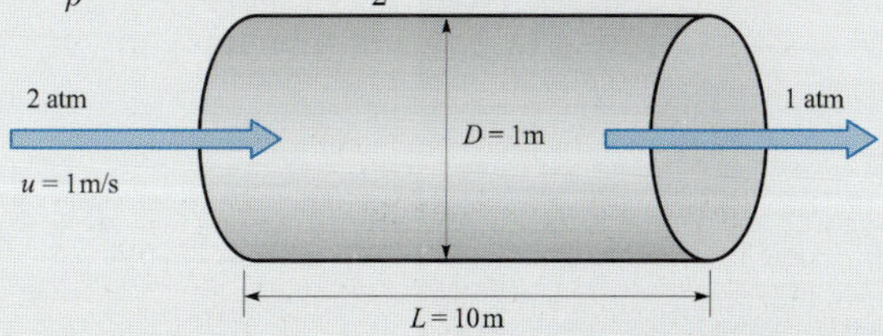

주어진 흐름공정에서 유체인 물은 4℃로 일정하게 유지되므로 온도의 함수인 내부에너지 변화는 존재하지 않으며, 온도가 일정한 단열공정이므로 열(Q)의 이동도 발생하지 않는다. 즉, $\Delta E = 0$이고, $Q = 0$인 공정이다.

수평관이므로 $Z_1 = Z_2$이므로 $g(Z_2 - Z_1) = 0$이 되고 파이프라인의 직경이 동일하므로 연속방정식을 이용하면 $u_1 = u_2$이므로 $\frac{1}{2}(u_2^2 - u_1^2) = 0$이 된다.

따라서 베르누이 방정식은 다음과 같이 단순화된다.

$$\sum F = \frac{P_1 - P_2}{\rho} = (2-1)\text{atm} \times \frac{101.3 \times 10^3 \text{ N/m}^2}{1 \text{ atm}} \times \frac{\text{m}^3}{1000 \text{ kg}} = \frac{101.3 \text{ N} \cdot \text{m}}{\text{kg}} = \frac{101.3 \text{ J}}{\text{kg}}$$

연습문제

01 다음의 설명 중에서 오일러(Euler) 식에 대한 설명으로 올바른 것은 어느 것인가?

① 오일러 식은 유체 입자의 운동경로와 힘의 관계를 나타낸 식이다.
② 오일러 식은 유체의 질량변화 관계를 나타낸 식이다.
③ 오일러 식은 유체의 에너지 관계를 표현한 식이다.
④ 오일러 식은 유선을 따라서 흐르는 유체의 미소 체적변화(dV)에 대해 뉴턴의 운동 제 2법칙을 적용한 식이다.

해설 오일러 운동 방정식은 유선을 따라서 흐르는 유체의 미소 체적변화(dV) 에 대해 뉴턴의 운동 제 2법칙을 적용한 식이라고 할 수 있다. ④

02 다음의 설명 중에서 오일러(Euler) 식을 유도하는데 관계가 없는 조건은 어느 것인가?

① 유체는 정상상태(steady state)의 유동을 한다.
② 유체는 유선(stream line)을 따라서 이동한다.
③ 유체는 비압축성 유체이다.
④ 유체는 마찰이 없는 비점성유체이다.

해설 오일러 운동 방정식을 유도하는데 필요한 가정은 다음과 같다.
1. 유체는 유선(stream line)을 따라서 이동한다.
2. 유체는 마찰이 없는 비점성유체이다.
3. 유체는 정상상태(steady state)의 유동을 한다. ③

03 다음의 식 중에서 베르누이 방정식이 아닌 것은 어느 것인가?

① $\frac{dP}{\gamma}+d\left(\frac{u^2}{2g}\right)+dZ=0$
② $\frac{P}{\gamma}+\frac{u^2}{2g}+Z$일정
③ $\frac{dA}{A}+\frac{d\rho}{\rho}+\frac{du}{u}=0$
④ $\frac{P_1}{\gamma}+\frac{u_1^2}{2g}+Z_1=\frac{P_2}{\gamma}+\frac{u_2^2}{2g}+Z_2$

해설 $\frac{dA}{A}+\frac{d\rho}{\rho}+\frac{du}{u}=0$ 은 연속 방정식이다. ③

04 다음의 설명 중에서 베르누이 식을 유도하는데 관계가 없는 조건은 어느 것인가?

① 유체는 정상상태(steady state)의 유동을 한다.
② 유체는 유선(stream line)을 따라서 이동한다.
③ 유체는 비압축성 유체이다.
④ 유체는 마찰이 없는 점성유체이다.

해설 베르누이 식을 유도하는데 필요한 가정은 다음과 같다.
1. 유체는 유선(stream line)을 따라서 이동한다.
2. 유체는 마찰이 없는 비점성유체이다.

3. 유체는 정상상태(steady state)의 유동을 한다.
4. 유체는 비압축성이다. ④

05 다음의 베르누이 식 $\Delta P+\gamma\Delta Z+\dfrac{\gamma\Delta u^2}{2g}=0$에서 동압력 항에 해당하는 것은 어느 것인가?

① ΔP ② $\gamma\Delta Z$
③ $\dfrac{\gamma\Delta u^2}{2g}$ ④ $\Delta P+\gamma\Delta Z+\dfrac{\gamma\Delta u^2}{2g}$

해설 베르누이 식은 다음과 같다.

$$\Delta P+\gamma\Delta Z+\frac{\gamma\Delta u^2}{2g}=0$$

여기서, ΔP : 정압력, $\gamma\Delta Z=\rho g\Delta Z$: 위치압력, $\dfrac{\gamma\Delta u^2}{2g}$: 동압력 ③

06 다음의 베르누이 식 $\Delta P+\gamma\Delta Z+\dfrac{\gamma\Delta u^2}{2g}=0$에서 정압력 항에 해당하는 것은 어느 것인가?

① ΔP ② $\gamma\Delta Z$
③ $\dfrac{\gamma\Delta u^2}{2g}$ ④ $\Delta P+\gamma\Delta Z+\dfrac{\gamma\Delta u^2}{2g}$

해설 베르누이 식은 다음과 같다.

$$\Delta P+\gamma\Delta Z+\frac{\gamma\Delta u^2}{2g}=0$$

여기서, ΔP : 정압력(Static Pressure), $\gamma\Delta Z=\rho g\Delta Z$: 위치압력, $\dfrac{\gamma\Delta u^2}{2g}$: 동압력 ①

07 다음의 설명 중에서 베르누이 식을 유도하는데 이용되는 관계식이 아닌 것은?

① 운동량 방정식
② 연속 방정식
③ 에너지 불변의 법칙
④ 운동에너지, 위치에너지 그리고 압력에너지 등 에너지 식

해설 베르누이 식은 에너지 불변의 법칙이며, 위치, 압력, 운동에너지로부터 연속 방정식을 이용하여 유도하는 식이다. ①

08 이상유체에 대한 베르누이 정리와 관계없는 것은 어느 것인가?

① 압력수두 ② 위치수두

③ 손실수두 ④ 속도수두

해설 이상유체는 비점성이며 비압축성이므로 손실수두가 존재하지 않는다. ③

09 다음 중 베르누이 정리를 응용하지 않은 것은 어느 것인가?

① 피토관 ② 벤투리미터
③ 파스칼의 원리 ④ 토리첼리 정리

해설 베르누이 정리를 응용한 것은 토리첼리의 정리, 피토관, 벤투리미터 등이 있다. ③

10 다음 중 베르누이 정리에 대한 설명으로 올바른 것은 어느 것인가?

① 베르누이 정리는 운동 방정식이다.
② 베르누이 정리는 파스칼의 법칙이다.
③ 베르누이 정리는 에너지 방정식이다.
④ 베르누이 정리는 토리첼리의 정리이다.

해설 베르누이 정리는 에너지 불변의 법칙이다. ③

11 동수경사선(Hydraulic Grade Line)에 대한 설명으로 올바른 것은 어느 것인가?

① 동수경사선은 위치수두와 속도수두를 합해 연결한 선이다.
② 동수경사선은 속도수두와 압력수두를 합해 연결한 선이다.
③ 동수경사선은 압력수두와 위치수두를 합해 연결한 선이다.
④ 동수경사선은 속도수두와 위치수두 그리고 압력수두를 합해 연결한 선이다.

해설 동수경사선은 수두경사선이라고도 하며 기준 수평면에서 위치수두와 압력수두의 합을 연결한 선이다. ③

12 에너지 선에 대한 설명으로 올바른 것은 어느 것인가?

① 에너지 선은 위치수두와 속도수두를 합해 연결한 선으로 흐름 방향으로 수평이다.
② 에너지 선은 속도수두와 압력수두를 합해 연결한 선으로 흐름 방향으로 수직이다.
③ 에너지 선은 압력수두와 위치수두를 합해 연결한 선으로 흐름 방향으로 수직이다.
④ 에너지 선은 속도수두와 위치수두 그리고 압력수두를 합해 연결한 선으로 흐름 방향으로 수평이다.

해설 에너지 선은 전 수두(속도수두 + 위치수두 + 압력수두)를 합해 연결한 선으로 흐름 방향으로 수평이다. ④

13 물이 평균유속이 12.5 m/s로 흐르고 있다. 중력 가속도가 9.8 m/s^2인 조건에서 속도수두는 몇 m인가?

해설 베르누이 식으로부터 속도수두는 다음과 같이 계산한다.

$\frac{P_2-P_1}{\gamma}+(Z_2-Z_1)+\frac{1}{2g}(u_2^2-u_1^2)=0$에서 속도수두는 $H=\frac{u^2}{2g}$이다.

따라서 $H=\frac{u^2}{2g}=\frac{(12.5\ \mathrm{m/s})^2}{2\times 9.8\ \mathrm{m/s^2}}=7.97\ \mathrm{m}$가 된다.

14 기준면으로부터 7 m 높이에 있는 물이 수압이 5 kgf/cm²이고, 평균유속이 6.5 m/s로 흐르고 있다. 중력 가속도가 9.8 m/s²인 조건에서 전 수두는 몇 m인가?

해설 베르누이 식으로부터 전 수두는 다음과 같이 계산한다.

$$\frac{\Delta P}{\gamma}+\Delta Z+\frac{\Delta u^2}{2g}=0$$

$\frac{\Delta P}{\gamma}$: 압력두, ΔZ : 위치두, $\frac{\Delta u^2}{2g}$: 속도두

압력수두 $\frac{P}{\gamma}=\frac{\frac{5\ \mathrm{kg_f}}{\mathrm{cm^2}}\times\left(\frac{100\ \mathrm{cm}}{1\ \mathrm{m}}\right)^2}{\frac{1000\ \mathrm{kg_f}}{\mathrm{m^3}}}=50\ \mathrm{m}$

속도수두 $\frac{u^2}{2g}=\frac{(6.5\ \mathrm{m/s})^2}{2\times 9.8\ \mathrm{m/s^2}}=2.15\ \mathrm{m}$

위치수두 $Z=7\ \mathrm{m}$

따라서 전 수두=압력수두+속도수두+위치수두=50 m+2.15 m+7 m=59.15 m가 된다.

15 높이가 17 m인 물탱크의 바닥 측면에 직경이 2.54 cm(=1 in)인 구멍이 뚫려있다. 이 구멍을 통하여 탱크 중에 있는 물이 유출되고 있다. 탱크에 물이 완전히 들어 있다고 하면 측면 구멍을 통해서 유출되는 ① 물의 유속은 몇 m/s ② 물의 유량은 몇 m³/s인가?

해설 마찰이 없는 이상유체의 경우이므로 베르누이 식을 사용하면

$$\frac{P_2-P_1}{\gamma}+g(Z_2-Z_1)+\frac{1}{2}(u_2^2-u_1^2)=0$$

$P_1=P_2=$대기압

초기의 유체는 정지상태이므로 $u_2=0$

높이차 $Z_2-Z_1=H$

따라서 $g(H)=\frac{1}{2}u_1^2$에서 $u_1^2=2g(H)$이므로

$u^2=2gH$이며 속도 $u=\sqrt{2gH}$이다

① 물의 유속은 몇 m/s

$u=\sqrt{2gH}=\sqrt{2\times\frac{9.8\ \mathrm{m}}{\mathrm{s^2}}\times 17\ \mathrm{m}}=18.25\frac{\mathrm{m}}{\mathrm{s}}$

가 된다.

② 물의 유량은 몇 m³/s인가?

연속 방정식 $Q = uA$에서 $A = \frac{\pi}{4}D^2$이므로

$A = \frac{\pi}{4}D^2 = \frac{\pi}{4}(0.025\ \mathrm{m})^2 = 4.9\times10^{-4}\ \mathrm{m}^2$

$Q = uA = \frac{18.25\ \mathrm{m}}{s}\times4.9\times10^{-4}\ \mathrm{m}^2 = \frac{8.95\times10^{-3}\ \mathrm{m}^3}{s}$

가 된다.

16 그림과 같은 물탱크를 통해서 유출되는 물의 유속이 12.5 m/s이다. 물탱크 아래쪽의 높이 H는 몇 m인가?

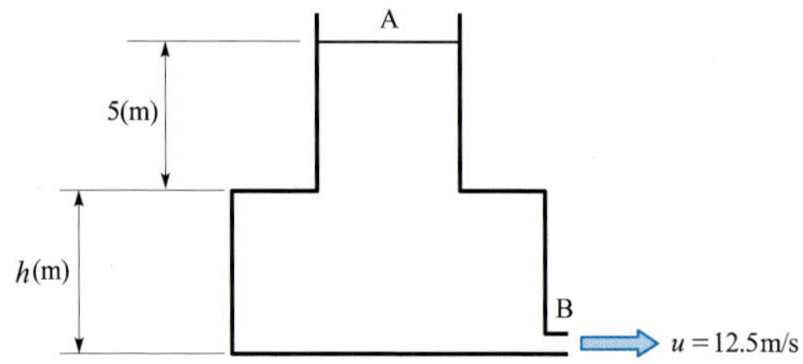

해설 물탱크 아랫부분에서 받는 압력은 높이에 비례한다. 따라서 유체의 유속(u_o)과 높이의 관계는 다음과 같다.

$u^2 = 2g\left(\frac{\Delta P}{\gamma}\right)$이므로 $u = \sqrt{2g\left(\frac{\Delta P}{\gamma}\right)} = \sqrt{2g\Delta h}$ 와 같다.

따라서 $u = \sqrt{2g\Delta h}$ 에서 $u^2 = 2g\Delta h$이므로 $\Delta h = \frac{u^2}{2g}$가 된다.

$\Delta h = \frac{u^2}{2g} = \frac{(12.5\ \mathrm{m/s})^2}{2\times9.8\ \mathrm{m/s^2}} = 7.97\ \mathrm{m}$가 된다.

따라서 상부의 높이가 5 m이므로 아래쪽 탱크의 높이(h)는 $h(\mathrm{m}) = 7.97\ \mathrm{m} - 5\ \mathrm{m} = 2.97\ \mathrm{m}$이다.

17 중력 가속도가 9.75 m/s^{2}인 곳에서 내경 40 mm인 배관을 통해 물을 320 L/min의 유량으로 이동 시킨다. ① 유체의 운동에너지는 몇 J/kg인가? ② 유체의 속도수두는 몇 m인가?

해설 베르누이 방정식은 에너지 개념으로는 $\frac{P_2 - P_1}{\rho} + g(Z_2 - Z_1) + \frac{1}{2}(u_2^2 - u_1^2) = 0$으로 나타낼 수 있고, 수두(head)의 개념으로는 $\frac{\Delta P}{\gamma} + \frac{\Delta u^2}{2g} + \Delta Z = 0$으로 표현된다.

주어진 조건에서 유속(u)을 계산하기 위해서 직경(D)와 유량(Q)이 주어졌으므로 $Q = uA$에서 계산할 수 있다.

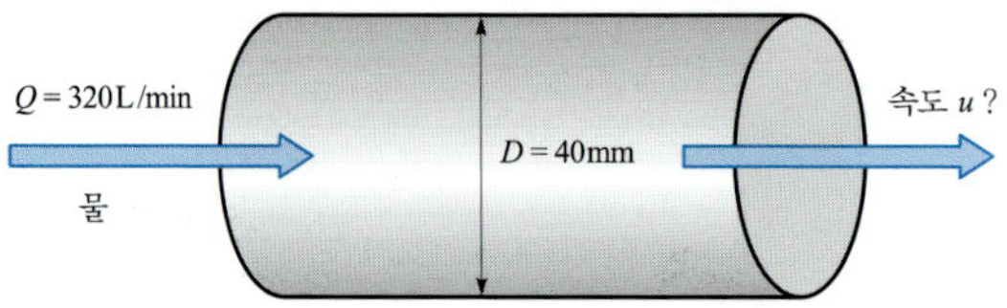

면적은 $A=\frac{\pi}{4}D^2=\frac{3.14}{4}\times(4\ \text{cm})^2=12.56\ \text{cm}^2$이므로 유속은 다음과 같다.

$$u=\frac{Q}{A}=\frac{\frac{320\ \text{L}}{\text{min}}\times\frac{1000\ \text{cm}^3}{1\ \text{L}}\times\frac{1\ \text{min}}{60\ \text{s}}}{12.56\ \text{cm}^2}=\frac{424.63\ \text{cm}}{s}=\frac{4.24\ \text{m}}{\text{s}}$$

① 유체의 운동에너지는 몇 J/kg인가?

$\frac{\Delta P}{\rho}+g\Delta Z+\frac{1}{2}\Delta u^2=0$에서 운동에너지는 $\frac{\Delta u^2}{2}$이므로

운동에너지 $\frac{\Delta u^2}{2}=\frac{\left(\frac{4.24\ \text{m}}{\text{s}}\right)^2}{2}=\frac{8.99\ \text{m}^2}{\text{s}^2}$가 되며 이를 J/kg의 단위로 환산하면

$\frac{\Delta u^2}{2}=\frac{8.99\ \text{m}^2}{\text{s}^2}=\frac{8.99\ \text{m}^2}{\text{s}^2}\times\frac{\text{kg}}{\text{kg}}\times\frac{\text{N}}{\text{kg}\cdot\text{m/s}^2}=\frac{8.99\ \text{N}\cdot\text{m}}{\text{kg}}=\frac{8.99\ \text{J}}{\text{kg}}$이 된다.

② 속도수두는 몇 m인가?

$\frac{\Delta P}{\gamma}+\frac{\Delta u^2}{2g}+\Delta Z=0$에서 속도수두는 $\frac{\Delta u^2}{2g}$이므로

속도수두는 $\frac{\Delta u^2}{2\ \text{g}}=\frac{\left(\frac{4.24\ \text{m}}{\text{s}}\right)^2}{2\times\frac{9.75\ \text{m}}{\text{s}^2}}=0.92\ \text{m}$가 된다.

18 직경이 60 mm인 원통형 관을 통해서 압력을 가해서 비중이 1.15인 유체를 이동시키려고 한다. 이때 압력은 0.95 $\text{kg}_\text{f}/\text{cm}^2$이고, 이동한 유체의 양은 250 L/mim이다. 이 조건에서 압력에너지(J/kg) 와 압력수두(m)를 계산하여라.

해설 베르누이 방정식은 에너지 개념으로는 $\frac{P_2-P_1}{\rho}+g(Z_2-Z_1)+\frac{1}{2}(u_2^2-u_1^2)=0$으로 나타낼 수 있고, 수두(head)의 개념으로는 $\frac{\Delta P}{\gamma}+\frac{\Delta u^2}{2g}+\Delta Z=0$으로 표현된다.

① 유체의 압력에너지는 몇 J/kg인가?

$\frac{\Delta P}{\rho}+g\Delta Z+\frac{1}{2}\Delta u^2=0$에서 압력에너지는 $\frac{\Delta P}{\rho}$이다.

따라서 압력에너지 $\frac{\Delta P}{\rho}$이고 비중이 1.15이므로 밀도는 1150kg/m^3이다.

이를 이용해서 압력에너지($\Delta P/\rho$)를 구하면 다음과 같다.

$$\frac{\Delta P}{\rho}=\frac{\frac{0.95\ \text{kg}_\text{f}}{\text{cm}^2}\times\frac{9.8\ \text{N}}{1\ \text{kg}_\text{f}}\times\left(\frac{100\ \text{cm}}{1\ \text{m}}\right)^2}{\frac{1150\ \text{kg}}{\text{m}^3}}=\frac{80.95\ \text{N}\cdot\text{m}}{\text{kg}}=\frac{80.95\ \text{J}}{\text{kg}}$$ 이 된다.

② 압력수두는 몇 m인가?

$\frac{\Delta P}{\gamma}+\frac{\Delta u^2}{2g}+\Delta Z=0$에서 압력수두는 $\frac{\Delta P}{\gamma}$이 된다.

유체가 비중이 1.15이므로 밀도는 1150kg/m^3이므로 액체의 비중량(γ)은

$\gamma=\rho\times g=\frac{1150\text{kg}}{\text{m}^3}\times\frac{9.8\text{m}}{\text{s}^2}=\frac{11270\text{N}}{\text{m}^3}$이다.

따라서 압력수두는 $\dfrac{\Delta P}{\gamma}=\dfrac{\dfrac{0.95\ \text{kg}_f}{\text{cm}^2}\times\left(\dfrac{100\ \text{cm}}{1\ \text{m}}\right)^2\times\dfrac{9.8\ \text{N}}{1\ \text{kg}_f}}{\dfrac{11270\ \text{N}}{\text{m}^3}}=8.26\ \text{m}$이 된다.

19 아래 그림과 같이 직경이 35 mm인 배관 속을 흐르는 물의 유속이 3.5 m/s이고, 가해진 압력은 1.15 kg_f/cm^2이다. 이 배관을 이용해서 물을 기준면으로부터 17 m 위로 이송시킨다. 이 공정에서 발생되는 ① 전체 에너지는 몇 J/kg인가? ② 전 수두(total head)는 몇 m인가? (이때 중력 가속도는 9.8 m/s^2이다.)

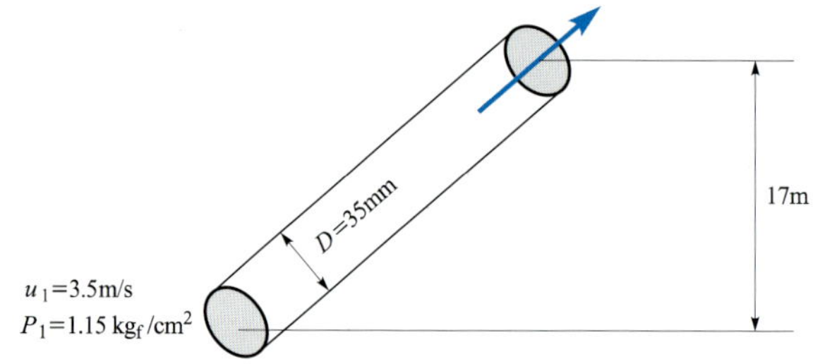

해설 ① 전체 에너지는 몇 J/kg인가?

베르누이 방정식은 에너지 개념으로는 $\dfrac{P_2-P_1}{\rho}+g(Z_2-Z_1)+\dfrac{1}{2}(u_2^2-u_1^2)=0$이므로

Ⓐ 유체의 운동에너지(J/kg)는?

$\dfrac{\Delta P}{\rho}+g\Delta Z+\dfrac{1}{2}\Delta u^2=0$에서 운동에너지는 $\dfrac{\Delta u^2}{2}$ 이므로

운동에너지 $\dfrac{\Delta u^2}{2}=\dfrac{\left(\dfrac{3.5\ \text{m}}{\text{s}}\right)^2}{2}=\dfrac{6.125\ \text{m}^2}{\text{s}^2}$가 되며 이를 J/kg의 단위로 환산하면

$\dfrac{\Delta u^2}{2}=\dfrac{6.125\text{m}^2}{\text{s}^2}=\dfrac{6.125\text{m}^2}{\text{s}^2}\times\dfrac{\text{kg}}{\text{kg}}\times\dfrac{\text{N}}{\text{kg}\cdot\text{m/s}^2}=\dfrac{6.125\ \text{N}\cdot\text{m}}{\text{kg}}=\dfrac{6.125\text{J}}{\text{kg}}$ 이 된다.

Ⓑ 유체의 압력에너지(J/kg)는?

$\dfrac{\Delta P}{\rho}+g\Delta Z+\dfrac{1}{2}\Delta u^2=0$에서 압력에너지는 $\dfrac{\Delta P}{\rho}$ 이다.

따라서 압력에너지 $\dfrac{\Delta P}{\rho}$ 이므로 이를 J/kg의 단위로 환산하면

$$\frac{\Delta P}{\rho}=\frac{\dfrac{1.15\ \text{kg}_f}{\text{cm}^2}\times\dfrac{9.8\ \text{N}}{1\ \text{kg}_f}\times\left(\dfrac{100\ \text{cm}}{1\ \text{m}}\right)^2}{\dfrac{1000\ \text{kg}}{\text{m}^3}}=\frac{112.7\ \text{N}\cdot\text{m}}{\text{kg}}=\frac{112.7\ \text{J}}{\text{kg}}$$ 이 된다.

Ⓒ 유체의 위치에너지(J/kg)는?

$\dfrac{\Delta P}{\rho}+g\Delta Z+\dfrac{1}{2}\Delta U^2=0$에서 위치에너지는 $g\Delta Z$이다.

따라서 위치에너지를 J/kg의 단위로 환산하면 $g\Delta Z=\dfrac{9.8\ \text{m}}{\text{s}^2}\times 17\ \text{m}=\dfrac{166.6\ \text{m}^2}{\text{s}^2}$ 이므로 이를 환산하면 다음과 같다.

$$g\Delta Z = \frac{166.6\ \text{m}^2}{\text{s}^2} = \frac{166.6\ \text{m}^2}{\text{s}^2} \times \frac{\text{kg}}{\text{kg}} \times \frac{\text{N}}{\text{kg}\cdot\text{m/s}^2} = \frac{166.6\ \text{N}\cdot\text{m}}{\text{kg}} = \frac{166.6\ \text{J}}{\text{kg}}$$

이 된다.

따라서 전체 운동에너지(J/kg)는

$$\frac{\Delta P}{\rho} + g\Delta Z + \frac{1}{2}\Delta u^2 = \frac{112.7\ \text{J}}{\text{kg}} + \frac{166.6\ \text{J}}{\text{kg}} + \frac{6.125\ \text{J}}{\text{kg}} = \frac{285.425\ \text{J}}{\text{kg}}$$

② 전 수두(total head)는 몇 m인가?

베르누이 방정식에 의하면 $\frac{\Delta P}{\gamma} + \frac{\Delta u^2}{2g} + \Delta Z = H$(Total Head)

물에서 비중량은 $\gamma = \rho \times g = \frac{1{,}000\ \text{kg}}{\text{m}^3} \times \frac{9.8\ \text{m}}{\text{s}^2} = \frac{9{,}800\ \text{N}}{\text{m}^3}$ 이다.

Ⓐ 압력수두는 $\frac{\Delta P}{\gamma} = \dfrac{\frac{1.15\ \text{kg}_\text{f}}{\text{cm}^2} \times \left(\frac{100\ \text{cm}}{1\ \text{m}}\right)^2 \times \frac{9.8\ \text{N}}{1\ \text{kg}_\text{f}}}{\frac{9800\ \text{N}}{\text{m}^3}} = 11.5\ \text{m}$ 이다.

Ⓑ 속도수두는 $\frac{\Delta u^2}{2g} = \dfrac{\left(\frac{3.5\ \text{m}}{\text{s}}\right)^2}{2 \times \frac{9.8\ \text{m}}{\text{s}^2}} = 0.625\ \text{m}$

Ⓒ 위치수두 $\Delta Z = 17\ \text{m}$

따라서 전수두 (Total Head)

$$H = \frac{\Delta P}{\gamma} + \frac{\Delta u^2}{2g} + \Delta Z = 11.5\ \text{m} + 0.625\ \text{m} + 17\ \text{m} = 29.125\ \text{m}$$

20 비중이 0.83인 유체가 온도가 일정하게 유지되면서 직경이 15 cm이고, 길이가 25 m인 원통형 관을 통해서 흐르고 있다. 이 유체는 유체 1 kg에 대한 전체 마찰손실은 8.5 kg_f · m인 조건으로 아래 그림과 같은 계(system)를 이동한다면 이 유체가 흐르면서 한 기계적인 일은 몇 J/kg인가?

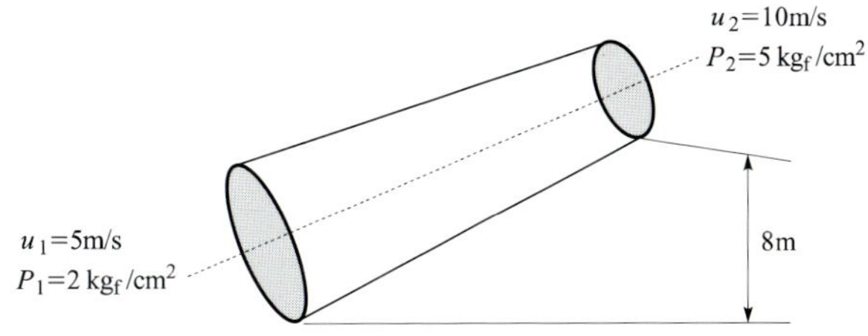

해설 베르누이 방정식 $\Delta E + \frac{\Delta P}{\rho} + g\Delta Z + \frac{\Delta u^2}{2} = Q - W_s - \Sigma F$에 의하면

온도가 일정하게 유지되므로 $\Delta E = 0$, 또한 열전달이 없으므로 $Q = 0$이다.

따라서 $\frac{\Delta P}{\rho} + g\Delta Z + \frac{\Delta u^2}{2} = -W_s - \Sigma F$가 된다.

이 식을 기계적인 일(W_s)의 값으로 정리하면

$$-W_s = \frac{P_2 - P_1}{\rho} + g(Z_2 - Z_1) + \frac{(u_2^2 - u_1^2)}{2} + \Sigma F \text{가 된다.}$$

$$\frac{P_2 - P_1}{\rho} = \frac{(5-2)\ \text{kg}_\text{f}}{\text{cm}^2} \times \frac{\text{m}^3}{830\ \text{kg}} \times \frac{(100\ \text{cm})^2}{1\ \text{m}^2} \times \frac{9.8\ \text{N}}{1\ \text{kg}_\text{f}} = \frac{354.2\ \text{N}\times\text{m}}{\text{kg}}$$

연습문제

$$g(Z_2 - Z_1) = \frac{9.8\ \text{m}}{\text{s}^2} \times 8\ \text{m} = \frac{78.4\ \text{m}^2}{\text{s}^2} = \frac{78.4\ \text{m}^2}{\text{s}^2} \times \frac{\text{kg}}{\text{kg}} \times \frac{1\ \text{N}}{1\ \text{kg} \times \text{m/s}^2} = \frac{78.4\ \text{N} \times \text{m}}{\text{kg}}$$

$$\frac{(u_2^2 - u_1^2)}{2} = \frac{\left[\left(\frac{10\ \text{m}}{\text{s}}\right)^2 - \left(\frac{5\ \text{m}}{\text{s}}\right)^2\right]}{2} = \frac{37.5\ \text{m}^2}{\text{s}^2} = \frac{37.5\ \text{m}^2}{\text{s}^2} \times \frac{\text{kg}}{\text{kg}} \times \frac{1\ \text{N}}{1\ \text{kg} \times \text{m/s}^2}$$

$$= \frac{37.5\ \text{N} \times \text{m}}{\text{kg}}$$

$$\sum F = \frac{8.5\ \text{kg}_\text{f} \cdot \text{m}}{\text{kg}} = \frac{8.5\ \text{kg}_\text{f} \cdot \text{m}}{\text{kg}} \times \frac{9.8\ \text{N}}{1\ \text{kg}_\text{f}} = \frac{83.3\ \text{N} \times \text{m}}{\text{kg}}$$

따라서 기계적인 일은 $-W_s = \frac{P_2 - P_1}{\rho} + \frac{g}{g_c}(Z_2 - Z_1) + \frac{(u_2^2 - u_1^2)}{2g_c} + \sum F$이므로

$$-W_s = \frac{(354.2 + 78.4 + 37.5 + 83.8)\text{N} \times \text{m}}{\text{kg}} = \frac{553.9\ \text{N} \times \text{m}}{\text{kg}} = \frac{553.9\ \text{J}}{\text{kg}}$$

기계적일(W_s)의 값이 음의 값이므로 유체가 흐르면서 계(system)에서 주변으로 일을 해준 것이다.

제 7 장 유체의 흐름 형태에 따른 마찰손실

07 유체의 흐름 형태에 따른 마찰손실

유체의 흐름 형태는 관성력(inertia force)과 점성력(viscous force)의 비에 따라서 층류와 난류로 구분된다. 이러한 흐름 특성은 유체가 가지고 있는 고유한 물리적 특성 값에 따라 영향을 받는다고 할 수 있다. 유체는 일반적으로 정해진 유로를 따라서 이동하게 되는데 이 경우 유로의 형태와 유로표면의 거칠기 등도 유체 흐름에 중요한 영향을 미치게 된다. 이처럼 유체가 흐르고자 할 때 유체 흐름 특성에 영향을 주는 요인은 유체 자신의 성상과 유체가 이동하는 유로 등이 영향을 미치는 것으로 볼 수 있다. 여기에서는 유체가 이동할 때 영향을 주는 요인에 대해서 살펴보기로 하자.

핵심체크 유체의 흐름 특성에 영향을 주는 요인

(1) 유체 자신의 물성 : 속도, 밀도 ,점도 등
(2) 유체 흐름관로의 특성 : 직경, 표면 거칠기, 설치조건(각도, 이음, 회전 등)

1 층류에서 유체의 속도분포

층류 흐름은 점성력에 대한 관성력의 상대적인 크기를 나타내는 레이놀즈수가 2100보다 작은 경우를 의미한다. 층류에서 레이놀즈수에 큰 영향을 주는 것은 유체의 밀도, 유속 그리고 유로의 크기라고 할 수 있다. 유체가 일정한 조건에서 이동하는 경우 주로 유속에 따라서 흐름 특성이 달라진다고 할 수 있다. 따라서 여기에서는 층류에서 속도분포를 어떻게 나타내는 가에 대해서 살펴보기로 하자.

이를 위해 직경이 D인 수평 원통형 관을 통해 유체가 흐를 때 발생하는 유체의 흐름 특성 및 저항력에 대해서 살펴보기로 하자. 그림 7-1에서 보는 바와 같이 원통형 관을 통해 유체가 유입되는 경우 유입지점에서 압력은 P_1이고 유체가 유출되는 지점에서 압력이 P_2인 유체의 흐름이 있다. 이때 유체가 흐르는 관로의 길이가 L인 원통형 관속으로 유체가 층류를 유지하면서 흐르고 있는 조건에서 유체의 흐름에 따른 특성을 살펴보기로 하자.

핵심 체크 **관성력과 점성력**

(1) 관성력 $= \rho u \dfrac{du}{dx} = \rho u^2/L = \rho u^2 L^{-1}$

(2) 점성력 $= \mu \dfrac{d^2u}{dx^2} = \mu u/L^2 = \mu u L^{-2}$

유체의 흐름은 유체내의 각 지점에서의 속도가 시간에 따라 변화하지 않는 정상류(stead state flow)이며 관은 수평상태로 유지되며 관 중심에서의 유속이 가장 크다면 원통형 관의 중심부를 흐르고 있는 유체에 작용하고 있는 힘에 대해 생각해 보자.

그림 7-1은 수평 원통형 관을 통해 흐르고 있는 유체의 미소부분에 대한 힘의 관계를 나타낸 것이다. 유체 흐름의 직경을 D라고 할 때 유체에 작용하는 힘의 평형관계를 살펴보자.

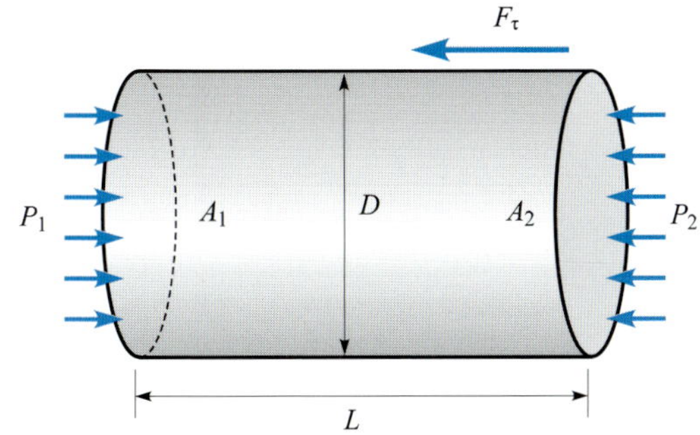

그림 7-1. **유체 흐름에 따른 힘.**

면적 A_1인 지점 '1'에서 유체의 압력은 그림에서 보는 바와 같이 P_1이며, 면적 A_2인 지점 '2'에서의 압력은 P_2이다. 지점 '1'과 지점 '2' 사이의 유체의 총 이동 거리는 L이며, 지점 '1'과 지점 '2' 사이에 유체의 면적의 변화가 없으므로 면적 $A_1 = A_2$가 된다.

이러한 상황에서 유체가 이동할 때 힘의 평형상태에 대하여 살펴보기로 하자. 지점 '1'에서 유체에 가해지는 힘은 압력에 의한 힘 F_1이며, 지점 '2'에서 가해지는 힘은 압력에 의한 힘 F_2가 된다. 그리고 유체가 이동하는 방향의 반대방향으로 저항(전단응력)에 의한 힘 F_r가 작용한다.

이들 힘 사이의 관계는 다음과 같다.

$$F_1 = F_2 + F_r \tag{7-1}$$

이다.

핵심 체크 압력(P), 면적(A) 그리고 힘(F)의 관계

$P = \dfrac{F}{A}$이므로 $F = PA$가 된다.

압력의 정의가 단위면적당 작용한 힘이므로 P_1에 의한 힘(F_1)은 P_1이 면적 A_1에 작용하는 힘이며, 압력 P_2에 의한 힘(F_2)은 P_2가 면적 A_2에 작용하는 힘과 같다. 또한 유체의 흐름과 반대방향에서 작용하는 저항에 의한 힘(F_r)은 관의 길이 L에 작용한 힘과 같다고 할 수 있다. 그러므로 압력 P_1과 P_2에 의한 힘 그리고 저항에 의한 힘은 다음과 같이 나타낼 수 있다.

① 압력 P_1에 의한 힘 : $F_1 = P_1 A_1$

② 압력 P_2에 의한 힘 : $F_2 = P_2 A_2$

③ 저항에 의한 힘 : $F_r = \tau A_L$이므로

이 값을 식 (7-1)에 대입하면 각 힘의 상관관계를 구할 수 있다.

$$P_1 A_1 = P_2 A_2 + \tau A_L \tag{7-2}$$

이다.

유체가 이동하는 관은 직경이 D이며, 이동거리는 L인 원통형 관이라 하면 단면적 $A = \dfrac{\pi}{4} D^2$이고 원통형 관의 면적은 $A_L = 2\pi r L = \pi D L$이므로 식 (7-2)에 각 면적값을 대입하면 다음과 같다.

$$P_1 \frac{\pi}{4} D^2 = P_2 \frac{\pi}{4} D^2 + \pi DL \times \tau \qquad (7\text{–}3)$$

가 된다. 식 (7–3)의 각항을 πDL로 나누면 전단응력(τ)은 다음과 같이 나타낼 수 있다.

$$\tau = \frac{P_1 \frac{\pi}{4} D^2 - P_2 \frac{\pi}{4} D^2}{\pi DL} = \frac{(P_1 - P_2) \times D}{4L} \qquad (7\text{–}4)$$

유체가 이동할 때 전단응력은 압력차(ΔP)에 비례하고, 관의 직경(D)에 비례하며, 관의 길이(L)에 반비례하는 특성을 가진다.

핵심체크 정상류 층류에서 전단응력(τ)과 압력강하(ΔP)의 관계

$$\tau = \frac{P_1 \frac{\pi}{4} D^2 - P_2 \frac{\pi}{4} D^2}{\pi DL} = \frac{(P_1 - P_2) \times D}{4L} = \frac{\Delta P \times D}{4L}$$

예제 7-1

직경이 25 cm, 길이가 1.5 m인 수평 원통관으로 물이 흐르고 있다. 이때 손실이 12 cm일 때 관 벽에 작용하는 마찰력(τ)은 몇 $\mathrm{kg_f/m^2}$인가?

풀이

전단응력 $\tau = -\mu \frac{du}{dr}$ 이므로 전단응력과 압력차의 관계식 $\tau = \frac{\Delta P \times D}{4L}$ 을 이용해서 해결할 수 있다. 주어진 조건에서 $D = 25$ cm, $L = 1.5$ m, 그리고 손실 $h = 12$ cm이므로 $\Delta P = \gamma h$이므로 물의 비중량 $\gamma = \frac{1000\ \mathrm{kg_f}}{\mathrm{m^3}}$ 을 이용해서 압력차를 계산할 수 있다.

$$\Delta P = \gamma h = \frac{1000\ \mathrm{kg_f}}{\mathrm{m^3}} \times 0.12\ \mathrm{m} = \frac{120\ \mathrm{kg_f}}{\mathrm{m^2}}$$

따라서 전단응력 $\tau = \frac{\Delta P \times D}{4L}$ 이므로 $\tau = \frac{\frac{120\ \mathrm{kg_f}}{\mathrm{m^2}} \times 0.25\ \mathrm{m}}{4 \times 1.5\ \mathrm{m}} = \frac{5\ \mathrm{kg_f}}{\mathrm{m^2}}$

앞에서 구해진 식 (7–3)의 $P_1 \frac{\pi}{4} D^2 = P_2 \frac{\pi}{4} D^2 + \pi DL \times \tau$에서 전단응력($\tau$)과 유속($u$)과의 관계를 살펴보면 다음과 같다. 저항에 의한 힘에 작용하는 전단응력(τ)은 뉴턴의 점성법칙에 의하면 $\tau = -\mu \frac{du}{dr}$이므로 이 값을 $P_1 \frac{\pi}{4} D^2 = P_2 \frac{\pi}{4} D^2 + \pi DL \times \tau$에 대입하여 정리하면 다음과 같다.

핵심 체크 뉴턴의 점성법칙

$$\tau = -\mu \frac{du}{dr}$$

식 (7–3)에서 전단응력 τ를 뉴턴의 점성법칙에서 계산된 전단응력값 $\tau = \mu \frac{du}{dr}$을 대입하면

$$P_1 \frac{\pi}{4} D^2 = P_2 \frac{\pi}{4} D^2 + \pi DL \times - \mu \frac{du}{dr} \qquad (7\text{–}5)$$

가 된다. 식 (7–5)의 $P_1 \frac{\pi}{4} D^2 = P_2 \frac{\pi}{4} D^2 + \pi DL \times - \mu \frac{du}{dr}$의 각항을 $\frac{\pi}{4} D^2$으로 나누면 식 (7–5)는 다음과 같이 압력차와 속도구배의 함수로 표현할 수 있다.

$$P_1 = P_2 + \frac{4L}{D}\left(-\mu \frac{du}{dr}\right) = P_2 - \frac{4\mu L}{D}\frac{du}{dr} \qquad (7\text{–}6)$$

여기서 $D = 2r$이므로 이 값을 식 (7–6)에 대입하면 다음과 같다.

$$P_1 = P_2 - \frac{4\mu L}{2r}\frac{du}{dr} = P_2 - \frac{2\mu L}{r}\frac{du}{dr} \qquad (7\text{–}7)$$

식 (7–7)을 압력항과 유속(u)항으로 정리하면

$$(P_1 - P_2) rdr = -2\mu L du \qquad (7\text{–}8)$$

식 (7–8)의 $(P_1 - P_2) rdr = -2\mu L du$에서 유체의 흐름에서 유속에 미치는 영향을 확인하기 위해 양변을 $2\mu L$로 나누면 다음과 같다.

$$du = -\frac{(P_1 - P_2) rdr}{2\mu L} \qquad (7\text{–}9)$$

식 $du = -\frac{(P_1 - P_2) rdr}{2\mu L}$을 적분하면

$$\int du = -\int \frac{(P_1 - P_2) rdr}{2\mu L} = -\frac{(P_1 - P_2)}{2\mu L}\int rdr \qquad (7\text{–}10)$$

이 된다.

핵심 체크 적분 공식

$$\int x^n dx = \frac{1}{n+1}x^{n+1} + C$$

$$\int (ax+b)^n dx = \frac{1}{a}\frac{1}{n+1}(ax+b)^{n+1} + C$$

반경이 r인 원통형 관을 통해 점성이 μ인 유체가 흐를 때 속도분포는 식 (7-11)과 같다.

$$u = -\frac{(P_1 - P_2)}{2\mu L}\int r dr \tag{7-11}$$

식 (7-11)의 식 $u = -\frac{(P_1 - P_2)}{2\mu L}\int r dr$에서 $\int r dr = \frac{1}{2}r^2 + c$가 되므로 반경이 r인 원통형 관을 통해 유체가 이동할 때 유체의 유속 U는 다음과 같이 나타낸다.

$$u = -\frac{(P_1 - P_2)}{2\mu L} \times \frac{1}{2}r^2 + C = -\frac{(P_1 - P_2)r^2}{4\mu L} + C \tag{7-12}$$

가 된다.

핵심 체크 반경이 r인 원통형 관을 흐르는 유체의 속도분포 – 1

$$u = -\frac{(P_1 - P_2)}{2\mu L} \times \frac{1}{2}r^2 + C = -\frac{(P_1 - P_2)r^2}{4\mu L} + C$$

점도가 μ인 유체가 원통형 관을 통해 흐를 때 식 (7-12)에서 상수 C를 계산하기 위해서는 유체의 흐름 속도가 원통형 관의 반경에 따라 어떻게 변화하는지를 알아야 한다. 원통형 관의 중심부분을 기준으로 해서 관벽쪽으로 접근할수록 유체의 흐름 속도는 감소하여 관의 벽에서 유체의 흐름 속도는 거의 0의 값을 가진다.
식 (7-12)에서 $r = r_o$이 되는 경우 u는 0에 접근하는 값을 가지므로 상수 C는 다음과 같다.

$$C = \frac{(P_1 - P_2)r_o^2}{4\mu L}$$

이 결과를 식 (7-12) $u=-\dfrac{(P_1-P_2)r^2}{4\mu L}+C$에 대입하면

$$u=-\frac{(P_1-P_2)r^2}{4\mu L}+\frac{(P_1-P_2)r_o^2}{4\mu L}=\frac{(P_1-P_2)}{4\mu L}(r_o^2-r^2) \tag{7-13}$$

압력과 높이의 관계로부터 $\Delta P=(P_1-P_2)=\rho gh=\gamma h$이므로 이 값을 이용하여 식 (7-13)을 정리하면 다음과 같은 속도 값을 구할 수 있다.

$$u=\frac{(P_1-P_2)}{4\mu L}(r_o^2-r^2)=\frac{\Delta P}{4\mu L}(r_o^2-r^2)=\frac{\gamma h}{4\mu L}(r_o^2-r^2) \tag{7-14}$$

가 된다. 유체의 흐름 속도는 점성(μ)과 이동길이(L)에 반비례한다.

핵심 체크 **반경이 r인 원통형 관을 흐르는 유체의 속도분포 – 2**

$$u=\frac{(P_1-P_2)}{4\mu L}(r_o^2-r^2)=\frac{\Delta P}{4\mu L}(r_o^2-r^2)=\frac{\gamma h}{4\mu L}(r_o^2-r^2)$$

예제 7-2

그림과 같은 수평 원통형 관에 유체가 층류로 흐르고 있다. 이때 발생하는 압력 변화가 270 kPa이라면 이 흐름을 통해 관의 벽에서 발생하는 전단응력은 몇 Pa인가?

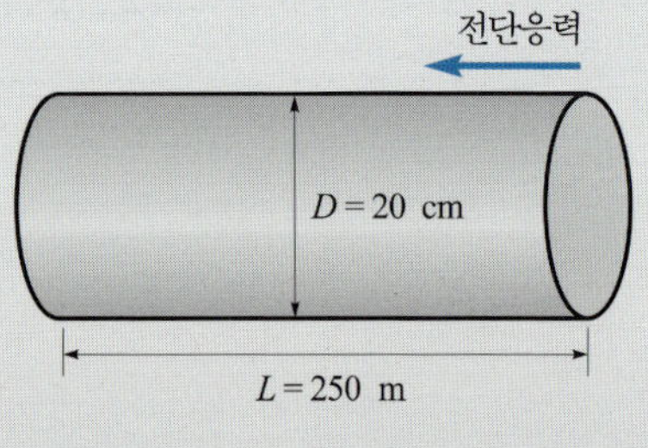

풀이 전단응력 $\tau=-\mu\dfrac{du}{dr}$이므로 전단응력과 압력차의 관계식 $\tau=\dfrac{\Delta P\times D}{4L}$을 이용해서 해결할 수 있다. 주어진 조건에서 $D=20$ cm, L=250 m, 그리고 압력차는 270 kPa이므로

$\Delta P=270\ \text{kPa}\times\dfrac{\text{N/m}^2}{\text{Pa}}=270000\ \text{N/m}^2$

전단응력 $\tau=\dfrac{\Delta P\times D}{4L}$이므로

$$\tau=\frac{\dfrac{2.7\times10^5\ \text{N}}{\text{m}^2}\times0.2\ \text{m}}{4\times250\ \text{m}}=\frac{54\ \text{N}}{\text{m}^2}=54\ \text{N/m}^2\times\frac{\text{Pa}}{\text{N/m}^2}=54\ \text{Pa}$$

2 하겐-포아젤(Hagen-Poiseuille) 식

유체가 일정한 크기를 지닌 관을 통해 이동하는 경우 유체의 속도는 유체가 지닌 점성으로 인하여 물체 표면에서는 거의 0의 값을 가지고, 물체의 표면 근방에서 매우 큰 기울기가 있는 속도분포가 생긴다. 이처럼 물체 표면 근방의 속도기울기가 크고, 점성의 영향을 무시할 수 없는 얕은 층을 경계층(boundary layer)이라 한다.

경계층은 그림 7-2에서 보는 바와 같이 물체가 물이나 공기 등 점성이 작은 유체 속을 운동할 때, 물체의 표면에 접하는 유체의 얇은 층을 말한다. 경계층에서는 점성이 없는 이상적인 유체로 생각할 수 없으므로 점성의 영향을 고려해야 한다. 점성이 작은 유체의 경우, 물체에서 충분히 떨어진 영역에서는 점성이 없는 이상적인 유체, 즉 완전유체(完全流體)로 생각해도 오차는 작으나, 물체의 표면 바로 근처에서는 점성을 완전히 무시할 수가 없다. 일반적으로 레이놀즈수가 큰 흐름에서는 점성의 영향은 얇은 경계층의 내부에서만 고려하고, 그 바깥쪽에서는 완전유체로 취급할 수가 있다. 그러나 층류의 경우에는 경계층 영역이 비교적 두꺼워서 각 지점에서의 속도분포가 발생한다.

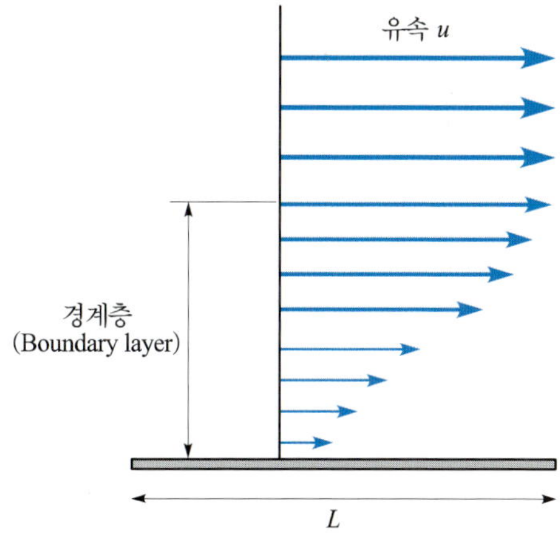

그림 7-2. 유체의 흐름에 따른 경계층

핵심 체크 유체 흐름 형태에 따른 경계층의 두께

① 층류에서는 경계층 영역이 비교적 두껍다.
② 난류에서는 점성을 무시할 수 없는 영역이 극히 얇다.

그러나 층류의 경우에는 경계층 영역이 비교적 두꺼워서 각 지점에서의 속도분포가 발생한다. 그림 7-3에서 보는 바와 같이 원통형 관 속을 유체가 흐를 때 유체의 속도분포는 관의 중심($r=0$)에서 유속이 최대($u_{r=0}=u_{\max}$)가되며, 관의 표면($r=r_o$)에서 유속은 최소($u_{r=r_o}=u_{\min}$)가 된다.

핵심 체크 관 흐름에서의 유체의 속도

(1) 관의 중심($r=0$)에서 유속이 최대($u_{r=0}=u_{\max}$)
(2) 관의 표면($r=r_o$)에서 유속은 최소($u_{r=r_o}=u_{\max}$)

그림 7-3에서 보는 바와 같이 점성(μ)이 일정하게 유지되며, 정상류의 층류가 유지되는 유체가 반경이 r_o이 원통형 관속에 흐르고 있을 때 흐름 속도분포를 살펴보기로 하자. 그림에서 보면 $r=r_o$인 곳에서 유체의 흐름이 거의 0에 가깝고 $r=0$인 관의 중심에서 최대속도를 유지하는 유체의 미소체적의 반경을 r이라고 하자. 이 때 미소체적의 유체의 미소유량변화를 dQ로 나타내며, 그 값은 다음과 같다.

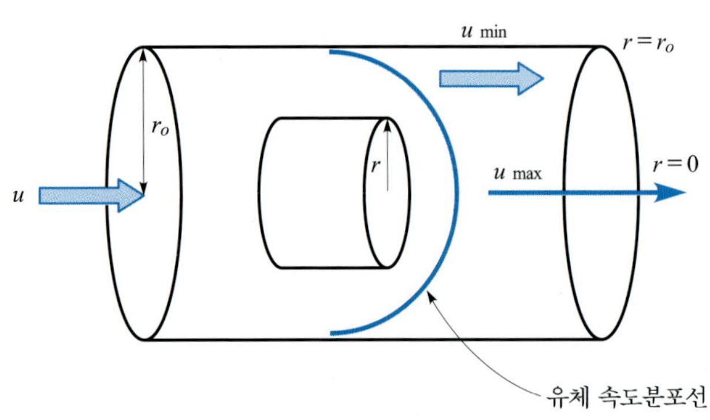

그림 7-3. 관의 직경 변화에 따른 유체의 속도분포

핵심 체크 하겐-포아젤(Hagen-Poiseuille) 식 만족 조건

① 층류 ② 정상류 ③ 유체의 점성(μ)이 일정

원의 면적 $A=\pi r^2$이므로 $\dfrac{dA}{dr}=2\pi r$이고, 미소면적변화는 $dA=2\pi rdr$이 되어 미소체적은 식 (7-15)와 같은 값을 가진다.

$$dQ=udA=u2\pi rdr \tag{7-15}$$

이 된다. 유량(Q)을 계산하기 위해 식 (7-15)인 $dQ=udA=u2\pi rdr$을 적분하면 식 (7-16)과 같다.

그림 7-3에서 살펴보면 $r=r_o$일 때는 유체의 흐름이 존재하지 않으므로 유량은 0의 값을 갖고, 반경이 $r=0$에서의 유량은 Q의 값을 가진다.

$$\int_0^Q dQ=u\int_0^{r_o}2\pi rdr \tag{7-16}$$

이 된다.

이때 유속(U)으로는 앞서 정리된 식 (7-14)에서 계산된 결과식을 활용하여 정리하면 $u=\dfrac{\gamma h}{4\mu L}(r_o^2-r^2)$값을 가지므로 이 값을 식 (7-16) $\int_0^Q dQ=u\int_0^{r_o}2\pi rdr$에 대입하여 정리하면 유체의 이동에 따른 유량(Q) 값을 계산할 수 있다.

$$\int_0^Q dQ=\frac{\gamma h}{4\mu L}(r_o^2-r^2)\int_0^{r_o}2\pi rdr \tag{7-17}$$

이므로

$$Q=\frac{2\pi\gamma h}{4\mu L}\int_0^{r_o}(r_o^2-r^2)rdr \tag{7-18}$$

$$Q=\frac{2\pi\gamma h}{4\mu L}\int_0^{r_o}(r_o^2r-r^3)dr=\frac{2\pi\gamma hr_o^2}{4\mu L}\times\frac{1}{2}r_o^2-\frac{2\pi\gamma h}{4\mu L}\times\frac{1}{4}r_o^4 \tag{7-19}$$

여기서 직경(D)과 반경(r)의 관계인 $D=2r$로부터 식 (7-19)는 다음과 같이 정리된다.

$$Q = \frac{\pi \gamma h r_o^4}{4\mu L} - \frac{\pi \gamma h r_o^4}{8\mu L} = \frac{\pi \gamma h}{8\mu L} r_o^4 = \frac{\pi \gamma h}{8\mu L} \left(\frac{D}{2}\right)^4 \tag{7-20}$$

$$Q = \frac{\pi \gamma h}{8 \times 2^4 \mu L} D^4 = \frac{\pi \gamma h}{128\mu L} D^4 = \frac{\pi \Delta P}{128\mu L} D^4 \tag{7-21}$$

식 (7-21)을 하겐-포아젤(Hagen-Poiseuille) 식이라 한다.

하겐-포아젤(Hagen-Poiseuille) 식은 유체의 흐름 속도를 알 수 없는 경우에 흐름 양(유량)을 측정하는 데 널리 사용되는 방정식이다.

즉, 하겐-포아젤 식에 의하면 점성이 μ인 유체가 직경이 D이고 길이가 L인 관을 ΔP의 압력차로 흐를 때 유체의 유량(Q)은 다음과 같은 성질을 가진다.

① 압력차(ΔP)에 비례

② 직경(D)의 4제곱에 비례

③ 유체의 점성(μ)에 반비례

④ 유체가 이동한 거리(L)에 반비례

핵심 체크 하겐-포아젤(Hagen-Poiseuille) 식-1

유체의 흐름 속도를 알 수 없는 경우에 흐름 양(유량)을 측정하는 데 널리 사용되는 방정식

$$Q = \frac{\pi \gamma h}{8 \times 2^4 \mu L} D^4 = \frac{\pi \gamma h}{128\mu L} D^4 = \frac{\pi \Delta P}{128\mu L} D^4$$

유량은 ① 압력차(ΔP)에 비례하고, ② 직경(D)의 4제곱에 비례하며,
③ 유체의 점성(μ)에 반비례하고, ④ 유체가 이동한 거리(L)에 반비례

연속 방정식에서 $Q = uA = u \times \frac{\pi}{4} D^2$이므로, 이 값을 이용하여 식 (7-21)을 정리하면 다음과 같다.

$$Q = u \times \frac{\pi}{4} D^2 = \frac{\pi \Delta P}{128\mu L} D^4 \text{이므로 } \frac{u}{4} = \frac{\Delta P}{128\mu L} D^2 \tag{7-22}$$

이 된다. Hagen-Poiseuille 식을 압력손실값(ΔP)으로 다음과 같이 나타낼 수 있다.

$$\Delta P = \frac{128\mu L u}{4D^2} = \frac{32\mu L u}{D^2} \tag{7-23}$$

핵심 체크 하겐-포아젤(Hagen-Poiseuille) 식-2

$$\Delta P = \frac{128\mu L u}{4\ D^2} = \frac{32\mu L u}{D^2}$$

압력손실은

① 유속에 비례
② 직경(D)의 제곱근에 반비례
③ 유체의 점성(μ)에 비례
④ 유체가 이동한 거리(L)에 비례

예제 7-3

0.0125[m^3/s]의 유량으로 직경 5[cm], 길이 25[m]인 관속을 비중이 0.8이고 점성계수 0.6[poise]인 유체가 흐르고 있다. 이 유체를 수송하는 데 필요한 압력은 몇 [kPa]인가?

풀이 $N_{Re} = \frac{4Q\rho}{\pi D\mu}$ 로부터 유체의 흐름 특성을 분석하면 주어진 조건에서 Q : 0.0125[m^3/s], D : 5[cm]=0.05[m], μ=0.6[poise]=0.6 g/cm·s이므로

$$N_{Re} = \frac{4Q\rho}{\pi D\mu} = 4\times\frac{12500\ \text{cm}^3}{s}\times\frac{0.8\ \text{g}}{\text{cm}^3}\times\frac{1}{\pi}\times\frac{1}{5\ \text{cm}}\times\frac{\text{cm}\cdot\text{s}}{0.6\ \text{g}} = 1061.57(\text{층류})$$

층류에서 유량, 관경, 점성계수, 압력강하 등의 관계를 나타낸 하겐-포아젤식을 이용하면 된다.

$Q = \frac{\Delta P\pi D^4}{128\mu L}$ 에서 $\Delta P = \frac{128\mu L}{\pi D^4}\times Q$이 된다.

여기서 Q : 0.0125[m^3/s], D : 5[cm]=0.05[m], μ=0.6[poise], L=25[m]이고

$$\mu = 0.6\ \text{poise}\times\frac{\frac{\text{g}}{\text{cm}\cdot\text{s}}\times\frac{1\ \text{kg}}{10^3\ \text{g}}\times\frac{10^2\ \text{cm}}{1\ \text{m}}}{\text{poise}} = \frac{0.06\ \text{kg}}{\text{m}\cdot\text{s}}$$ 이므로

$\Delta P = \frac{128\mu L}{\pi D^4}\times Q$에 주어진 값을 대입하면

$$\Delta P = \frac{128\ \mu L}{\pi D^4}\times Q = \frac{128\times\frac{0.06\ \text{kg}}{\text{m}\cdot\text{s}}\times 25\ \text{m}\times\frac{0.00125\ \text{m}^3}{\text{s}}}{3.14\times(0.05\ \text{m})^4} = \frac{1.22\times10^4\ \text{kg}\cdot\frac{\text{m}^3}{\text{s}^2}}{\text{m}^4}$$

$$= \frac{1.22\times10^4\ \text{N}}{\text{m}^2}$$

$$\Delta P = \frac{1.22\times10^4\ \text{N}}{\text{m}^2} = \frac{1.22\times10^4\ \text{N}}{\text{m}^2}\times\frac{\text{kPa}}{10^3\ \text{N/m}^2} = 12.2\ \text{kPa}$$

3 패닝의 방정식

원형 구조를 가진 유체 수송관 내부를 이동하는 유체 흐름에 의한 압력손실에 대한 식을 패닝(Fanning)의 방정식이라고 한다. 유체가 층류유동인 경우 패닝(Fanning)의

방정식은 Hagen-Poiseuille 식으로부터 구할 수 있다.

Hagen-Poiseuille 식 $Q=\dfrac{\pi\gamma h}{8\mu L}r_o^4$으로부터 유체의 흐름 속도($u$)를 계산해 보기로 하자. 연속 방정식인 $Q=uA$에서 $u=\dfrac{Q}{A}$이므로 유체의 흐름 속도(u)를 구하면 식 (7-24)와 같다.

식 (7-20)에서의 유량 $Q=\dfrac{\pi\gamma h}{8\mu L}r_o^4$와 원의 면적 $A=\pi r_o^2$의 관계로 부터 속도를 계산하면 유체의 흐름 속도를 구할 수 있다.

$u=\dfrac{Q}{A}$이고 $A=\pi r_o^2$이며 $Q=\dfrac{\pi\gamma h}{8\mu L}r_o^4$이므로 이 값을 이용해서 유체의 흐름 속도 u를 계산하면 식 (7-24)와 같다.

$$u=\frac{Q}{A}=\frac{\pi\gamma h}{8\mu L}r_o^4\times\frac{1}{\pi r_o^2}=\frac{\gamma h r_o^2}{8\mu L} \tag{7-24}$$

식 (7-24)에 의하면 유체의 흐름 속도(u)는 식 (7-14)에서 계산된 것과 마찬가지로 점성(μ)에 반비례하고, 비중량(γ)에 비례하는 결과를 보이고 있다. 또한 유체가 이동한 높이(h)에 비례하는 결과를 나타낸다.

따라서 식 (7-24) 중에 있는 rh값 대신에 압력차 ΔP를 사용하면 식 (7-24)는 식 (7-25)와 같이 정리된다.

$$u=\frac{Q}{A}=\frac{\gamma h r_o^2}{8\mu L}\text{에서 } u=\frac{\Delta P r_o^2}{8\mu L} \tag{7-25}$$

가 된다.

이 값을 압력변화(ΔP)에 대한 값으로 정리하면

$$\Delta P=\frac{8\mu L}{r_o^2}u \tag{7-26}$$

가 된다.

원통형 구조를 가진 관을 통해 점도가 μ인 유체가 흐르는 경우 압력차는 유속에 비례하고 점성에 비례하며, 반경의 제곱근에 반비례하는 특성을 지닌다.

식 (7-26)에서 연속 방정식 $Q=uA$를 사용하면 압력차와 이동된 유체의 유량 Q의 관계를 구할 수 있다.

$Q=uA$에서 원통형 관의 경우 $Q=u\times\pi r_o^2$이 되므로 식 (7-26)은 식 (7-27)과

같다. $\Delta P = \dfrac{8\mu L}{r_o^2}u$에서 $u = \dfrac{Q}{\pi r_o^2}$이므로

$$\Delta P = \frac{8\mu L}{r_o^2} \times \frac{Q}{\pi r_o^2} = \frac{8\mu LQ}{\pi r_o^4} \tag{7-27}$$

가 된다.

식 (7-27)에서 반경 r_o를 직경 D로 나타내면 $D = 2r_o$이므로

$$\Delta P = \frac{8\mu LQ}{\pi r_o^4} = \frac{8\mu LQ}{\pi\left(\frac{D}{2}\right)^4} = \frac{8 \times 2_4 \mu LQ}{\pi D^4} = \frac{128\mu LQ}{\pi D^4} \tag{7-27-1}$$

가 된다.

압력차(ΔP)와 수두(h)의 관례 $\Delta P = \gamma h$로부터 식 (7-26)을 나타내면 다음과 같다. $\Delta P = \dfrac{8\mu L}{\gamma_o^2}u$이므로 $\gamma h = \dfrac{8\mu L}{r_o^2}u$가 된다.

따라서

$$h = \frac{8\mu Lu}{\gamma r_o^2} \tag{7-28}$$

원통형 관에서 $D = 2r_o$이므로 식 (7-28)은 식 (7-29)와 같이 계산된다.

$$h = \frac{8\mu Lu}{\gamma\left(\frac{D}{2}\right)^2} = \frac{32\mu Lu}{\gamma D^2} \tag{7-29}$$

식 (7-29)를 유체의 흐름 특성을 나타내는 N_{Re}의 형태로 바꾸면 식 (7-30)과 같다.

$$h = \frac{32\mu Lu}{\gamma D^2} = 64\left(\frac{u^2}{2g}\right)\frac{L}{D} \times \left(\frac{\mu}{\rho uD}\right) = \frac{64}{N_{ke}} \cdot \frac{u^2}{2g}\frac{L}{D} \tag{7-30}$$

식 (7-30)에서 $\dfrac{64}{N_{ke}}$는 층류에서의 마찰손실계수라고 해서 f로 표현한다. 그러므로 층류에서 손실수두 h는 다음과 같이 계산할 수 있다.

$$h = f\frac{u^2}{2g}\frac{L}{D}$$

여기서 $f = \dfrac{64}{N_{ke}}$

이 식을 Fanning의 방정식이라고 하며, 또는 Daray-Weisbach의 마찰손실수두식이라고 한다.

핵심 체크 Fanning 방정식(Darcy-Weisbach 식) - 손실 수두

$h = f\dfrac{L}{D}\dfrac{u^2}{2g}$ (여기서 $f = \dfrac{64}{N_{Re}}$ 이고 층류이다.)

핵심 체크 Fanning 방정식(Darcy-Weisbach 식) - 압력 손실

$\Delta P = \gamma h = \gamma \times f\dfrac{L}{D}\dfrac{u^2}{2g} = f\dfrac{L}{D}\dfrac{\gamma u^2}{2g}$ (여기서 $f = \dfrac{64}{N_{Re}}$ 이고 층류이다.)

유체가 흐를 때 유체와 관벽에서 발생하는 마찰손실계수 f는 유체가 흐르는 관의 거칠기 및 상대조도(ε/D), 그리고 유체의 흐름 형태를 결정하는 레이놀즈수(N_{Re})에 영향을 받는다. 즉 마찰손실계수 $f = f(N_{Re},\ \varepsilon/D)$로 나타낸다.

압력변화 $\Delta P = \gamma h$ 이므로 $h = f\dfrac{L}{D}\dfrac{u^2}{2g}$ 으로부터

$$\Delta P = \gamma \times f\frac{L}{D}\frac{u^2}{2g} = f\frac{L}{D}\frac{\gamma u^2}{2g} \tag{7-31}$$

이 된다.

핵심 체크 층류에서 마찰손실계수(f)의 계산

층류 : $f = \dfrac{64}{N_{Re}}$

예제 7-4

어느 유체의 레이놀즈수를 측정하였더니 1450의 값을 나타내었다. 이 유체가 매끈한 원통형 관 내부를 흐른다면 이때 발생하는 마찰손실계수를 계산하여라.

풀이

층류에서 레이놀즈수(N_{Re})와 마찰손실계수(f)와의 관계 $f = \dfrac{64}{N_{Re}}$ 로부터 마찰손실계수를 계산할 수 있다.

즉, $f = \dfrac{64}{N_{Re}} = \dfrac{64}{1450} = 0.044$가 된다.

예제 7-5

길이가 100 m이고 직경이 25 cm인 원형관을 통해 물이 1.3 m/s의 유속으로 흐르고 있다. 이때 관 마찰계수가 0.05일 때 손실수두는 몇 m인가?

풀이

흐름에서 발생하는 손실수두는 Darcy-Weisbach 식 $h=f\dfrac{L}{D}\dfrac{u^2}{2g}$ 으로부터 구할 수 있다. 주어진 조건에서 $f=0.05$, $D=25\ \text{cm}=0.25\ \text{m}$, $L=100\ \text{m}$, 그리고 $u=1.3\ \text{m/s}$이므로 마찰손실수두는 다음과 같다. $h=f\times\dfrac{L}{D}\times\dfrac{u^2}{2g}$ 에서

$$h=f\times\frac{L}{D}\times\frac{u^2}{2g}=0.05\times\frac{100\ \text{m}}{0.25\ \text{m}}\times\frac{(1.3\ \text{m/s})^2}{2\times9.8\ \text{m/s}^2}=1.72\ \text{m}$$

예제 7-6

점도 1.15 cP인 비압축성 유체가 밀도 0.85[g/cm^3]인 조건에서 원형 수평관을 15 cm/s의 속도로 층류로 흐를 때 마찰손실계수가 0.051이 되는 원관의 내경은 몇 cm인가?

풀이

주어진 조건에서 흐름의 형태가 층류이므로 $f=\dfrac{64}{N_{Re}}$ 을 이용해서 레이놀즈수를 계산할 수 있다. $f=\dfrac{64}{N_{Re}}=0.051$ 에서 $N_{Re}=1255$가 된다. 따라서 레이놀즈수의 정의를 이용해서 관의 직경을 구할 수 있다.

$$Re=\frac{\rho Du}{\mu}=1255\text{에 의해서 } D=\frac{\mu\times1255}{\rho\times u}=\frac{\dfrac{0.0115\ \text{g}}{\text{cm}\cdot\text{s}}\times1255}{\dfrac{0.85\ \text{g}}{\text{cm}^3}\times\dfrac{15\ \text{cm}}{s}}=1.13\ \text{cm}$$

예제 7-7

직경이 10 cm이며, 길이가 10 m인 수평형 원통관에 비중이 0.8이고, 점성계수가 0.35 g/cm · s인 유체가 365 L/min의 유량으로 흐르고 있다.

① 이때 발생하는 손실수두는 몇 m인가?

② 이때 압력강하는 몇 kg$_f$/m^{2}인가?

풀이

유체가 정해진 유로를 흐를 때 흐름에 따른 손실수두를 계산하기 위해서는 그 흐름의 형태가 층류인지 난류 인지를 먼저 알아야 한다. 주어진 조건에서 직경(D)이 10 cm이며, 비중이 0.8이고, 점성계수(μ)가 0.175 g/cm · s이고 유량(Q)이 365 L/min이므로

$$Q=uA\text{에서 } A=\frac{\pi}{4}D^2=\frac{\pi}{4}\times(10\ \text{cm})^2=78.5\ \text{cm}^2$$

$$u=\frac{Q}{A}=\frac{\dfrac{365\ \text{L}}{\text{min}}\times\dfrac{1000\ \text{cm}^3}{1\ \text{L}}\times\dfrac{1\ \text{min}}{60\ \text{s}}}{78.5\ \text{cm}^2}=\frac{77.5\ \text{cm}}{\text{s}}$$

$$N_{Re}=\frac{\rho uD}{\mu}=\frac{\dfrac{0.8\ \text{g}}{\text{cm}^3}\times\dfrac{77.5\ \text{cm}}{s}\times10\ \text{cm}}{\dfrac{0.35\ \text{g}}{\text{cm}\cdot\text{s}}}=1771\quad\text{즉 유체의 흐름은 층류이다.}$$

① 손실수두의 계산

층류에서 발생하는 손실수두는 Darcy-Weisbach 식 $h=f\frac{L}{D}\frac{u^2}{2g}$ 으로부터 구할 수 있다.

층류에서 마찰손실계수는 $f=\frac{64}{N_{Re}}$ 이므로 $f=\frac{64}{N_{Re}}=\frac{64}{1771}=0.036$이 된다.

그러므로 발생하는 마찰손실수두는 다음과 같다. $h=f\frac{L}{D}\frac{U^2}{2g}$ 에서

$$h=f\times\frac{L}{D}\times\frac{u^2}{2g}=0.036\times\frac{10\ \text{m}}{0.1\ \text{m}}\times\frac{(0.775\ \text{m/s})^2}{2\times9.8\ \text{m/s}^2}=0.11\ \text{m}$$

② 압력강하의 계산

층류에서 발생하는 압력강하는 $\Delta P=\gamma h=f\frac{L}{D}\frac{\gamma u^2}{2g}$ 이므로 유체의 비중이 0.8이고 유체의 밀도(ρ)는 $\frac{800\ \text{kg}}{\text{m}^3}$ 이 되고 비중량은

$$\gamma=\rho g=\frac{800\ \text{kg}}{\text{m}^3}\times\frac{9.8\ \text{m}}{s^2}\times\frac{1\ \text{kg}_\text{f}}{\frac{9.8\ \text{kg}\cdot\text{m}}{s^2}}=\frac{800\ \text{kg}_\text{f}}{\text{m}^3}$$ 이므로

$$\Delta P=\gamma h=\frac{800\ \text{kg}_\text{f}}{\text{m}^3}\times0.11\ \text{m}=\frac{88\ \text{kg}_\text{f}}{\text{m}^2}$$ 이 된다.

4 난류에서 마찰손실계수

유체의 흐름이 난류인 경우에는 마찰계수 f가 레이놀즈수(N_{Re})만의 함수가 아니라 레이놀즈수와 상대조도$\left(\frac{\varepsilon}{D}\right)$ 함수이므로 $f=\frac{64}{N_{Re}}$가 성립되지 않아서 앞서 계산된 $h=f\frac{L}{D}\frac{u^2}{2g}$이 적용되지 않는다. 즉 난류에서는 $f\neq\frac{64}{N_{Re}}$이므로 별도의 마찰계수(f) 값을 계산하여야 한다.

표 7-1. **주요 재료의 표면조도(mm)**

재질	스테인레스강	주철	구리	아연 도금강	유리	콘크리트
조도(mm)	0.002	0.26	0.0015	0.15	0	0.3~3

난류에서 마찰손실계수는 여러 가지 경험식을 통해서 구할 수 있게 많은 연구자들이 연구하여 그 결과를 발표하였다. 그러나 현실적으로 이런 연구 결과를 실제로 활용하기에는 단순하지가 않으므로 그림 7-5와 같은 Moody Chart를 활용하여 마찰계수를 구하고 있다.

Moody Chart는 관 유동에서 압력강하에 관한 경험적인 결과를 수식으로 표현된 식을 만들고 다시 이것을 그래프화 시킨 것이다. 여기서 Moody Chart를 활용하여 마찰

손실계수(λ)를 구하는 방법에 대해서 살펴보기로 하자.

① 레이놀즈수(N_{Re})를 계산한다.
② 주어진 관의 표면 거칠기(조도, ε) 값으로부터 상대조도$\left(\frac{\varepsilon}{D}\right)$를 계산한다.
③ 상대조도 값$\left(\frac{\varepsilon}{D}\right)$과 레이놀즈 값($N_{Re}$)을 활용하여 두 값을 연결하고 관의 형태를 결정한다.
④ 관의 형태에 해당되는 마찰계수(λ)를 읽는다.

핵심 체크 Moody Chart를 이용해서 난류에서 마찰손실계수(λ)를 계산하는 법

① 레이놀즈수(N_{Re})를 계산한다.
② 주어진 관의 표면 거칠기(조도, ε) 값으로부터 상대조도$\left(\frac{\varepsilon}{D}\right)$를 계산한다.
③ 상대조도 값$\left(\frac{\varepsilon}{D}\right)$과 레이놀즈 값($N_{Re}$)을 관의 형태선과 연결한다.
④ 관의 형태에 해당되는 마찰계수(λ)를 읽는다.

핵심 체크 난류에서 마찰손실계수(λ)

① Colebrook 식 $\frac{1}{\sqrt{\lambda}} = -2.0\log\left(\frac{\varepsilon/D}{3.7} + \frac{2.51}{N_{Re}\sqrt{\lambda}}\right)$

② Miller 식 $\lambda = -0.25\left[0.434\ln\left(\frac{\varepsilon/D}{3.7} + \frac{5.74}{N_{Re}^{0.9}}\right)\right]^{-2}$

③ Haaland 식 $\frac{1}{\sqrt{\lambda}} = -1.8\log\left[\left(\frac{\varepsilon/D}{3.7}\right)^{1.1} + \left(\frac{6.9}{N_{Re}}\right)\right]$

④ Blasius 식($\varepsilon/D = 0$) $\lambda = \frac{0.316}{N_{Re}^{1/4}}$ $(4\times10^3 < N_{Re} < 10^5)$

⑤ Nikuradse 식($\varepsilon/D = 0$) $\lambda = 0.0032 + \frac{0.221}{N_{Re}^{0.237}}$ $(10^5 < N_{Re} < 3\times10^6)$

예제 7-8

내경이 3 cm이고 길이가 10 m인 수평으로 설치된 주철관(조도 0.26 mm)을 이용해서 평균유속 5 m/s로 동점도가 10^{-6} m^2/s인 물을 이송하려고 한다. 이때 손실수두는 몇 m인가?

풀이 주어진 조건에서 유체의 흐름 형태를 살펴보면 $D=3$ cm$=0.03$ m, $u=5$ m/s, 동점도 10^{-6} m^2/s이므로 $N_{Re}=\frac{\rho u D}{\mu}=\frac{uD}{\frac{\mu}{\rho}}=\frac{uD}{\nu}$에서

$$N_{Re}=\frac{\rho uD}{\mu}=\frac{uD}{\frac{\mu}{\rho}}=\frac{uD}{\nu}=\frac{5\ \text{m/s}\times 0.03\ \text{m}}{10^{-6}\ \text{m}^2/\text{s}}=150000(\text{난류})$$

따라서 Moody Chart를 이용해서 마찰계수를 구하여 손실수두를 계산하여야 한다.

Moody Chart를 이용해서 난류에서 마찰손실계수(λ)를 계산하는 법

① 레이놀즈수(N_{Re})를 계산한다.

$$N_{Re}=\frac{\rho uD}{\mu}=\frac{uD}{\frac{\mu}{\rho}}=\frac{uD}{\nu}=\frac{5\ \text{m/s}\times 0.03\ \text{m}}{10^{-6}\ \text{m}^2/\text{s}}=150000(\text{난류})$$

② 주어진 관의 표면 거칠기(조도, ε) 값으로부터 상대조도$\left(\frac{\varepsilon}{D}\right)$를 계산한다.

주철관의 조도가 0.26 mm이므로 상대조도는 0.26 mm/30 mm=0.0087

③ 상대조도 값$\left(\frac{\varepsilon}{D}\right)$과 레이놀즈 값($N_{Re}$)을 관의 형태선과 연결하여 관의 형태에 해당되는 마찰계수(λ)를 읽는다.

Moody Chart에 의하면 주철관에서 $N_{Re}=150000$이고 상대조도는 $\left(\frac{\varepsilon}{D}\right)$ 0.0087이므로 마찰계수(λ)는 0.0365 정도의 값을 가진다.

$h_L=\lambda\times\frac{L}{D}\times\frac{u^2}{2g}$[m]이므로 주어진 조건에서

$$h_L=\lambda\times\frac{L}{D}\times\frac{u^2}{2g}=0.0365\times\frac{10\ \text{m}\times(5\ \text{m/s})^2}{0.03\ \text{m}\times 2\times 9.8\ \text{m/s}^2}=15.52\ \text{m}$$

예제 7-9

내경이 10 cm인 매끈한 수평형 원통관을 통해서 비중이 1.25이고 점성계수가 1.25×10^{-6} m^2/s인 유체가 평균유속 2.5 m/s의 속도로 흐르고 있다. 관의 조도를 0으로 간주할 수 있는 경우 Nikuradse 식을 이용해서 마찰계수를 계산하여 관의 길이가 30 m인 경우 손실수두(m)와 압력강하(kg_f/m^2)를 계산하여라.

풀이 Nikuradse식($\varepsilon/D=0$) $\lambda=0.0032+\frac{0.221}{N_{Re}^{0.237}}$ $(10^5<N_{Re}<3\times10^6)$이므로

주어진 조건에서 유체의 레이놀즈수를 살펴보면 $D=10$ cm$=0.1$ m, $u=2.5$ m/s, 동점도 1.25×10^{-6} m^2/s이므로 $N_{Re}=\frac{\rho uD}{\mu}=\frac{uD}{\frac{\mu}{\rho}}=\frac{uD}{\nu}$에서

$$N_{Re}=\frac{\rho uD}{\mu}=\frac{uD}{\frac{\mu}{\rho}}=\frac{uD}{\nu}=\frac{2.5\ \text{m/s}\times 0.1\ \text{m}}{1.25\times10^{-6}\ \text{m}^2/\text{s}}=200000(\text{난류})$$

따라서 Nikuradse 식($\varepsilon/D=0$) $\lambda=0.0032+\frac{0.221}{N_{Re}^{0.237}}$ $(10^5<N_{Re}<3\times10^6)$의 범위에 속하므로 이 식을 이용하여 마찰계수를 계산할 수 있다.

$$\lambda = 0.0032 + \frac{0.221}{N_{Re}^{0.237}} = 0.0032 + \frac{0.221}{200000^{0.237}} = 0.0154 \text{가 된다.}$$

$h_L = \lambda \times \frac{L}{D} \times \frac{u^2}{2g}$[m]이므로 주어진 조건에서

$$h_L = \lambda \times \frac{L}{D} \times \frac{u^2}{2g} = 0.0154 \times \frac{30\ \text{m} \times (2.5\ \text{m/s})^2}{0.1\ \text{m} \times 2 \times 9.8\ \text{m/s}^2} = 1.47\ \text{m}$$

$$\Delta P = \gamma h_L = \frac{1250\ \text{kg}_\text{f}}{\text{m}^3} \times 1.47\ \text{m} = \frac{1837.5\ \text{kg}_\text{f}}{\text{m}^2}$$

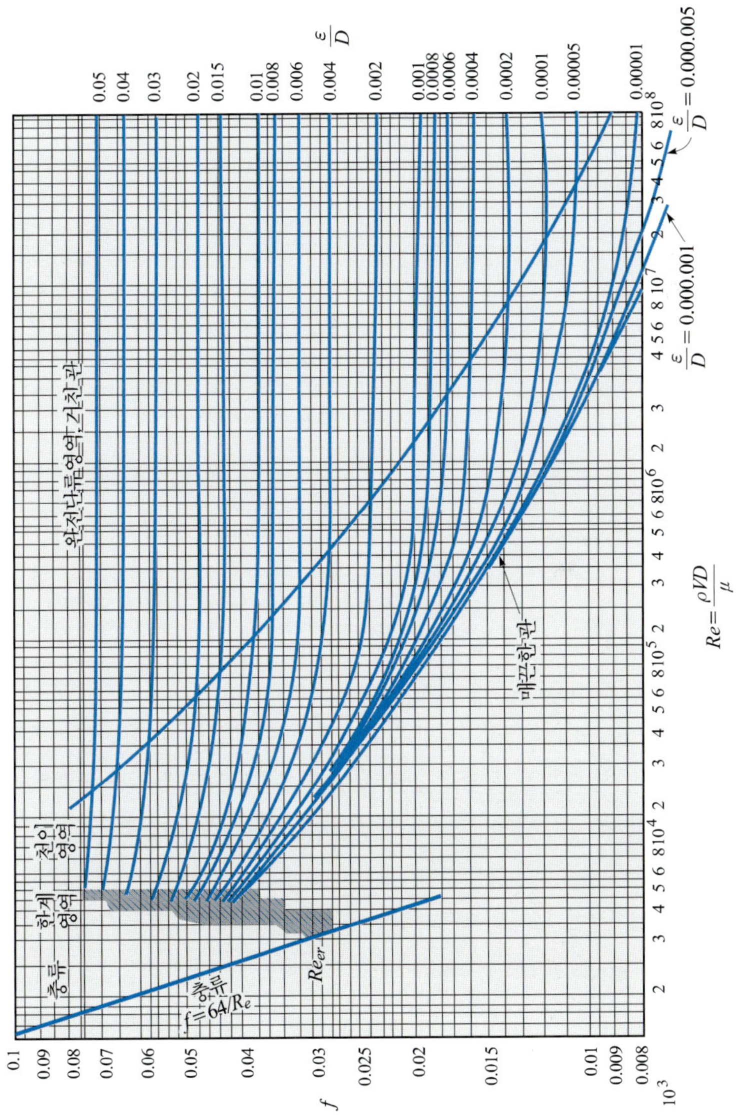

그림 7-4. mood Chart

5 하젠-윌리암스 방정식

유체가 일정한 형태의 배관을 흐를 때 유체와 벽면 사이에 마찰이 발생하며, 그 마찰에 의해 압력손실이 발생한다. 이때 발생하는 마찰손실은 관의 직경(D), 흐르는 유체의 유량(Q), 그리고 설치된 유체 이송시설 중의 관의 상태에 따라서 결정된다고 할 수 있다. 유체가 관을 통해 흐를 때 발생하는 마찰손실을 계산하는 이론식은 많이 있으나 이송설비에서 직관을 통해 유체가 흐를 때 발생하는 마찰손실은 주로 하젠-윌리암스(Hazen-Williams) 공식을 이용해서 계산한다. 하젠-윌리암스 식은 유체가 흐를 때 사용된 유체 이송설비의 배관 1 m당 마찰손실 압력계산에 이용된다.

핵심 체크 하젠-윌리암스 식의 성립 조건

관의 직경(d)이 5 cm 보다 큰 경우 또는 유속(u)이 3 m/s 보다 작은 경우에 대하여 경험적으로 설계

유체가 이동할 때 흐르고자 하는 관성력과 그 흐름을 방해하는 저항력에 의해 유체의 흐름 특성이 결정된다. 유체가 흐를 때 유체가 흐르는 관의 표면과 유체 사이에 마찰도 유체의 흐름 특성을 결정하는 중요한 요인이 된다. 이처럼 유체가 흐를 때 유체의 흐름 특성은 관성력과 점성력으로 나타내는 레이놀즈수(N_{Re})와 마찰손실계수(f)가 영향을 준다.

그러므로 많은 연구자들이 유체의 흐름 특성에 따라 발생하는 마찰손실계수를 사용해서 유체의 흐름에 따른 물리량들을 계산하였다. 마찰손실계수는 관의 표면특성 및 점성과 같은 많은 물리적 특성을 고려해야 하고 그 계산과정 역시 단순하지가 못해서 실제적인 유체의 흐름 현상에서 발생하는 물리적인 변화를 설명하는데 쉽게 사용할 수가 없다. 이러한 문제를 해결하기 위한 방법으로 검토된 식이 유체가 이동하는 수송관의 단위길이(L)당 압력손실(ΔP)을 계산하기 위해 경험적인 과정을 통해서 얻어진 하젠-윌리암스 식이므로 여기서 하젠-윌리암스 식에 대해서 알아보자.

핵심 체크 하젠-윌리암스 식(Hazen-Williams Equation)

마찰손실계수 f를 직접 사용하지 않고 관의 거칠기 등 관(pipe)의 특성에 적합한 새로운 상수를 사용하여 유체의 흐름에 의한 압력손실 값을 간단하게 계산할 수 있도록 한 식이다.

하젠-윌리암스 식은 층류에 유체가 이동할 때 손실수두에 관한 식인 Darcy 방정식 $h = f \times \frac{L}{D} \times \frac{u^2}{2g}$을 이용하여 단순화한 경험식이다. Darcy 방정식에서 유속 u는 유체가 흐를 때 모든 과정을 통해서 일정하게 유지되기가 쉽지 않기 때문에 하젠 윌리암스 식에서는 유속(u) 대신에 유량(Q)을 이용하였다.

$h = f \times \frac{L}{D} \times \frac{u^2}{2g}$에서 유속($u$) 대신에 유량($Q$)을 사용하기 위해 연속 방정식 $Q = uA = u \times \frac{\pi D^2}{4}$을 사용하면 그 결과는 다음과 같다.

$Q = uA = u \times \frac{\pi D^2}{4}$에서 $u = \frac{Q}{\frac{\pi D^2}{4}}$이므로

$$h = f\frac{L}{D}\frac{u^2}{2g} = f\frac{L}{2gD}\left(\frac{4Q}{\pi D^2}\right)^2 \tag{7-32}$$

식 (7-32)를 단위길이(L)당 마찰손실수두 h_L로 나타내면 식 (7-33)과 같다.

$$h_L = \frac{h}{L} = \frac{8f}{g\pi^2} \times \frac{Q^2}{D^5} \tag{7-33}$$

핵심 체크 하젠-윌리암스 식(Hazen-Williams Equation)의 성립 조건

완전히 발달된 난류에서는 마찰손실계수(f)는 레이놀즈수에 의존하지 않고 유체가 흐르는 관의 거칠기 등에 의해서 결정된다.

식 (7-33)에서 살펴보면 마찰손실계수(f), 중력 가속도(g) 그리고 원주율(π) 등은 상수이다. 하젠-윌리암스 식은 식 (7-33)을 단순화하기 위해 상수값인 $\frac{8f}{g\pi^2}$를 결정하
고 유량 Q와 직경 D의 상수를 보완해서 경험적으로 설정된 식이다. 즉, $h_L = \frac{8f}{g\pi^2} \times \frac{Q^2}{D^5}$을 경험적으로 다음과 같이 나타낼 수 있다.

$$h_L = 6.35 \times \frac{Q^{1.85}}{C^{1.85} \times D^{4.87}} \tag{7-34}$$

여기서 Q : 유량[L/min]

D : 직경[cm]

C : 조도계수

핵심 체크 하젠-윌리암스 식(Hazen-Williams Equation)

$$h_L = 6.35 \times \frac{Q^{1.85}}{C^{1.85} \times D^{4.87}}$$

Q : 유량[L/min]
D : 직경[cm]
C : 조도계수

식 (7-34)로부터 압력손실(ΔP : [kg_f/cm^2])을 계산하면 다음과 같다.

$h_L = 6.35 \times \frac{Q^{1.85}}{C^{1.85} \times D^{4.87}}$ 으로부터 압력손실 $\Delta P = \gamma h$이므로 이 식을 정리하면 다음과 같다.

$$\Delta P = 6.174 \times 10^5 \times \frac{Q^{1.85}}{C^{1.85} \times D^{4.87}} \times L \tag{7-35}$$

핵심 체크 하젠-윌리암스 식(Hazen-Williams Equation)을 이용한 압력손실의 계산

$$\Delta P = 6.174 \times 10^5 \times \frac{Q^{1.85}}{C^{1.85} \times D^{4.87}} \times L$$

ΔP : 마찰손실에 의한 압력손실[kg_f/cm^2]
Q : 유량[L/min]
D : 직경[cm]
L : 관의 길이[m]
C : 조도계수

핵심 체크 Darcy 방정식과 하젠-윌리암스 식(Hazen-Williams Equation)의 비교

Darcy 방정식 (7-33)	하젠-윌리암스 식 (7-34)
$h = \frac{8fL}{g\pi^2} \times \frac{Q^2}{D^5}$	$h_L = 6.35 \times \frac{Q^{1.85}}{C^{1.85} \times D^{4.87}}$

예제 7-10

조도가 120이고 직경 65 mm인 원통형 배관에 유체가 350 L/min로 흐르고 있다. 이 배관 100 m당 압력손실은 몇 N/m^2인가?

풀이 배관의 표면 거칠기가 있는 경우 유량과 압력손실의 관계를 나타낸 것이 헤이젠-윌리암스 공식으로 다음과 같다.

$$\Delta P_m = \frac{6.174 \times 10^5 \times Q^{1.85} \times L}{C^{1.85} \times D^{4.87}}$$

여기서, ΔP_m : 관의 길이 1m 당 마찰손실압력(kg_f/cm^2)

Q : 유량(L/min)

D : 관의 내경(mm)

C : 관의 조도(-)

L : 관의 길이(m)

주어진 조건에 의하면 Q : 350(L/min), D : 65(mm), C : 120, L : 100 m이므로

$$\Delta P_m = \frac{6.174 \times 10^5 \times Q^{1.85} \times L}{C^{1.85} \times D^{4.87}}$$ 에 의해

$$\Delta P_m = \frac{6.174 \times 10^5 \times Q^{1.85} \times L}{C^{1.85} \times D^{4.87}} = \frac{6.174 \times 10^5 \times (350\ \text{L/min})^{1.85} \times 100\ \text{m}}{120^{1.85} \times (50\ \text{mm})^{4.87}} = 2.38\ kg_f/cm^2$$

$$\Delta P_m = \frac{2.38\ kg_f}{cm^2} = \frac{2.38\ kg_f}{cm^2} \times \frac{9.8\ N}{1\ kg_f} \times \left[\frac{100\ cm}{1\ m}\right]^2 = \frac{233240\ N}{m^2}$$

6 부차적 손실

유체가 일정한 유로(流路)를 흘러가는 경우 흐름관을 구성하는 관의 거칠기와 같은 표면 특성에 의해 일종의 저항력의 작용으로 손실이 발생한다. 이렇게 발생되는 손실을 주손실이라고 한다면 그 외에 나머지 원인에 의해서 발생되는 손실을 부차적인 손실이라고 할 수 있다. 이러한 부차적인 손실은 관의 휘어짐, 관 중간에 부착된 밸브 등과 같은 부착물, 그리고 관경의 급격한 축소 및 확대와 같은 현상 등에 의해 나타나는

손실이라고 할 수 있다.

핵심 체크 주손실

마찰에 의한 손실

핵심 체크 부차적 손실의 요인

(1) 관의 휘어짐
(2) 관 중간에 부착된 밸브 등과 같은 부착물
(3) 관경의 급격한 축소 및 확대

일반적으로 마찰 이외에 발생하는 손실은 부차적인 손실이라 하며 부차적인 손실은 유체가 흐르는 관의 직경(D)과 전체 유체의 이동거리(L)의 비에 따라서 고려하기도 한다. 즉 L/D가 3000보다 클 경우에는 관이 길이가 충분하게 길기 때문에 부차적인 손실은 고려하지 않아도 된다. 그러나 L/D가 3000보다 작을 경우에는 부차적인 손실을 무시할 수가 없다.

6.1 관 직경의 급격한 확대에 의한 손실(Losses in Sudden Expansion)

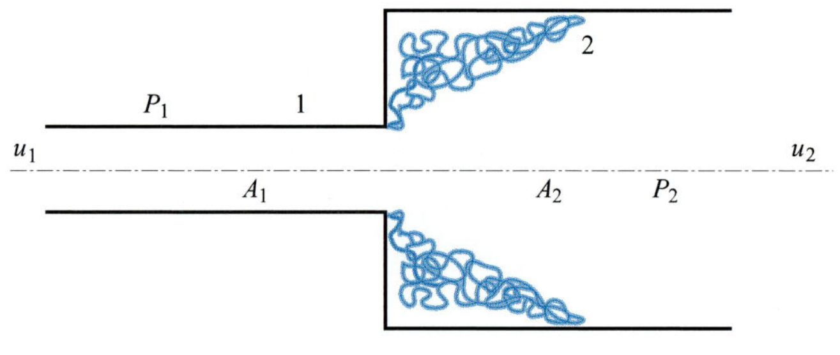

그림 7-5. 관의 급격한 확대

유체가 흘러갈 때 유로가 급격히 변화하게 되면 연속 방정식($Q = uA$)에서 보는 바와 같이 유량은 일정한 상태에서 관경의 단면의 급격한 확대로 인한 마찰손실이 발생하는 경우 유속의 급격한 변화가 발생한다. 관의 크기가 급격히 확대되는 경우에는 갑자기 확대된 부분에서 와류가 발생하고 마찰손실은 크게 나타난다.

그림 7-5에서 보는 바와 같이 단면이 갑자기 확대되는 경우의 유체는 면적은 A_1 일 때 유속은 u_1으로 공급되어 면적이 확대되는 A_2인 지점에서는 유속은 u_2로 변화 한다. 이를 베르누이 방정식과 관련지어 생각하면 다음과 같다.

$$\frac{P_2-P_1}{\gamma}+(Z_2-Z_1)+\frac{1}{2g}(u_2^2-u_1^2)=0$$

관의 급격한 확대의 경우 양쪽은 개방된 상태로 유지되므로 압력의 변화는 발생하지 않는 것으로 볼 수 있으며, 유체가 흐르는 관의 높이의 변화도 발생하지 않으므로 높이변화에 따른 에너지변화도 발생하지 않는다고 할 수 있다. 따라서

$$\frac{P_2-P_1}{\gamma}+(Z_2-Z_1)+\frac{1}{2g}(u_2^2-u_1^2)=0$$

에서 $\frac{P_2-P_1}{\gamma}=0$, $(Z_2-Z_1)=0$이 되어 관의 급격한 확대에 따른 부차손실(h_{fe})은 다음과 같다.

$$\frac{P_2-P_1}{\gamma}+(Z_2-Z_1)+\frac{1}{2g}(u_2^2-u_1^2)+h_{fe}=0\text{에서} \tag{7-36}$$

$$\frac{1}{2g}(u_1^2-u_2^2)=h_{fe} \tag{7-37}$$

연속 방정식 $Q=uA$로부터 $u_1A_1=u_2A_2$이므로 $u_2=\frac{u_1A_1}{A_2}$이므로 식 (7-37)은 다음과 같이 나타낸다.

$$h_{fe}=\frac{1}{2g}(u_1^2-u_2^2)=\frac{1}{2g}\left[u_1^2-\left(\frac{u_1A_1}{A_2}\right)^2\right]=\frac{u_1^2}{2g}\left[1-\left(\frac{A_1}{A_2}\right)^2\right] \tag{7-38}$$

식 (7-38)에서 $\left[1-\left(\frac{A_1}{A_2}\right)^2\right]=K_e$라 하면

$$h_{fe}=K_e\frac{u_1^2}{2g} \tag{7-39}$$

이 된다.

여기서, K_e : 확대손실계수

u_1 : 확대되기 전 유체의 속도

예제 7-11

수평 원통형 관을 통해 유체가 흐르고 있다. 도입되는 유체의 유속이 $5\ \mathrm{m/s}$이고 어느 지점에 이르러 관이 단면적이 급격히 확대될 때 유체의 유속이 $1.2\ \mathrm{m/s}$로 흐른다면 이때 확대 손실은 몇 m인가?

풀이

$$h_{fe} = \frac{(u_1^2 - u_2^2)}{2g} = \frac{[(5\ \mathrm{m/s})^2 - (1.2\ \mathrm{m/s})^2]}{2 \times 9.8\ \mathrm{m/s^2}} = 1.202\ \mathrm{m}$$

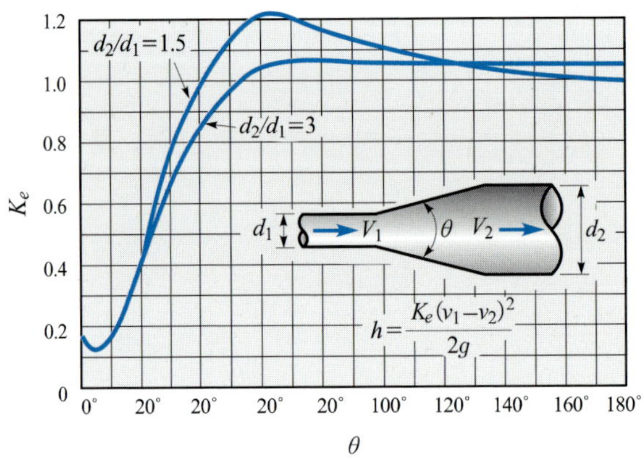

그림 7-6. 원추 확대관의 손실계수

6.2 관 직경의 급격한 축소에 의한 손실(Losses in Sudden Contraction)

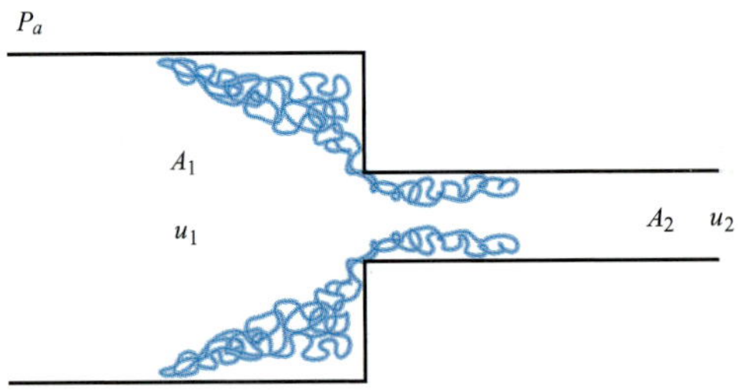

그림 7-7. 관의 급격한 축소

단면의 급격한 축소가 일어나면 와류가 형성되어 에너지의 손실이 발생한다. 관의 축소로 인해 마찰손실이 발생하는 경우 유체의 유동은 축소된 관의 모서리의 벽에서 흐르는 유체의 유동에 의한 유체의 정체현상이 발생한다. 그러므로 축소된 부분에서 유체의 흐름에 의해 발생되는 마찰손실은 앞서 살펴본 식 (7-37)의 $h_{fe} = \frac{1}{2g}(u_1^2 - u_2^2)$로부터 구할 수 있다.

연속 방정식 $u_1 A_1 = u_2 A_2$이므로 $u_1 = u_2 \dfrac{A_2}{A_1} = u_2 \dfrac{1}{C_o}$로 하면

$$h_{fe} = \frac{1}{2g}(u_1^2 - u_2^2) = \frac{u_2^2}{2g}\left[\left(\frac{1}{C_o}\right)^2 - 1\right] \tag{7-40}$$

식 (7-40)에서 $\left[\left(\dfrac{1}{C_o}\right)^2 - 1\right] = K_c$라 하면

$$h_{fc} = K_c \frac{u_2^2}{2g} \tag{7-41}$$

이 된다.

여기서, K_c : 축소손실계수, u_2 : 축소된 후 유체의 속도, C_o : 수축계수

예제 7-12

상온의 물이 2.6 m^3/h로 흐른다. 내경이 65 mm의 관으로 부터 내경이 30 mm의 관으로 축소되어 들어갈 때 두 손실을 구하시오.

풀이

급격한 관의 축소에 따른 관 손실은 다음과 같이 계산한다. $h_{fc} = K_c \dfrac{u_2^2}{2g}$

$Q = \dfrac{\pi}{4} D^2 u$에서 $u_2 = \dfrac{Q}{\pi D_2^2/4}$이므로

$$u_2 = \frac{Q}{\frac{\pi}{4} D_2^2} = \frac{\frac{2.6\ \mathrm{m}^3}{\mathrm{h}} \times \frac{1\ \mathrm{h}}{3600\ s}}{\frac{\pi}{4}(0.03\ \mathrm{m})^2} = \frac{1.022\ \mathrm{m}}{s}$$

내경이 65mm의 관으로 부터 내경이 30mm의 관으로 축소되어 들어갈 때 관 축소손실계수를 계산하기 위해 각 단면의 면적비를 계산하여야 한다.

$$A_1 = \frac{\pi}{4} D_1^2 = \frac{\pi}{4}(0.06\ \mathrm{m})^2 = 0.0033\ [\mathrm{m}^2]$$

$$A_2 = \frac{\pi}{4} D_2^2 = \frac{\pi}{4}(0.03\ \mathrm{m})^2 = 0.0007065\ [\mathrm{m}^2]$$

그러므로 $A_2/A_1 = \dfrac{0.0007065\ \mathrm{m}^2}{0.0033\ \mathrm{m}^2} = 0.214$가 된다. 표 7-2 관 축소에 따른 축소계수(C_o) 및 축소손실계수(K_c)표에 의하면 $A_2/A_1 = 0.214$인 경우 K_c는 0.4 정도가 된다.

$$h_{f,c} = K_c \frac{u_2^2}{2g} = 0.4 \times \frac{(1.022\ \mathrm{m/s})^2}{2 \times \frac{9.8\ \mathrm{m}}{s^2}} = 0.0213\ \mathrm{m}$$

표 7-2. **관 축소에 따른 축소계수(C_o) 및 축소손실계수(K_c)**

A_2/A_1	0.1	0.2	0.3	0.4	0.5	0.6	0.7	0.8	0.9	1.0
C_o	0.62	0.63	0.64	0.66	0.68	0.71	0.75	0.81	0.89	1.00
K_c	0.46	0.41	0.36	0.3	0.24	0.18	0.12	0.06	0.02	0

연습문제

01 유체가 일정한 직경을 지닌 관을 따라 흐를 때 흐름에 가장 큰 영향을 미치는 요인은 유체가 가진 어느 특성 때문인가?

① 관성력 ② 점도
③ 중력 ④ 밀도

해설 유체가 흐르고자 하는 힘은 관성력이고, 유체의 흐름을 방해하는 힘은 전단응력인데 전단응력은 유체의 점도에 영향을 받는다. 이중 유체의 흐름은 전단응력에 의해 흐름 특성에 영향을 받는다고 할 수 있다. ②

02 원통형 관 내부를 유체가 층류의 유속분포를 가지고 흐를 때 유량(Q)과 유체의 저항(τ) 사이의 관계에 대한 설명으로 올바르지 않은 것은 어느 것인가?

① 유량은 관 직경의 4제곱에 비례한다.
② 유량은 압력차에 반비례한다.
③ 유량은 점도에 반비례한다.
④ 유량은 유체가 이동한 거리에 반비례한다.

해설 유체의 흐름 속도를 알 수 없는 경우에 흐름 양(유량)을 측정하는데 널리 사용되는 방정식

$$Q=\frac{\pi\gamma h}{8\times 2^4\mu L}D^4=\frac{\pi\gamma h}{128\mu L}D^4=\frac{\pi\Delta P}{128\mu L}D^4$$

유량은 ① 압력차(ΔP)에 비례하고 ② 직경(D)의 4제곱에 비례하며
③ 유체의 점성(μ)에 반비례하고 ④ 유체가 이동한 거리(L)에 반비례 ②

03 유체가 흐를 때 발생하는 마찰손실수두에 관한 설명 중 올바르지 않은 것은 어느 것인가?

① 유체가 이동한 길이에 비례한다. ② 레이놀즈수에 반비례한다.
③ 유체의 유속의 제곱근에 비례한다. ④ 관의 직경에 비례한다.

해설 유체의 흐름에 따른 마찰손실수두는 다음과 같다.

$$h=\frac{64}{N_{Re}}\frac{L}{D}\frac{u^2}{2g}$$

마찰손실수두는
① 유체의 이동길이(L)에 비례한다.
② 관의 직경(D)에 반비례한다.
③ 유체의 유속의 제곱근에 비례한다.
④ 레이놀즈수에 반비례한다. ④

04 다음에 제시된 조건 중에서 마찰손실계수와 관계가 밀접한 것은 어느 것인가?

① 유체가 흐르는 관벽의 조도 ② 유체가 흐르는 관의 길이
③ 상대조도 ④ 압력강하 값

해설 유체의 흐름에 따른 마찰손실계수는 층류와 난류일 경우 약간 다른 값을 가진다. 즉 층류에서는 레이놀즈수(N_{Re})에 따라 결정되고, 난류에서는 레이놀즈수(N_{Re})와 상대조도(ε/D)에 따라 결정된다. ③

핵심 체크 층류에서 마찰손실계수(f)

$$f=\frac{64}{N_{Re}}$$

핵심 체크 난류에서 마찰손실계수(λ)

① Colebrook 식 $\frac{1}{\sqrt{\lambda}}=-2.0\log\left(\frac{\varepsilon/D}{3.7}+\frac{2.51}{N_{Re}\sqrt{\lambda}}\right)$

② Miller 식 $\lambda=-0.25\left[0.434\ln\left(\frac{\varepsilon/D}{3.7}+\frac{5.74}{N_{Re}^{0.9}}\right)\right]^{-2}$

③ Haaland 식 $\frac{1}{\sqrt{\lambda}}=-1.8\log\left[\left(\frac{\varepsilon/D}{3.7}\right)^{1.1}+\frac{6.9}{N_{Re}}\right]$

④ Blasius 식($\varepsilon/D=0$) $\lambda=\frac{0.316}{N_{Re}^{1/4}}\ (4\times10^3<N_{Re}<10^5)$

⑤ Nikuradse 식($\varepsilon/D=0$) $\lambda=0.0032+\frac{0.221}{N_{Re}^{0.237}}\ (10^5<N_{Re}<3\times10^6)$

05 다음의 설명 중 상대조도에 대한 설명으로 올바른 것은 어느 것인가?

① 거리의 차원[L]을 가진다.
② 난류에서 마찰손실계수와는 무관하다
③ 절대조도에 관 직경을 곱한 값이다.
④ 난류에서 속도분포에 영향을 준다.

해설 상대조도(ε/D)는 무차원의 값을 가지며, 난류에서의 마찰손실계수에 영향을 주며 난류에서 속도분포에 영향을 주는 값이다. ④

06 다음의 설명 중 난류에서의 마찰손실계수와 관련된 값만으로 된 것은 어느 것인가?

① 레이놀즈수와 관 벽의 조도
② 레이놀즈수와 관 벽의 조도와 관의 길이
③ 레이놀즈수와 상대조도
④ 레이놀즈수와 압력강하 값

해설 유체의 흐름에 따른 마찰손실계수는 층류와 난류일 경우 약간 다른 값을 가진다. 즉 층류에서는 레이놀즈수(N_{Re})에 따라 결정되고, 난류에서는 레이놀즈수(N_{Re})와 상대조도(ε/D)에 따라 결정된다. ③

07 층류인 유체의 마찰손실계수와 관련된 값은 어느 것인가?

① 레이놀즈수와 관 벽의 조도
② 레이놀즈수와 관의 길이
③ 레이놀즈수와 상대조도
④ 레이놀즈수

해설 유체의 흐름에 따른 마찰손실계수는 층류와 난류일 경우 약간 다른 값을 가진다. 즉 층류에서는 레이놀즈수(N_{Re})에 따라 결정되고, 난류에서는 레이놀즈수(N_{Re})와 상대조도(ε/D)에 따라 결정된다. ④

08 유체가 관을 통해 흐를 때 관 벽과의 마찰에 의해 발생하는 주손실을 제외한 부차적인 손실을 고려하지 않아도 되는 조건은 어느 것인가?

① $L/D > 1000$인 경우
② $L/D > 2000$인 경우
③ $L/D > 3000$인 경우
④ $L/D > 4000$인 경우

해설 일반적으로 마찰 이외에 발생하는 손실은 부차적인 손실이라 하며 부차적인 손실은 유체가 흐르는 관의 직경(D)과 전체 유체의 이동거리(L)의 비에 따라서 고려하기도 한다. 즉 L/D가 3000보다 클 경우에는 관이 길이가 충분하게 길기 때문에 부차적인 손실은 고려하지 않아도 된다. 그러나 L/D가 3000보다 작을 경우에는 부차적인 손실을 무시할 수가 없다. ③

09 직경 20 mm, 길이 1 m인 매끈한 원관 내부를 물이 유속 20 cm/s의 속도로 흐를 때 유체의 흐름 특성이 레이놀즈수가 1200으로 층류를 유지한다면 마찰손실수두는 몇 cm인가?

해설 유체가 흐르는 관에서 발생하는 압력손실은 Darcy-Weisbach 식으로부터 계산된다.
마찰손실수두는 $h = \frac{64}{N_{Re}} \frac{L}{D} \frac{u^2}{2g}$이며 마찰손실수두는 $h = f\frac{L}{D}\frac{u^2}{2g}$가 된다.
층류에서 마찰손실계수는 $f = \frac{64}{N_{Re}} = \frac{64}{1200} = 0.053$이 되고, Darcy-Weisbach 식으로부터 마찰손실을 계산하면 다음과 같다.

$$h = f \times \frac{L}{D} \times \frac{u^2}{2g} = 0.053 \times \frac{100\ \text{cm}}{2\ \text{cm}} \times \frac{(20\ \text{cm/s})^2}{2 \times 980\ \text{cm/s}^2} = 0.54\ \text{cm}$$

10 직경 50 mm, 길이 1.2 km인 매끈한 원관을 써서 유량 300 L/min의 기계유를 수송할 때 관로에서의 압력강하는 몇 $\text{kg}_\text{f}/\text{m}^2$인가? (단, 기계유의 비중은 0.92, 기계유의 점도는 0.056 Pa·s이다.)

해설 유체가 흐르는 관에서 발생하는 압력손실은 Darcy-Weisbach 식으로부터 계산된다.

마찰손실수두는 $h=\dfrac{64}{N_{Re}}\dfrac{L}{D}\dfrac{u^2}{2g}$ 이며 압력변화 $\Delta P=\gamma h$ 이므로

$\Delta P=\gamma\times f\dfrac{L}{D}\dfrac{u^2}{2g}=f\dfrac{L}{D}\dfrac{\gamma u^2}{2g}$ 이 된다. 주어진 조건에서 이 값을 구하기 위해 유속을 계산하면 다음과 같다.

$$u=\frac{Q}{\frac{\pi}{4}D^2}=\frac{\frac{300\ \mathrm{L}}{\mathrm{min}}\times\frac{1\ \mathrm{m}^3}{1000\mathrm{L}}\times\frac{1\ \mathrm{min}}{60\ \mathrm{s}}}{\frac{\pi}{4}(0.05\ \mathrm{m})^2}=\frac{2.54\ \mathrm{m}}{s}$$

주어진 조건에서 유체의 레이놀즈수를 살펴보면

$D=50\ \mathrm{mm}=0.05\ \mathrm{m}$, $u=2.54\ \mathrm{m/s}$, 밀도 $920\ \mathrm{kg/m^3}$,

점성계수는 $0.056\ \mathrm{Pa\cdot s}=0.056\ \mathrm{Pa\cdot s}\times\dfrac{\mathrm{N/m^2}}{\mathrm{Pa}}=\dfrac{0.056\ \mathrm{N\cdot s}}{\mathrm{m^2}}=\dfrac{0.056\ \mathrm{kg}}{\mathrm{m\cdot s}}$ 이므로

$N_{Re}=\dfrac{\rho uD}{\mu}=\dfrac{uD}{\frac{\mu}{\rho}}=\dfrac{uD}{\nu}$ 에서 유체의 흐름 특성을 파악하기 위해 N_{Re}을 계산하면

$N_{Re}=\dfrac{\rho uD}{\mu}=\dfrac{2.54\ \mathrm{m/s}\times0.05\ \mathrm{m}\times920\ \mathrm{kg/m^3}}{0.056\ \mathrm{kg/m\cdot s}}=2086$ 으로 층류를 나타낸다.

층류에서 마찰손실은 $h=f\times\dfrac{L}{D}\times\dfrac{u^2}{2g}$ 에서 마찰손실계수 $f=\dfrac{64}{N_{Re}}=\dfrac{64}{2086}=0.03068$ 이 되고

$h=f\times\dfrac{L}{D}\times\dfrac{u^2}{2g}=0.03068\times\dfrac{1200\ \mathrm{m}}{0.05\ \mathrm{m}}\times\dfrac{(2.54\ \mathrm{m/s})^2}{2\times9.8\ \mathrm{m/s^2}}=242.37\ \mathrm{m}$

유체의 비중이 0.92이므로 유체의 밀도(ρ)는 $\dfrac{920\ \mathrm{kg}}{\mathrm{m^3}}$ 이 되고

비중량은 $\gamma=\rho g=\dfrac{920\ \mathrm{kg}}{\mathrm{m^3}}\times\dfrac{9.8\ \mathrm{m}}{\mathrm{s^2}}\times\dfrac{1\ \mathrm{kg_f}}{\frac{9.8\ \mathrm{kg\cdot m}}{\mathrm{s^2}}}=\dfrac{920\ \mathrm{kg_f}}{\mathrm{m^3}}$ 이므로 압력강하(ΔP)는 다음과 같다.

$\Delta P=\gamma\times h_L=\dfrac{920\ \mathrm{kg_f}}{\mathrm{m^3}}\times242.37\ \mathrm{m}=\dfrac{222980.4\ \mathrm{kg_f}}{\mathrm{m^2}}$ 이 된다.

11 직경 10 mm, 길이 10 m인 원통형 관속을 20℃의 물이 흐른다. 관 출구와 입구의 압력차가 100 mbar이면 유량은 몇 $\mathrm{cm^3/s}$인가? (단, 물의 흐름은 층류이며, 물의 20℃에서의 점도는 $\mu=10^{-3}\ \mathrm{Pa\cdot s}$이다.)

해설 유체가 층류로 흐를 때 압력차를 이용해서 유량을 계산할 때 하겐-포아젤(Hagen-Poiseuille) 식을 이용한다.

$Q=\dfrac{\pi\gamma h}{8\times2^4\mu L}D^4=\dfrac{\pi\gamma h}{128\mu L}D^4=\dfrac{\pi\Delta P}{128\mu L}D^4$

주어진 조건을 정리하면

$D=10\ \mathrm{mm}=1\ \mathrm{cm}=0.01\ \mathrm{m}$

$L=10\ \mathrm{m}$

$\mu=10^{-3}\ \mathrm{Pa\cdot s}=10^{-3}\ \mathrm{Pa\cdot s}\times\dfrac{\mathrm{N/m^2}}{\mathrm{Pa}}=\dfrac{10^{-3}\ \mathrm{N\cdot s}}{\mathrm{m^2}}$

$$\Delta P = 100\ \text{mbar} = 100\ \text{mbar} \times \frac{101.3\times10^3\ \text{Pa}}{1013\ \text{mbar}} \times \frac{\text{N/m}^2}{\text{Pa}} = \frac{10^4\ \text{N}}{\text{m}^2}$$

따라서 주어진 값을 이용하면

$$Q = \frac{\pi \Delta P}{128\mu L} D^4 = \frac{\pi \times 10^4\ \text{N/m}^2}{128\times10^{-3}\ \text{N}\cdot\text{s/m}^2\times 10\text{m}} \times (0.01\ \text{m})^4 = \frac{0.000245\ \text{m}^3}{\text{s}}$$

$$Q = \frac{0.000245\ \text{m}^3}{\text{s}} = \frac{0.000245\ \text{m}^3}{\text{s}} \times \left[\frac{10^2\ \text{cm}}{1\ \text{m}}\right]^3 = \frac{245\ \text{cm}^3}{\text{s}}$$

12 직경 5 cm의 유리관 속을 물이 25 cm^3/s의 유량으로 흐르고 있다. 이때 관의 길이 1 m당 마찰손실수두는 몇 cm인가? 이 조건에서 물의 동점도는 $\nu = 1.15\times10^{-2}\ \text{cm}^2/\text{s}$ 이다.

해설 유체가 흐르는 관에서 발생하는 마찰손실수두는 Darcy-Weisbach 식으로부터 계산된다.

마찰손실수두는 $h = \frac{64}{N_{Re}}\frac{L}{D}\frac{u^2}{2g}$ 이다.

주어진 조건에서 이 값을 구하기 위해 유속을 계산하면 다음과 같다.

$$u = \frac{Q}{\frac{\pi}{4}D^2} = \frac{25\ \text{cm}^3/\text{s}}{\frac{\pi}{4}(5\ \text{cm})^2} = \frac{1.27\ \text{cm}}{\text{s}}$$

주어진 조건에서 유체의 레이놀즈수를 살펴보면

D=5 cm, u=1.27 cm/s, 동점도는 $\nu = 1.15\times10^{-2}\ \text{cm}^2/\text{s}$ 이므로

$$N_{Re} = \frac{\rho u D}{\mu} = \frac{uD}{\frac{\mu}{\rho}} = \frac{uD}{\nu} \text{ 에서}$$

$$N_{Re} = \frac{uD}{\nu} = \frac{1.27\ \text{cm/s}\times5\ \text{cm}}{1.15\times10^{-2}\ \text{cm}^2/\text{s}} = 552.17(\text{층류})$$

층류에서 마찰손실은 $h = f\times\frac{L}{D}\times\frac{u^2}{2g}$ 에서 마찰손실계수 $f = \frac{64}{N_{Re}} = \frac{64}{552.17} = 0.116$이 되고, 마찰손실수두는 다음과 같이 계산된다.

$$h = f\times\frac{L}{D}\times\frac{u^2}{2g} = 0.116\times\frac{100\ \text{cm}}{5\ \text{cm}}\times\frac{(1.27\ \text{cm/s})^2}{2\times980\ \text{cm/s}^2} = 0.0019\ \text{cm}$$

13 내경이 100 mm, 길이 150 m의 관로에 물을 0.0083 m^3/s의 유량으로 공급한다. 마찰손실계수가 0.025일 때 관로의 마찰손실수두를 계산하여라.

해설 손실수두를 계산하기 위하여 유속을 계산하여야 한다.

주어진 유량과 직경으로부터 물의 유속을 계산하면 다음과 같다.

$A = \frac{\pi}{4}D^2 = \frac{\pi}{4}\times(0.1\ \text{m})^2 = 0.00785\ \text{m}^2$이므로 유속은

$$u = \frac{Q}{A} = \frac{0.0083\frac{\text{m}^3}{\text{s}}}{0.00785\ \text{m}^2} = \frac{1.057\ \text{m}}{\text{s}} \text{ 가 된다.}$$

마찰에 의한 손실수두는 Darcy-Weisbach 식으로부터 구할 수 있다. 주어진 조건을 이용하면

$$h = f\frac{L}{D}\frac{u^2}{2g} = 0.025\times\frac{150\ \text{m}}{0.1\ \text{m}}\times\frac{(1.057\ \text{m/s})^2}{2\times9.8\ \text{m/s}^2} = 2.137\ \text{m}$$

14 직경이 13 cm인 수평 원형관 내부에 유체가 층류로 흐르고 있다. 유체의 총 이동거리가 365 m이고, 이때 압력변화는 300 kPa이라면 이 흐름 동안 관의 벽에서 발생한 전단응력은 몇 N/m^2인지 계산하여라.

해설 유체의 흐름에 따라 관의 벽에서는 전단응력이 발생한다. 이때 발생하는 전단응력은 다음과 같다. 전단응력 $\tau=-\mu\frac{du}{dr}$ 이므로 전단응력과 압력차의 관계식 $\tau=\frac{\Delta P\times D}{4L}$을 이용해서 해결할 수 있다. 주어진 조건에서 $D=13\ \text{cm}=0.13\ \text{m}$, $L=365\ \text{m}$, 그리고 압력차는 300 kPa이므로 이 값을 $\tau=\frac{\Delta P\times D}{4L}$에 대입하면 전단응력을 구할 수 있다.

$$\Delta P=300\ \text{kPa}\times\frac{10^3\ \text{N/m}^2}{\text{kPa}}=3\times10^5\ \text{N/m}^2$$

전단응력 $\tau=\frac{\Delta P\times D}{4L}$ 이므로

$$\tau=\frac{\frac{3\times10^5\ \text{N}}{\text{m}^2}\times0.13\ \text{m}}{4\times365\ \text{m}}=\frac{26.71\ \text{N}}{\text{m}^2}$$

15 점도가 0.85 poise인 유체가 직경 10 cm이고, 길이가 100 m인 원형관을 0.08 m^3/s의 유량으로 흐르고 있다. 이 유체를 수송하는데 필요한 압력은 몇 N/m^2인가?

해설 유체의 흐름에서 유량에 따른 압력변화를 계산하기 위해서는 하겐-포아젤 식을 이용하여야 한다.

$$Q=\frac{\pi\gamma h}{8\times2^4\mu L}D^4=\frac{\pi\gamma h}{128\mu L}D^4=\frac{\pi\Delta P}{128\mu L}D^4 \text{ 이므로}$$

$$\Delta P=\frac{128\mu LQ}{\pi D^4} \text{ 이 된다.}$$

주어진 값으로부터

$$\mu=0.85\ \text{poise}\times\frac{\text{g/cm}\cdot\text{s}}{\text{poise}}=\frac{0.85\ \text{g}}{\text{cm}\cdot\text{s}}=\frac{0.85\ \text{g}}{\text{cm}\cdot\text{s}}\times\frac{1\ \text{kg}}{1000\ \text{g}}\times\frac{100\ \text{cm}}{1\ \text{m}}=\frac{0.085\ \text{kg}}{\text{m}\cdot\text{s}}$$

$D=10\ \text{cm}=0.1\ \text{m}$, $L=100\ \text{m}$, $Q=0.08\ \text{m}^3/\text{s}$ 이므로 하겐-포아젤 식을 이용해서 계산하면

$$\Delta P=\frac{128\mu LQ}{\pi D^4}=\frac{128\times\frac{0.085\ \text{kg}}{\text{m}\cdot\text{s}}\times100\ \text{m}\times\frac{0.08\text{m}^3}{\text{s}}}{\pi(0.1\ \text{m})^4}=\frac{268535\ \text{kg}}{\text{m}\cdot\text{s}^2}=\frac{268535\ \text{N}}{\text{m}^2}$$

16 직경이 7.5 cm이고 길이가 100 m인 원형관을 통해 물이 100 cm^3/s의 유량으로 흐르고 있다. 이 유체를 수송하는데 필요한 압력은 몇 [N/m^2]인가?

해설 주어진 조건에서 Q : 100 cm^3/s, D : 7.5 cm=0.075 m, μ=0.01 poise이므로 물의 흐름 형태는 다음과 같다.

주어진 유량과 직경으로부터 유체의 유속을 계산하면

$$Q=\frac{100\ \text{cm}^3}{s} \text{ 이고}$$

$$A=\frac{\pi}{4}D^2=\frac{\pi}{4}\times(7.5\ \text{cm})^2=44.15\ \text{cm}^2 \text{ 이므로}$$

$u = \frac{Q}{A} = \frac{\frac{100\ \text{cm}^3}{\text{s}}}{44.15\ \text{cm}^2} = \frac{2.4\ \text{cm}}{\text{s}}$ 이 된다. 이 값으로부터 유체의 흐름 특성을 확인하면

$N_{Re} = \frac{\rho u D}{\mu} = \frac{1\ \text{g/cm}^3 \times 2.4\ \text{cm/s} \times 7.5\ \text{cm}}{0.01\ \text{g/cm} \cdot \text{s}} = 1800$ 으로 층류임을 알 수 있다.

층류에서 유량, 관경, 점성계수, 압력강하 등의 관계를 나타낸 하겐-포아젤 식을 이용하면 된다.

$Q = \frac{\Delta P \pi D^4}{128 \mu L}$ 에서 $\Delta P = \frac{128 \mu L}{\pi D^4} \times Q$이 된다.

여기서 Q : 100 cm^3/s, D : 7.5 cm=0.075 m, μ=0.01 poise, L=100 m이고

이 값을 단위환산하면 $\mu = 0.01\ \text{poise} \times \frac{\frac{\text{g}}{\text{cm} \cdot \text{s}} \times \frac{1\ \text{kg}}{10^3\ \text{g}} \times \frac{10^2\ \text{cm}}{1\ \text{m}}}{\text{poise}} = \frac{0.001\ \text{kg}}{\text{m} \cdot \text{s}}$ 이고

$Q = \frac{100\ \text{cm}^3}{\text{s}} \times \left[\frac{1\ \text{m}}{100\ \text{cm}}\right]^3 = \frac{10^{-4}\ \text{m}^3}{\text{s}}$ 이므로

$\Delta P = \frac{128 \mu L}{\pi D^4} \times Q$에 주어진 값을 대입하면

$$\Delta P = \frac{128 \mu L}{\pi D^4} \times Q = \frac{128 \times \frac{0.001\ \text{kg}}{\text{m} \cdot \text{s}} \times 100\ \text{m} \times \frac{10^{-4}\ \text{m}^3}{\text{s}}}{3.14 \times (0.075\ \text{m})^4} = \frac{12.88\ \text{kg} \cdot \frac{\text{m}^3}{\text{s}^2}}{\text{m}^4} = \frac{12.88\ \text{N}}{\text{m}^2}$$

17 어느 유체의 레이놀즈수를 측정하였더니 2002의 값을 나타내었다. 이 유체가 매끈한 원통형 관 내부를 흐른다면 이때 발생하는 마찰손실계수를 계산하여라.

해설 층류에서 레이놀즈수(N_{Re})와 마찰손실계수(f)와의 관계 $f = \frac{64}{N_{Re}}$ 로부터 마찰손실계수를 계산할 수 있다. 즉, $f = \frac{64}{N_{Re}} = \frac{64}{2002} = 0.032$가 된다.

> **핵심체크** 층류에서 마찰손실계수(f)의 계산
>
> 층류 : $f = \frac{64}{N_{Re}}$

18 비중이 0.92이고, 점성계수가 0.28 g/cm·s인 유체가 직경이 15 cm이며, 길이가 1,440 m인 수평형 원통관을 400 L/min의 유량으로 흐르고 있다. ① 이때 발생하는 손실수두는 몇 m인가? ② 이때 압력변화는 몇 kPa인가?

해설 유체흐름에 따른 손실수두를 계산하기 위해서는 그 흐름의 형태가 층류인지 난류인지를 먼저 알아야 한다. 주어진 조건에서 직경(D)이 15 cm이며, 비중이 0.92이고, 점성계수(μ)가 0.28 g/cm·s이고 유량(Q)이 400 L/min이므로

$Q = uA$에서 $A = \frac{\pi}{4} D^2 = \frac{\pi}{4} \times (15\ \text{cm})^2 = 176.625\ \text{cm}^2$

$$u = \frac{Q}{A} = \frac{\frac{400\ \text{L}}{\text{min}} \times \frac{1000\ \text{cm}^3}{1\text{L}} \times \frac{1\ \text{min}}{60\ \text{s}}}{176.625\ \text{cm}^2} = \frac{37.74\ \text{cm}}{s}$$

$$N_{Re} = \frac{\rho u D}{\mu} = \frac{\frac{0.92\ \text{g}}{\text{cm}^3} \times \frac{37.74\ \text{cm}}{\text{s}} \times 15\ \text{cm}}{\frac{0.28\ \text{g}}{\text{cm}\cdot\text{s}}} = 1860$$, 즉 유체의 흐름은 층류이다.

핵심 체크 층류에서 마찰손실계수(f)의 계산

$$\text{층류} : f = \frac{64}{N_{Re}}$$

① 손실수두의 계산

층류에서 발생하는 손실수두는 Darcy-Weisbach 식 $h = f\frac{L}{D}\frac{u^2}{2g}$ 으로부터 구할 수 있다.

층류에서 마찰손실계수는 $f = \frac{64}{N_{Re}}$ 이므로 $f = \frac{64}{N_{Re}} = \frac{64}{1860} = 0.0344$이 된다.

그러므로 발생하는 마찰손실수두는 다음과 같다. $h = f\frac{L}{D}\frac{u^2}{2g}$ 에서

$$h = f \times \frac{L}{D} \times \frac{u^2}{2g} = 0.0344 \times \frac{1440\ \text{m}}{0.15\ \text{m}} \times \frac{(0.3774\ \text{m/s})^2}{2 \times 9.8\ \text{m/s}^2} = 0.36\ \text{m}$$

② 압력변화의 계산

층류에서 발생하는 압력변화는 $\Delta P = \gamma h = f\frac{L}{D}\frac{\gamma u^2}{2g}$ 이므로

유체의 비중이 0.92이므로 유체의 밀도(ρ)는 $\frac{920\ \text{kg}}{\text{m}^3}$ 이 되고

비중량은 $\gamma = \rho g = \frac{920\ \text{kg}}{\text{m}^3} \times \frac{9.8\ \text{m}}{\text{s}^2} \times \frac{1\ \text{kg}_\text{f}}{\frac{9.8\ \text{kg}\cdot\text{m}}{\text{s}^2}} = \frac{920\ \text{kg}_\text{f}}{\text{m}^3}$ 이므로

$\Delta P = \gamma h = \frac{920\ \text{kg}_\text{f}}{\text{m}^3} \times 0.36\ \text{m} = \frac{331.2\ \text{kg}_\text{f}}{\text{m}^2}$ 이 된다.

따라서 $\Delta P = \gamma h = \frac{331.2\ \text{kg}_\text{f}}{\text{m}^2} \times \frac{9.8\ \text{N}}{1\ \text{kg}_\text{f}} \times \frac{\text{Pa}}{\text{N/m}^2} = 3245.76\ \text{Pa} = 3.245\ \text{kPa}$

19 **조도 0.15 mm이고 내경이 5 cm이며 길이가 20 m인 수평으로 설치된 관을 이용해서 평균 유속 4 m/s로 동점도가 10^{-6} m²/s인 유체를 이송하려고 한다. 이때 손실수두는 몇 m인가?**

해설 주어진 조건에서 유체의 흐름 형태를 살펴보면 D=5 cm=0.05 m, u=4 m/s, 동점도 $10^{-6}\ \text{m}^2/\text{s}$이므로 $N_{Re} = \frac{\rho u D}{\mu} = \frac{uD}{\frac{\mu}{\rho}} = \frac{uD}{\nu}$ 에서

$$N_{Re} = \frac{\rho u D}{\mu} = \frac{uD}{\frac{\mu}{\rho}} = \frac{uD}{\nu} = \frac{4\ \text{m/s} \times 0.05\ \text{m}}{10^{-6}\ \text{m}^2/\text{s}} = 200000\ (\text{난류})$$

따라서 Moody Chart를 이용해서 마찰계수를 구하여 손실수두를 계산하여야 한다.
Moody Chart를 이용해서 난류에서 마찰손실계수(λ)를 계산하는 법

① 레이놀즈수(N_{Re})를 계산한다.

$$N_{Re}=\frac{\rho uD}{\mu}=\frac{uD}{\frac{\mu}{\rho}}=\frac{uD}{\nu}=\frac{4\ \text{m/s}\times 0.05\ \text{m}}{10^{-6}\ \text{m}^2/\text{s}}=200000\ (\text{난류})$$

② 주어진 관의 표면 거칠기(조도, ε) 값으로부터 상대조도$\left(\frac{\varepsilon}{D}\right)$를 계산한다.
주철관의 조도가 0.15 mm이므로 상대조도는 0.15 mm/50 mm=0.003

③ 상대조도 값$\left(\frac{\varepsilon}{D}\right)$과 레이놀즈 값($N_{Re}$)을 관의 형태선과 연결하여 관의 형태에 해당되는 마찰계수(λ)를 읽는다.
Moody Chart에 의하면 주철관에서 $N_{Re}=200000$이고 상대조도는$\left(\frac{\varepsilon}{D}\right)=0.003$이므로 마찰계수($\lambda$)는 0.0253 정도의 값을 가진다.

$h_L=\lambda\times\frac{L}{D}\times\frac{u^2}{2g}$[m]이므로 주어진 조건에서

$$h_L=\lambda\times\frac{L}{D}\times\frac{u^2}{2g}=0.0253\times\frac{20\ \text{m}\times(4\ \text{m/s})^2}{0.05\ \text{m}\times 2\times 9.8\ \text{m/s}^2}=8.26\ \text{m}$$

20 **비중이 0.85이고 점성계수가 9×10^{-7} m²/s인 유체가 내경이 5 cm인 매끈한 수평형 원통관을 통해서 평균유속 1.5 m/s의 속도로 흐르고 있다. 관의 조도를 0으로 간주할 수 있는 경우 Blasius 식을 이용해서 마찰계수를 계산하여 관의 길이가 45 m인 경우 손실수두(m)와 압력강하($\text{kg}_\text{f}/\text{m}^2$)를 계산하여라.**

해설 Blasius 식 $(\epsilon/D=0)$ $\lambda=\frac{0.316}{N_{Re}^{1/4}}$ $(4\times10^3<N_{Re}<10^5)$이므로

주어진 조건에서 유체의 레이놀즈수를 살펴보면 D=5 cm=0.05 m, u=1.5 m/s, 동점도 9×10^{-7} m²/s이므로 $N_{Re}=\frac{\rho uD}{\mu}=\frac{uD}{\frac{\mu}{\rho}}=\frac{uD}{\nu}$에서

$$N_{Re}=\frac{\rho uD}{\mu}=\frac{uD}{\frac{\mu}{\rho}}=\frac{uD}{\nu}=\frac{1.5\ \text{m/s}\times 0.05\ \text{m}}{9\times10^{-7}\ \text{m}^2/\text{s}}=83333.33(\text{난류})$$

유체의 레이놀즈수가 Blasius 식$(\varepsilon/D=0)$ $\lambda=\frac{0.316}{N_{Re}^{1/4}}$ $(4\times10^3<N_{Re}<10^5)$의 조건에 합당하므로 $\lambda=\frac{0.316}{N_{Re}^{1/4}}$을 이용하여 마찰계수를 계산할 수 있다. $\lambda=\frac{0.316}{N_{Re}^{1/4}}=\frac{0.316}{(83333.33)^{1/4}}$

① 손실수두(m)

$h_L=\lambda\times\frac{L}{D}\times\frac{u^2}{2g}$[m]이므로 주어진 조건에서

$$h_L=\lambda\times\frac{L}{D}\times\frac{u^2}{2g}=0.0154\times\frac{45\ \text{m}\times(1.5\ \text{m/s})^2}{0.05\ \text{m}\times 2\times 9.8\ \text{m/s}^2}=1.59\ \text{m}$$

② 압력강하($\text{kg}_\text{f}/\text{m}^2$)

$$\Delta P=\gamma h_L=\frac{850\ \text{kg}_\text{f}}{\text{m}^3}\times 1.59\ \text{m}=\frac{1351.5\ \text{kg}_\text{f}}{\text{m}^2}$$

21 관의 직경이 급격하게 확대되는 구조를 가진 원통형 관을 통해 유체가 흐르고 있다. 이때 도입되는 유체의 유속이 6.2 m/s이고 어느 지점에 이르러 관의 단면적이 급격히 확대될 때 유체의 유속이 4.3 m/s로 흐른다면 이때 확대 손실은 몇 m인가?

해설 $h_{fe} = \dfrac{(u_1^2 - u_2^2)}{2g} = \dfrac{[(6.2\ \mathrm{m/s})^2 - (4.3\ \mathrm{m/s})^2]}{2 \times 9.8\ \mathrm{m/s^2}} = 1.017\mathrm{m}$

22 관의 직경이 150 mm인 원통형 관의 직경이 350 mm로 급격하게 확대되는 구조를 가진 원통형 관을 통해 유체가 350 L/s의 유량으로 흐르고 있다. 이때 발생하는 손실수두는 몇 m인가?

해설 연속 방정식에 의해 직경이 150 mm인 원통형 관의 직경이 350 mm로 확대되는 경우 유체의 흐름 속도를 계산하면 다음과 같다.

$Q = Au = \dfrac{\pi}{4}D^2u$ 에서 $u_1 = \dfrac{Q}{\pi D_1^2/4}$ 이므로

$D_1 = 150\ \mathrm{mm}$ 일 때 유속은

$$u_1 = \frac{Q}{\pi\dfrac{D_1^2}{4}} = \frac{\dfrac{350\ \mathrm{L}}{\mathrm{s}} \times \dfrac{1\ \mathrm{m^3}}{1000\ \mathrm{L}}}{\pi\dfrac{(0.15\ \mathrm{m})^2}{4}} = \frac{19.8\ \mathrm{m}}{\mathrm{s}}$$

$D_2 = 350\ \mathrm{mm}$ 일 때 유속은

$$u_2 = \frac{Q}{\pi\dfrac{D_2^2}{4}} = \frac{\dfrac{350\ \mathrm{L}}{\mathrm{min}} \times \dfrac{1\ \mathrm{m^3}}{1000\ \mathrm{L}}}{\pi\dfrac{(0.35\ \mathrm{m})^2}{4}} = \frac{3.64\ \mathrm{m}}{\mathrm{s}}$$

$$h_{fe} = \frac{(u_1^2 - u_2^2)}{2g} = \frac{[(19.8\ \mathrm{m/s})^2 - (3.64\ \mathrm{m/s})^2]}{2 \times 9.8\ \mathrm{m/s^2}} = 19.32\ \mathrm{m}$$

23 관의 직경이 급격하게 축소되는 구조를 가진 원통형 관을 통해 유체가 흐르고 있다. 상온에서 유체의 유량속도는 6.5 $\mathrm{m^3/h}$이다. 내경이 75 mm의 관으로 부터 내경이 45 mm의 관으로 축소되어 들어갈 때 두 손실을 구하시오.

해설 급격한 관의 축소에 따른 관 손실은 다음과 같이 계산한다. $h_{fc} = K_c\dfrac{u_2^2}{2g}$

$Q = \dfrac{\pi}{4}D^2u$ 에서 $u_2 = \dfrac{Q}{\pi D_2^2/4}$ 이므로

$$u_2 = \frac{Q}{\dfrac{\pi}{4}D_2^2} = \frac{\dfrac{6.5\ \mathrm{m^3}}{\mathrm{h}} \times \dfrac{1\mathrm{h}}{3600\ \mathrm{s}}}{\dfrac{\pi}{4}(0.045\ \mathrm{m})^2} = 1.135[\mathrm{m/s}]$$

내경이 75 mm의 관으로 부터 내경이 45 mm의 관으로 축소되어 들어갈 때 관 축소손실계수를 계산하기 위해 각 단면의 면적비를 계산하여야 한다.

$A_1 = \dfrac{\pi}{4}D_1^2 = \dfrac{\pi}{4}(0.075\ \mathrm{m})^2 = 0.0044[\mathrm{m^2}]$

연습문제

$A_2 = \frac{\pi}{4}D_2^2 = \frac{\pi}{4}(0.045\ \text{m})^2 = 0.0016[\text{m}^2]$

그러므로 $A_2/A_1 = \frac{0.0016\ \text{m}^2}{0.0044\ \text{m}^2} = 0.363$가 된다. 표 7-2 관 축소에 따른 축소 계수(C_o) 및 축소 손실계수(K_c)표에 의하면 $A_2/A_1 = 0.363$인 경우 K_c는 0.338 정도가 된다.

표 관 축소에 따른 축소 계수(C_o) 및 축소 손실계수(K_c)

A_2/A_1	0.1	0.2	0.3	0.4	0.5	0.6	0.7	0.8	0.9	1.0
C_o	0.62	0.63	0.64	0.66	0.68	0.71	0.75	0.81	0.89	1.00
K_c	0.46	0.41	0.36	0.3	0.24	0.18	0.12	0.06	0.02	0

$$h_{f,c} = K_c\frac{u_2^2}{2g} = 0.338 \times \frac{(1.135\ \text{m/s})^2}{2 \times \frac{9.8\ \text{m}}{\text{s}^2}} = 0.0222\ \text{m}$$

제 8 장 유체 수송용 펌프

08 유체 수송용 펌프

유체의 이동에 필요한 시설에 대한 이해를 돕기 위해 소방시설 중 대표적인 소화설비인 옥내소화전 설비의 계통도를 살펴보자.

그림 8-1에서 살펴보면 유체가 저장된 곳으로부터 유체를 설비로 보내기 위해 펌프가 설치되어 펌프에 연결된 배관을 통해 유체를 원하는 장소까지 전달하고 있다. 배관의 사이사이에 유체의 특성을 측정하기 위한 설비로 압력계가 설치되어 있으며, 밸브를 사용하여 유체의 이동시 유체의 흐름을 조절하기도 한다. 배관에는 관 부속품들이 연결되어 유체의 흐름 방향을 변화시키는 역할을 하는 등 유체의 흐름에 필요한 설비로서의 역할을 하고 있는 것을 확인 할 수 있다. 이러한 여러 가지 유체 수송설비 중에서 가장 중요한 역할을 하는 것이 펌프설비라고 할 수 있다. 따라서 본 장에서는 유체의 수송설비 중 동력장치인 펌프에 대해서 살펴보기로 하자.

1 펌프의 종류

펌프의 종류는 표 8-1에서 보는 바와 같이 형태에 따라 터보형, 용적형 그리고 특수형으로 구분된다. 이중 가장 널리 사용되고 있는 터보형 펌프는 다시 작동방식에 따라 원심식, 축류식, 사류식으로 나눌 수 있다. 원심식은 그림 8-2에서 보는 바와 같이 펌프 내로 유입되는 부분과 유출되는 부분의 방향이 90°로 형성된다. 이는 유체가 측면에서 들어와서 위로 배출되는 형태로 이러한 원심식에는 볼류트형 원심 펌프와 터빈형 원심 펌프로 세분할 수 있다. 축류식은 그림 8-3에서 보는 바와 같이 유체의 유입부분의 방향이 유출부분의 방향과 동일한 방향을 가지고 있다. 그 중간쯤에 있는 것이

사류식(mixed flow type)이다. 사류 형태는 그림 8-4에서 보는 바와 같이 유입부분과 유출부분이 경사(기울기)를 가지고 있는 형태이다.

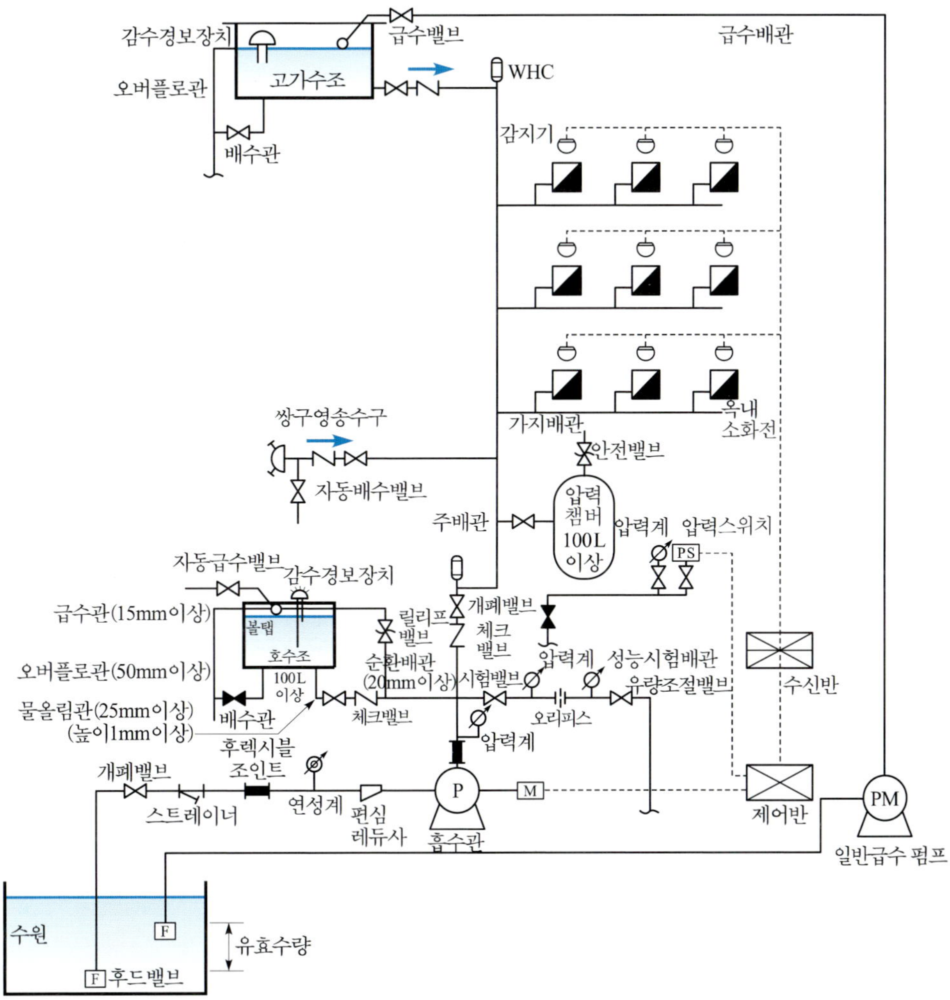

그림 8-1. 옥내소화전 설비 계통도

표 8-1. **펌프의 분류**

형태	방식	펌프의 종류
터보형	원심식	볼류트 펌프
		터빈 펌프
	사류식	사류 펌프
		축류 펌프
	축류식	축류 펌프
용적형	왕복식	피스톤 펌프
		다이아프램 펌프
	회전식	기어 펌프
		스크류 펌프
특수형		진공 펌프
		와류 펌프

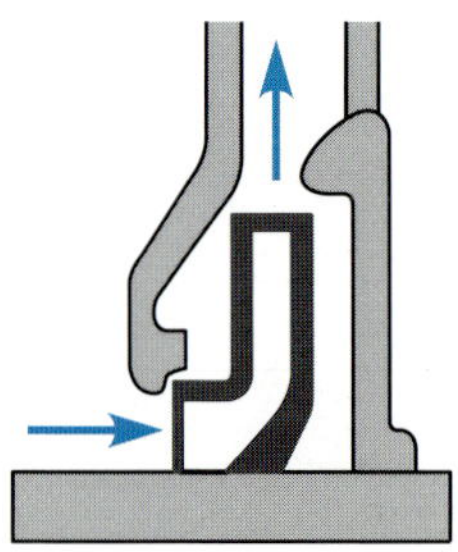

그림 8-2. **원심력식**

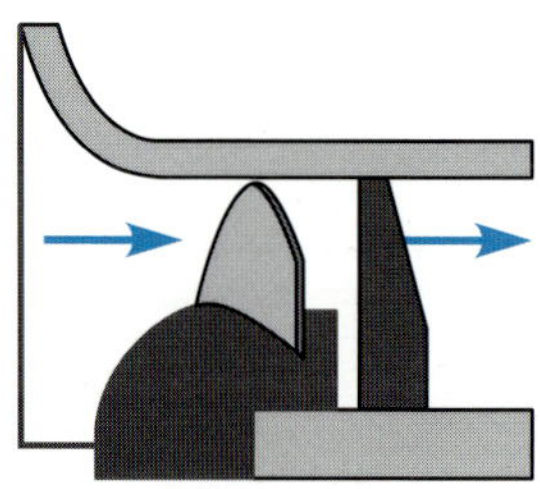

그림 8-3. **축류식**

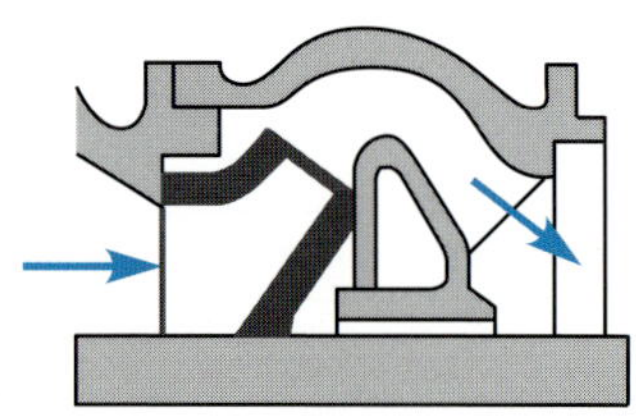

그림 8-4. **사류식**

핵심 체크 형태에 따른 펌프의 분류

㉠ 터보형(원심식, 사류식, 축류식) ㉡ 용적형(왕복식, 회전식) ㉢ 특수형

1.1 원심 펌프

1.1.1. 원심 펌프의 작동원리

회전차(Impeller)의 회전운동에 의하여 발생하는 원심력(centrifugal force)을 이용하여 가압하는 펌프를 원심 펌프라 한다.

원심 펌프를 회전시키면 회전차의 원심력에 의해 가장 자리로 작용하는 힘(압력)이 증가하고 중심 부분에 작용하는 힘(압력)이 감소하여 상대적으로 낮은 압력이 형성된다. 이처럼 원심력에 의해 압력이 낮아지는 위치인 펌프 중심부에 펌프를 기준으로 아랫부분에 있는 물탱크와 연결된 관을 연결하고 펌프를 작동하면 압력힘에 의해서 아랫부분에 있던 유체가 상승하여 이동시키는 형태로 유체를 수송하게 된다.

원심 펌프의 작동원리를 좀 더 구체적으로 살펴보기로 하자.

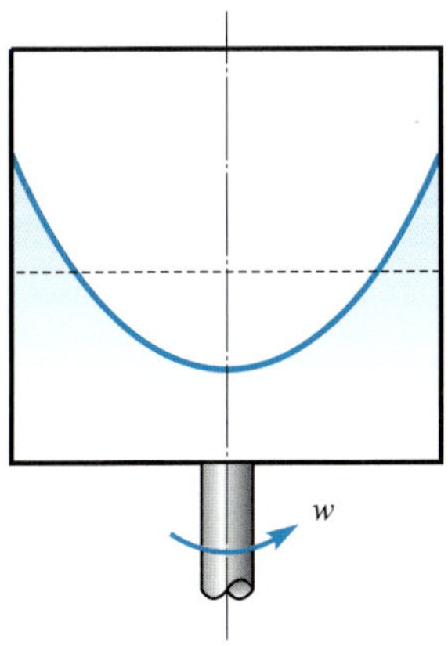

그림 8-5. **원심력**

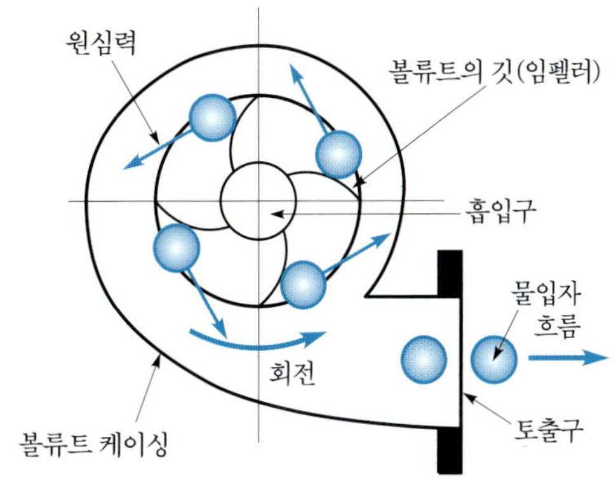

그림 8-6. **원심 펌프의 유체수송**

그림 8-5에서 보는 바와 같이 용기에 액체를 넣고 중심 부분을 회전시키는 경우 앞서 설명한 바와 같이 중심 부분의 압력과 중심에서 떨어진 부분의 압력이 차이가 발생한다. 이렇게 압력차가 발생하는 것은 회전하면서 생긴 원심력이라는 힘에 의해서이다. 회전하는 용기 부분 중심의 압력이 원심력에 의한 영향으로 작아지므로 용기 아랫부분에 관이 연결되어 있다면 그 연결된 관을 통해서 유체가 이동해서 압력이 같아지려고 하는 현상이 지속적으로 발생하게 된다. 이것이 바로 원심 펌프로 유체를 수송하는 원리이다.

그림 8-6에서 보는 바와 같이 회전차가 회전하면서 케이싱(casing) 안에 있는 물에 원심력을 부여하면 펌프 중심부에서 압력(원심력)이 작아지므로 흡입구(吸入口)로 유체가 유입되어 토출구(吐出口)를 통해서 유체의 수송이 진행된다.

핵심 체크 원심 펌프의 작동원리

회전차의 원심력에 의해 가장자리로 작용하는 힘(압력)이 증가하고 중심 부분에 작용하는 힘이 감소하여 상대적으로 낮은 압력이 형성되어 아랫부분에 있던 유체가 상승한다.

1.1.2. 원심 펌프의 종류

원심 펌프의 종류는 안내날개의 유무에 의한 분류, 흡입되는 흡입구의 수에 따른 분류, 회전차의 개수에 따른 분류, 그리고 축의 형상에 따른 분류 등 여러 가지 형태로 분류하고 있다. 회전차로부터 방출된 물을 그대로 와류실에서 모으는 볼류트 펌프와 중간에서 속도에너지의 일부를 압력에너지로 변화시키는 와류실(vortex chamber) 또는 안내깃(guide vane)이 설치된 터빈 펌프 등이 원심 펌프의 대표적인 종류이다.

(1) 안내날개의 유무에 따른 분류

① 볼류트(Volute) 펌프는 회전차의 형상이 볼류트형으로 되어 있는 펌프로 안내날개가 없는 펌프이다. 볼류트 펌프는 주로 양정이 낮고 양수량이 많은 곳에서 사용한다.

② 터빈(Turbin) 펌프는 회전차의 형상이 터빈형으로 되어 있으며, 안내날개가 있는 펌프이다. 터빈 펌프는 양정이 높고, 방출압력이 높은 곳에 사용된다.

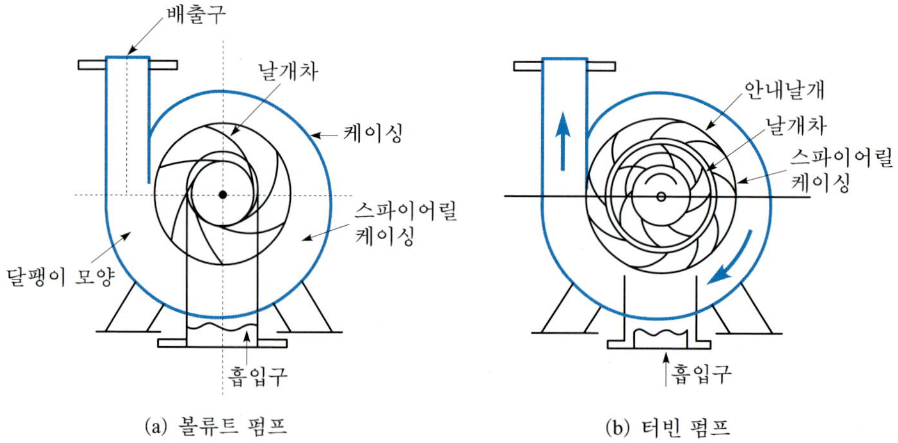

그림 8-7. 원심 펌프의 종류

표 8-2. 원심 펌프의 종류

펌프의 종류	양정	사용되는 곳
볼류트 펌프	낮다	양수량 많은 곳에 사용
터빈 펌프	높다	방출압력이 높은 곳에 사용

핵심 체크 안내날개의 유무에 따른 원심 펌프의 분류

㉠ 볼류트 펌프(Volute Pump) : 안내 날개가 없는 펌프
㉡ 터빈 펌프(Turbin Pump) : 안내 날개가 있는 펌프

(2) 흡입방식에 의한 분류

① 단흡입 펌프(single suction pump)

단흡입 펌프는 회전차의 한쪽에서만 유체를 흡입하는 펌프이다.

② 양흡입 펌프(double suction pump)

양흡입 펌프는 회전차의 양쪽에서 유체를 흡입하는 펌프이다.

핵심 체크 흡입구의 수에 따른 원심 펌프의 분류

㉠ 단흡입 펌프　　㉡ 양흡입 펌프

(3) 회전차의 개수에 의한 분류

① 단단 펌프(single stage pump)

단단 펌프는 하나의 케이싱 내에 1개의 회전차로 구성된 펌프이다.

② 다단 펌프(multi stage pump)

다단 펌프는 하나의 케이싱 내에 동일한 축에 2개 이상의 회전차를 직렬로 배치한 펌프이다.

핵심 체크 회전차의 개수 따른 원심 펌프의 분류

㉠ 단단 펌프　　㉡ 다단 펌프

(4) 축의 형상에 의한 분류

① 횡축식 펌프(horizontal type pump)

횡축식 펌프는 펌프의 주축이 수평으로 설치된 펌프로 대다수의 펌프가 횡축식 형태를 가진다.

표 8-3. **수평형 펌프의 특징**

	장점	단점
횡축식(수평형)	- 유지관리 및 수리가 용이하다. - 구조가 간단하고 가격이 저렴하다.	- 설치면적을 넓게 차지한다. - 자동운전이 불편하다. - 효율이 낮다. - 공동현상이 우려된다.

② **종축식 펌프(vertical type pump)**

종축식 펌프는 주축이 수직으로 설치된 펌프로 공동 현상의 발생이 우려가 되는 곳에 설치한다.

표 8-4. **수직형 펌프의 특징**

	장점	단점
종축식(수직형)	- 설치면적이 좁다 - 기동이 확실하다. - 효율이 높다. - 공동현상에 대해 안전하다.	- 구조가 복잡하다. - 유리 관리 및 수리가 어렵다. - 수중에 위치하므로 부식이 우려.

핵심 체크 축의 형상에 따른 원심 펌프의 분류

㉠ 횡축식(수평식) 펌프
㉡ 종축식(수직식) 펌프

④ **사류 펌프** : 회전차의 형상이 프로펠러형으로 되어 있으며, 오물을 양수하기에 용이하게 회전날개가 칼날과 같이 절단 할 수 있게 되어 있는 펌프

⑤ **축류 펌프** : 회전차의 형상이 나사 모양의 스크류와 같은 형상으로 되어 있는 펌프

1.2 축류 펌프(axial flow pump)

축류 펌프는 다수(보통 3~5)의 깃을 가진 회전차를 동력장치에 직접 연결해서 작은 용량으로 큰 유량을 수송할 수 있게 설계된 펌프이다.

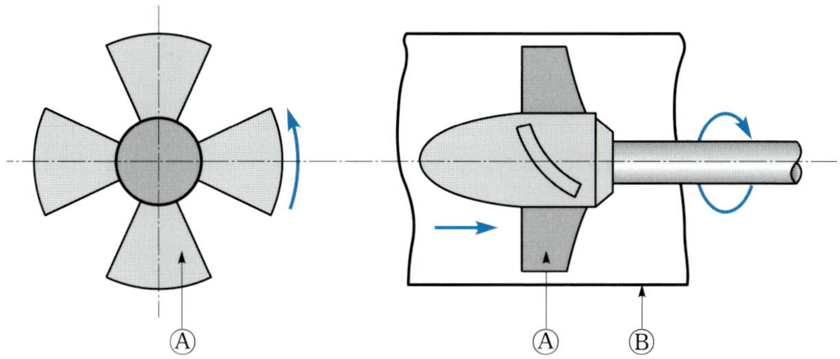

그림 8-8. **축류 펌프의 안내 깃**

축류 펌프는 축에 부착된 깃의 양력에 의해서 물에 에너지가 가해지고 물은 회전차 내에서 축방향으로 유입되거나 유출된다.

프로펠러형의 날개 3~4매를 지닌 회전식 펌프로 유량이 크고 양정이 10 m 이하의 저양정에 사용되고, 용도는 농업용 용수 펌프, 증기터빈의 복수기의 순환 펌프, 배수 펌프, 상・하수도용 펌프 등에 사용된다. 축류 펌프에는 회전차의 날개 각도를 운전중에 조정할 수 있는 가변익 축류 펌프와 조정할 수 없는 고정익 축류펌프가 있다.

축류 펌프는 물에 가해진 속도에너지를 압력에너지로 전환하기 위해서 안내깃이 회전차 뒤쪽에 설치되어 있다.

1.3 왕복 펌프(reciprocating pump)

왕복 펌프는 펌프를 구성하고 있는 피스톤 등의 왕복운동에 의해 실린더 내에 진공에 가까운 압력상태를 만들어 낮은 곳에 있는 물을 흡입하고 여기에 압력을 가하여 필요한 거리를 수송하는 설비를 통칭한다.

2 펌프의 연결

유체를 수송할 때 처음에 설계되었던 양정보다 더 큰 양정이 요구되거나 더 강한 동력을 사용하여 유체를 이송하기 위해서 두 개 이상의 펌프를 연결해서 사용하는 경우가 있다. 펌프의 연결방법에는 직렬로 연결하는 방법과 병렬로 연결하는 방법이 있다. 여기에서는 펌프의 연결에 따른 특징에 대해 간단히 살펴보기로 하자.

(1) 펌프의 병렬연결

그림 8-9와 같이 펌프를 병렬로 연결하는 목적은 펌프를 이용하여 수송하는 유체의 유량을 증가시키기 위한 목적으로 연결한다. 즉, 두 개의 펌프가 배출하는 유량은 단일 펌프 유량의 두 배가 되지만 압력의 발생은 단일 펌프와 동일하게 유지된다. 관 계통에서는 마찰저항을 받기 때문에 병렬로 작동하는 두 펌프 사이의 유량관계는 그림 8-10에서 보는 바와 같이 $Q_2 = 2Q_1$이 된다.

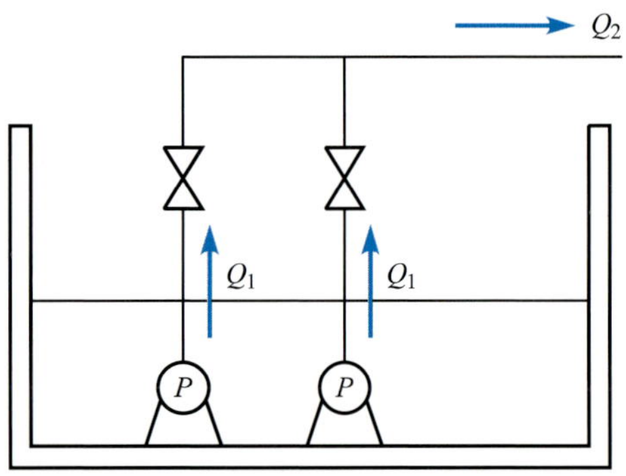

그림 8-9. 펌프의 병렬연결

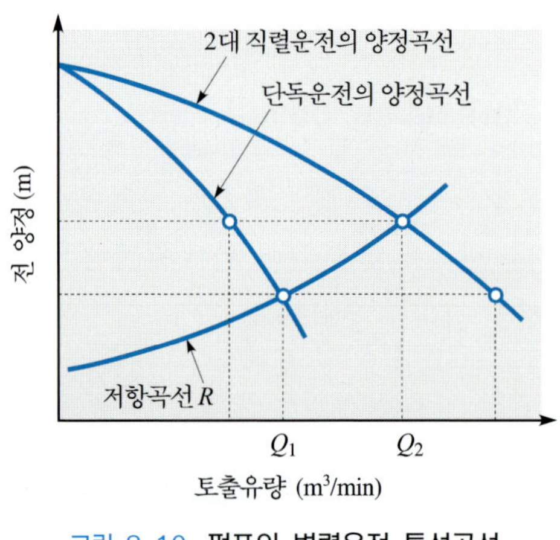

그림 8-10. 펌프의 병렬운전 특성곡선

핵심 체크

펌프의 병렬연결의 목적은 수송하는 유량을 증가시키기 위함이다.

(2) 펌프의 직렬연결

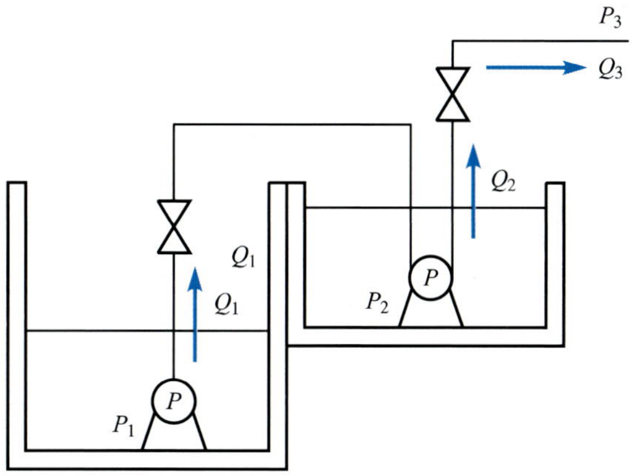

그림 8-11. 펌프의 직렬연결

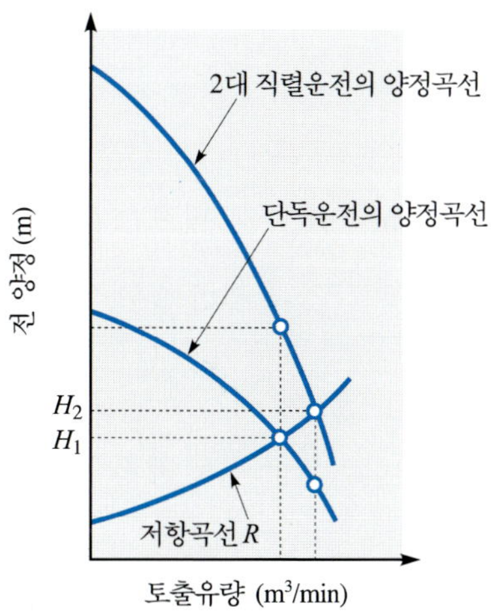

그림 8-12. 직렬연결 펌프의 운전 특성

그림 8-11과 같이 펌프를 직렬로 연결하는 목적은 펌프의 토출 양정 즉, 작동압력을 증가시키기 위한 목적으로 연결한다. 즉, 직렬로 연결된 두 개의 펌프가 배출하는 유량은 단일 펌프 유량과 같은 값을 유지하지만 작동압력이 두 배가 되어 유체가 수송되는 양정이 증가하게 된다.

즉 그림 8-11에서 보는 바와 같이 토출량이 Q_1이고 작동압력이 P_1인 펌프와 토출량이 $Q_2 = Q_1$이고 작동압력이 P_2인 펌프를 직렬로 연결하면 토출량이 $Q_3 = Q_1 = Q_2$가 되고, 작동압력 P_3는 $P_3 = P_1 + P_2$가 되어 양정은 $H_3 = H_1 + H_2$가 된다.

핵심 체크

펌프의 직렬연결의 목적은 펌프의 토출 양정 즉, 작동압력을 증가시키기 위함이다.

핵심 체크 펌프의 연결

(1) 직렬연결 : 양정(H)은 일정하게 유지되고 유량(Q)은 증가한다.
(2) 병렬연결 : 유량(Q)은 일정하게 유지되고 양정(H)은 증가한다.

3 펌프의 양정 및 동력

3.1 펌프 양정의 구성

펌프의 양정(揚程, Head of Pump)은 펌프가 저장된 상태의 물에 에너지를 가해서 운반하는 높이를 의미한다. 펌프가 실제로 물을 공급하는 수면간의 높이의 차를 실 양정이라 하며, 손실을 감안해서 실 양정에 가산한 것을 전 양정(全揚程, Total Head)이라고 한다. 전 양정은 펌프의 흡입면에서부터 배출면까지의 연직거리와 양면에 가해지는 압력수두 및 관로의 저항손실 수두를 가한 것으로, 실제로 펌프를 운전할 때 전 양정과 같은 세기의 압력수두를 내어야 한다.

펌프의 전 양정=흡입 양정+토출 양정+관내 마찰손실수두
펌프의 실 양정=흡입 양정+토출 양정

핵심 체크 펌프의 양정

펌프의 전 양정=흡입 양정+토출 양정+관내 마찰손실수두
펌프의 실 양정=흡입 양정+토출 양정

펌프의 전 양정은 흡입 양정과 토출 양정 그리고 마찰손실수두로부터 계산된다. 마찰손실수두를 계산하는 방법으로는 Darcy Weisbach의 식을 이용하는 방법과 하젠-

윌리암스의 식을 이용하는 방법이 있다. 이들 식에 대해서는 이미 제7장에서 자세히 살펴보았기에 여기에서는 구체적인 설명은 생략하도록 하겠다.

① Darcy Weisbach의 식

$$h = f \times \frac{L}{D} \times \frac{u^2}{2g}$$

$\therefore$ h : 배관 마찰손실수두(mAq) f : 관 마찰손실계수

L : 배관의 길이(m) u : 유속(m/s)

D : 배관의 관경 g : 중력 가속도(9.8m/s^2)

따라서 압력 손실 수두는 $P = \gamma h$에 의해

$$P = \gamma h = f \times \frac{\gamma L}{D} \times \frac{u^2}{2g}$$

② 하젠-윌리암스의 식

$$P = 6.174 \times 10^5 \times \frac{Q^{1.85}}{C^{1.85} \times D^{4.87}} L$$

$\therefore$ P : 마찰손실압력(kg_f/cm^2) Q : 유량(L/min, LPM)

D : 관경(mm) L : 배관의 길이(Linear 및 상당길이의 합)

C : 관 벽의 조도에 의한 계수

위 두식을 비교해 보면 Darcy Weisbach의 식은 모든 유체에 적용하며, 레이놀즈수에 의하여 배관 벽의 마찰손실계수를 적용하는 것이며, 하젠-윌리암스의 식은 물에 대해 적용하는 식이다. 두 식을 물을 대상으로 비교하면, 기본적으로 같은 유체와 같은 크기의 배관, 흐름의 양을 가지고 있다면 두 결과 값은 같아야 한다.

핵심 체크 **마찰손실수두**

Darcy Weisbach의 식	하젠-윌리암스 식
$P = \gamma h = f \times \frac{\gamma L}{D} \times \frac{u^2}{2g}$	$P = 6.174 \times 10^5 \times \frac{Q^{1.85}}{C^{1.85} \times D^{4.87}} L$
모든 유체에 사용	물에 대해 사용

③ 흐름에서의 미소손실

관이 휘어지거나 관의 중간에 엘보우(Elbow), 조인트(Joint), 밸브(Valve) 등과 같은 부속들을 사용해서 관에서의 단면의 형태가 변화되는 곳에서 발생하는 손실을 미소손실이라고 한다. 미소손실에 의한 손실수두 H_L은 다음과 같이 정의된다.

$$H_L = K \times \frac{u^2}{2g}$$

$\therefore$ H_L : 손실수두 K : 미소손실수두 계수 $\frac{u^2}{2g}$: 속도수두

3.2 펌프의 소요 동력의 산출

앞서 살펴본 바와 같이 힘과 일 그리고 동력의 관계를 간단히 정리하면 다음과 같다. 힘(F)은 질량(m)에 가속도(g)가 가해진 값이며, 일(W)은 힘(F)에 거리변화가 발생한 값과 같다. 또한 동력은 일(W)을 시간으로 나눈 값과 같은 의미를 가진다. 그러므로 유체를 수송하는 펌프의 동력 값에 대해서 살펴보면 다음과 같이 나타낼 수 있다.

$$\text{동력} = \frac{\text{힘} \times \text{거리}}{\text{시간}} = F \times u = PAu = PQ = Q\gamma H \tag{8-1}$$

이 된다.

핵심체크 힘과 압력의 관계

- 압력 $= \frac{\text{힘}}{\text{면적}} = \frac{F}{A}$
- 압력 $=$ 비중량 $\times$ 높이 $= \gamma \times H$

비중량 γ의 단위는 $\frac{kg_f}{m^3}$이며 h의 단위는 m이고 압력의 단위는 $\frac{kg_f}{m^2}$으로 표시되며, Q는 $\frac{m^3}{min}$으로 유량을 다시 표현하면 단면적(A)×유속(u)으로 표현할 수 있다.

핵심 체크 힘과 일 그리고 일률(동력)의 관계

- 힘(Force) : 힘 = 질량 × 가속도 = $m \times a$[단위 : $\mathrm{N} = \mathrm{kg} \times \frac{\mathrm{m}}{\mathrm{s}^2}$]
- 일(Work) : 일 = 힘 × 이동거리 = $F \times x$[단위 : $\mathrm{N} \times \mathrm{m} = \mathrm{J} = \mathrm{kg} \times \frac{\mathrm{m}^2}{\mathrm{s}^2}$]
- 일률(Power) : 일률 = $\frac{\text{일}}{\text{시간}} = \frac{W}{T}$[단위 : $\frac{\mathrm{J}}{s}$ = Watt]

단위면적당의 압력에 면적을 곱하면 전압으로 힘(F)을 나타내며 유속은 거리/시간으로 표시되므로 종합하면 위의 풀이를 이해할 수 있다. 동력인 $Q\gamma H$를 기계적 효율을 감안하여 실제 소요되는 동력을 산출하는 것이다. 여기서 유체 중에서 물을 수송하는데 필요한 펌프의 동력을 살펴보자. 대상유체가 물이므로 동력의 계산에 사용되는 물성치는 물이므로 이 계산 결과를 물이 아닌 다른 유체에 적용할 때에는 계산상의 오차가 발생하게 된다.

동력 $= \frac{\text{힘} \times \text{거리}}{\text{시간}} = F \times u = PAu = PQ = Q\gamma H$에서 주어진 조건의 값을 대입하면 동력의 값을 구할 수 있다.

비중량 γ의 단위는 $\frac{\mathrm{kg_f}}{\mathrm{m}^3}$이며 높이 H의 단위는 m이고 유량 Q의 단위는 $\frac{\mathrm{m}^3}{\mathrm{min}}$이므로

$$P(\mathrm{W}) = QH\gamma = Q\left(\frac{\mathrm{m}^3}{\mathrm{min}}\right) \times H(\mathrm{m}) \times \frac{1000\,\mathrm{kg_f}}{\mathrm{m}^3} \tag{8-2}$$

가 된다.

∴ γ : 1000($\mathrm{kg_f/m^3}$) 물의 비중량　　P : 동력(kW)

Q : 토출량($\mathrm{m^3/min}$)　　H : 양정(유체 이송거리)(m)

이 값을 단위환산하여 정리하면 다음과 같다.

$$P(\mathrm{kW}) = QH\gamma = Q\left(\frac{\mathrm{m}^3}{\mathrm{min}} \times \frac{1\,\mathrm{min}}{60\,s}\right) \times H(\mathrm{m}) \times \frac{1000\,\mathrm{kg_f}}{\mathrm{m}^3} \times \frac{9.8\,\mathrm{N}}{1\,\mathrm{kg_f}} \tag{8-3}$$

가 된다. 따라서

$$P(\mathrm{W}) = QH\gamma = Q\left(\frac{\mathrm{m}^3}{\mathrm{min}} \times \frac{1\,\mathrm{min}}{60\,s}\right) \times H(\mathrm{m}) \times \frac{1000\,\mathrm{kg_f}}{\mathrm{m}^3} \times \frac{9.8\,\mathrm{N}}{1\,\mathrm{kg_f}}$$

$$= 163.33\,QH(\mathrm{W}) \tag{8-4}$$

이 값을 kW값으로 나타내면

$$P(\mathrm{kW}) = 0.16333QH(\mathrm{kW}) \qquad (8\text{–}5)$$

펌프의 효율이 η이고 축동력 전달계수를 K라 하면 펌프의 동력 값은 다음과 같다

$$P(\mathrm{kW}) = \frac{0.163 \times Q \times H}{\eta} \times K \qquad (8\text{–}6)$$

$\therefore$ P : 동력(kW) Q : 정격토출량($\mathrm{m^3/min}$)

H : 양정(유체 이송거리)(m) η : 펌프의 효율

K : 축동력 전달계수(보통 1.1을 사용한다)

표 8-5. **펌프의 전달계수**

동력의 형식	전동기	전동기 이외의 것
전달계수(K)	1.1	1.15~1.2

핵심 체크 물을 운반할 때 펌프의 소요동력

$$P(\mathrm{kW}) = \frac{0.163 \times Q \times H}{\eta} \times K$$

Q : 정격토출량($\mathrm{m^3/min}$), H : 양정(유체 이송거리)(m), η : 펌프의 효율

K : 축동력 전달계수

예제 8-1

펌프가 유체를 이송하는 거리가 35 m이고, 유량은 1.5 $\mathrm{m^3/min}$ 일 때 펌프의 용량은 몇 kW인가? 단 펌프의 효율은 70%이고 축동력 전달계수는 1.1이다.

풀이 펌프의 동력 : $P(\mathrm{kW}) = \dfrac{0.163 \times Q \times H}{\eta} \times K$

여기서, Q : 유량[$\mathrm{m^3/min}$], H : 유체 이송거리[m]

$Q = \dfrac{1.5\ \mathrm{m^3}}{\mathrm{min}}$

$H = 35\ \mathrm{m}$

펌프의 동력 : $P(\mathrm{kW}) = \dfrac{0.163 \times Q \times H}{\eta} \times K = \dfrac{0.163 \times 1.5 \times 35}{0.7} \times 1.1 = 13.4\ \mathrm{kW}$

3.3 펌프의 양정

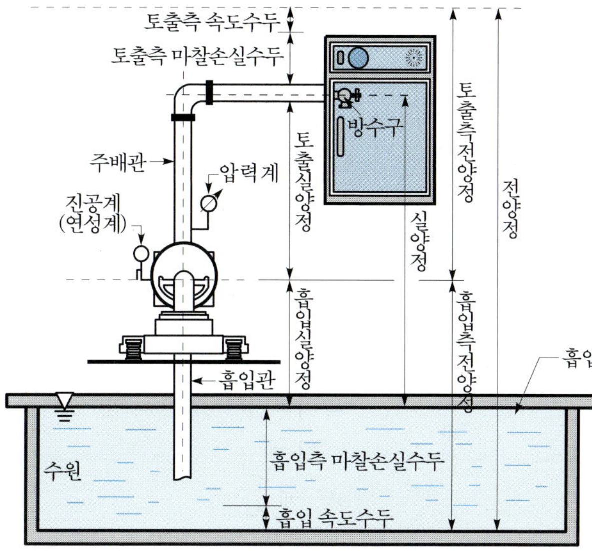

그림 8-13. **펌프의 양정**

양정(揚程)은 펌프가 물을 끌어올리는 높이를 의미한다. 펌프가 실제로 양수하는 수면 간의 높이의 차를 실 양정(實揚程)이라 하며, 도중의 손실을 감안해서 실 양정에 가산한 것을 전 양정(全揚程)이라고 한다.

전 양정은 펌프의 흡입면에서부터 배출면까지의 연직거리(鉛直距離)와 양면에 가해지는 압력수두(壓力水頭) 및 관로(管路)의 저항손실수두를 가한 것으로, 실제로 펌프를 운전할 때 펌프는 이것과 같은 세기의 압력수두를 내어야 한다. 수두(head)는 물 1 kg_f이 지닌 에너지를 물의 높이로 나타낸 값을 의미하며 수두의 종류는 다음과 같다.

① **위치수두** : 어떤 중량의 물이 높은 위치에 있을 때 낮은 곳으로 흐르면서 일을 할 수 있는 위치에너지. 압력의 크기를 물의 높이, 즉 수두로 표시하는 것. 10 m는 약 1 kg_f/cm^2에 해당하는 값을 가진다.

② **압력수두** : 물이 어떤 압력으로 흐르고 있을 때 물속의 한 점에 작용하는 압력을 물의 단위체적의 중량으로 나눈 값으로 물의 깊이에 따라 달라진다.

③ **속도수두** : 물이 어떤 속도로 흐를 때의 운동에너지는 물의 질량과 속도의 제곱에 비례한다.

④ **전수두** : 위치수두+압력수두+속도수두

4 유효흡입수두(NPSH)

4.1 개요

한여름 더위를 식히기 위해 얼음을 넣은 시원한 음료를 마시는 경우가 있다. 음료를 마시기 위해 빨대를 사용하다가 중간에 잠시 실수해서 빨대가 음료수 수면위로 올라오게 되면 공기가 같이 빨려 들어오는 경우가 있다. 이와 같이 힘을 가해서 음료수를 마시는 경우 공기의 유입으로 인해 음료수를 마시는 것이 원활하지 않게 되는 경우가 있다. 펌프를 이용해서 유체를 수송하는 과정에서도 이와 비슷한 경우가 발생한다. 펌프의 흡입 측에 외부에서 공기가 들어오거나 유체의 물리적인 성질의 변화에 따른 증발 현상으로 인해 이와 비슷한 상황이 발생하게 되면 전체적인 유체의 운송 체계에서 유체의 순환이 원활하지 않게 일어나게 된다.

유체의 운송에 사용되는 펌프의 흡입구 압력은 항상 흡입구에서의 포화증기압력 이상으로 유지되어야 공동현상(Cavitation)이 일어나지 않는다. 펌프의 흡입구 부분에서 공동현상이 발생하는 원인에 대해서 살펴보기로 하자. 펌프를 이용한 유체의 이동은 압력이 높은 곳에서 낮은 곳으로 이동하는 압력차이에 의해서 진행된다. 일반적으로 펌프의 흡입 측 부분에서 펌프 내부에 있는 회전차까지 유입된 액체가 이동하는 동안에 펌프 내부에서 일시적으로 압력의 강하현상이 발생하는 경우가 있다. 이렇게 되면 흡입되는 물의 온도에 해당하는 포화증기압보다 물의 압력이 낮아지게 되어서 액체 속에서 증기가 발생하거나 액체 속에 녹아있던 공기가 액체와 분리되어 기포의 형태로 나타나게 되어 공동현상이 발생하게 되는 것이다. 이러한 공동현상이 일어나지 않는 유효흡입 양정을 수두로 표시한 것을 펌프의 유효흡입수두(NPSH : Net Positive Suction Head)라 한다. 유효흡입수두는 펌프를 제작할 때 결정되는 값으로 생각하면 된다.

핵심 체크 **유효흡입수두**

공동현상이 일어나지 않는 유효흡입 양정을 수두로 표시한 것

일반적으로 유효흡입수두(NPSH)는 펌프의 조건에 따라서 그 값이 서로 다르게 설정된다. 펌프를 유체 수송설비에 사용하다가 보면 펌프가 작동하기 위해서 필요한 필요흡입수두($NPSH_{re}$)가 존재하게 된다.

펌프를 유체수송에 사용할 때 펌프의 흡입구 압력이 흡입구에서 포화증기압 이상으로 유지되어야 공동현상이 발생하지 않는다. 이러한 현상은 펌프의 유효흡입수두(NPSH)가 필요흡입수두($NPSH_{re}$)보다 클 때 유지된다.

핵심 체크 유효흡입수두(NPSH : Net Positive Suction Head)와 공동현상의 관계

$NPSH_{av}$(유효흡입수두)는 $NPSH_{re}$(필요흡입수두)보다 커야만 공동현상이 일어나지 않는다.

(2) 펌프에서 $NPSH_{av}$

유효흡입수두($NPSH_{av}$)는 펌프가 공동현상 없이 안전하게 운전할 수 있는 정도를 나타내는 값으로 펌프흡입구에서의 압력(P_a)과 포화증기압(P_v)에 의해서 그 값이 결정된다고 할 수 있다. 따라서 유효흡입수두를 계산하면 다음과 같다.

$$NPSH_{av} = \frac{P_a}{\gamma} - \frac{P_v}{\gamma} - \text{흡입수두} - \text{흡입손실}$$

$$NPSH_{av} = H_{av} = \frac{P_a}{\gamma} - \left(\frac{P_v}{\gamma} \pm H_a + H_{fs}\right) \quad (8-7)$$

여기서, H_{av} : 이용 가능한 유효흡입수두(m)

P_a : 흡입수면의 절대압력(kg_f/m^2)

P_v : 유체의 온도에 상당하는 포화증기압(kg_f/m^2)

H_a : 흡입 양정으로서 흡입상일 때(+), 압입일 때(-)(m)

γ : 유체의 비중량(kg_f/m^3)

핵심 체크 펌프의 유효흡입수두

$$NPSH_{av} = \frac{P_a}{\gamma} - \frac{P_v}{\gamma} - \text{흡입수두} - \text{흡입손실}$$

$$NPSH_{av} = H_{av} = \frac{P_a}{\gamma} - \left(\frac{P_v}{\gamma} \pm H_a + H_{fs}\right)$$

예제 8-2

대기압이 1.0[kgf/cm²]이고, 유효 NPSH가 7[m]일 때 설치 가능한 펌프의 최대 NPSH는 몇 [m]인가?

풀이

$NPSH=$ 대기압 수두 $-$ 유효 $NPSH = \frac{P}{\gamma} - \frac{P_V}{\gamma} - \frac{P_h}{\gamma} - h$

여기서, P : 대기압[kgf/cm²], γ : 비중량,

P_V : 포화증기압[kgf/cm²],

P_h : 흡입측 배관의 마찰손실[kgf/cm²], h : 흡입 실 양정[m]

대기압 수두 1.0[kgf/cm²]=10[m]이고, 유효 NPSH 7[m]이므로

NPSH = 대기압 수두 − 유효 NPSH = 10 m − 7 m = 3 m

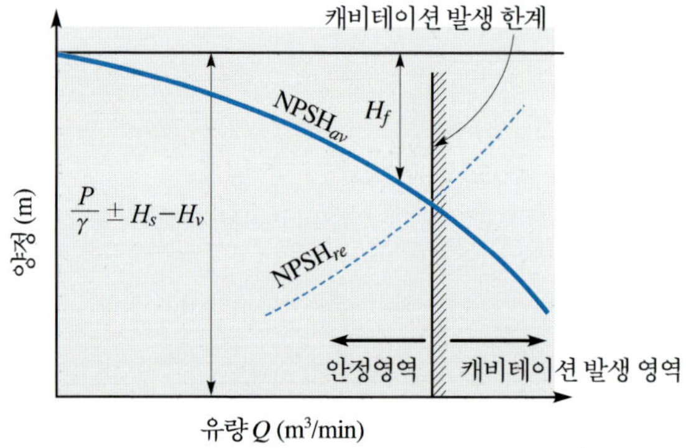

그림 8-14. 유효흡입수두와 필요흡입수두

5 펌프의 상사법칙

두 계(system)의 현상에 대해서 현상에 관여하는 모든 물리량의 비가 각각 동일하면,

그러한 대소 두 계에서 일어나는 현상은 상사하다는 법칙을 상사의 법칙(Affinity Law)이라 한다. 펌프를 사용할 때 서로 다른 펌프의 경우에도 비속도가 같으면 펌프의 크기가 다른 경우라 하더라도 이러한 펌프 사이에는 상사(Affinity)의 관계가 성립한다고 할 수 있다. 상사의 관계가 성립하는 펌프의 경우 회전수, 임펠러의 직경 그리고 토출량과 양정 등에 대해서 일정한 관계를 성립시킬 수 있다. 여기서는 펌프의 상사의 법칙을 나타낼 때 가장 중요하게 사용되는 비속도에 대해서 살펴보고 펌프의 회전수와 토출량(Q), 전 양정(H) 그리고 동력비(P)의 관계에 대해서 살펴보기로 하자.

핵심 체크 **상사의 법칙**

두 계(system)의 현상에 대해서 현상에 관여하는 모든 물리량의 비가 각각 동일하면, 그러한 대소 두 계에서 일어나는 현상은 상사하다는 법칙

핵심 체크 **펌프에서의 상사의 법칙**

서로 다른 펌프의 경우에도 비속도가 같으면 펌프의 크기가 다른 경우라 하더라도 이러한 펌프 사이에는 상사(Affinity)의 관계가 성립한다.

5.1 비속도(N_s; 비속도 = 비교회전도(RPM))

펌프에서는 회전차의 형상을 구분하기 위해서 비속도(specific speed) 값을 사용한다. 유량이 1 m^3/min의 물을 1 m만큼 양수하기 위해서 필요한 펌프의 회전수를 비속도라고 한다. 비속도는 회전차의 상사성 또는 펌프 특성 및 형식 결정 등을 논하는 경우에 이용되는 값이다. 회전차의 형상, 치수 등을 결정하는 기본요소는 펌프의 전 양정(H), 양수량(Q), 회전수(N) 3가지가 있다.

핵심 체크 **비속도**

유량이 1 m^3/min의 물을 1 m만큼 양수하기 위해서 필요한 펌프의 회전수

직경이 D(mm)인 회전차의 펌프를 운전하여 양수량이 Q(m^3/min)이고 양정이 H(m)인 조건에서 펌프를 운전하고자 할 때 펌프의 회전수가 N(rpm)에서 비속도의 계산을 다음과 같이 할 수 있다.

앞서 정의된 펌프를 다른 속도(회전수)에서 운전시키는 경우의 토출량과 전 양정 관계로부터

토출량 $Q_1 = Q\times\left(\frac{N_1}{N}\right)^1$ 이므로 $Q_2 = Q_1 \times \frac{N_2}{N_1}$ 이고

전 양정 $H_1 = H\times\left(\frac{N_1}{N}\right)^2$ 이므로 $N_1 = N\times\sqrt{\frac{H_1}{H}}$ 이 된다.

여기서 펌프의 양수량은 회전수에 비례하므로

$$Q_1 = Q\times\frac{N_1}{N} = Q\times\sqrt{\frac{H_1}{H}} \tag{8-8}$$

가 된다. 펌프의 양정 H_1에 대해서 회전차의 바깥직경이 각각 D(mm) 및 d(mm)인 상사형 회전차 2개를 사용하여 운전한다면 바깥직경이 d(mm)인 회전차가 부착된 펌프의 운전에 필요한 회전수 n_1(rpm)와 직경의 관계는 다음과 같이 계산된다.

$$n_1 = N_1 \times \frac{D}{d} \tag{8-9}$$

이때 사용된 바깥직경이 각각 D(mm) 및 d(mm)인 회전차의 양수량을 각각 Q_1(m^3/min) 및 q_1(m^3/min)라 하면 직경과 양수량의 관계는 다음과 같다.

$$\frac{D}{d} = \sqrt{\frac{Q_1}{q_1}} \tag{8-10}$$

식 $\frac{D}{d} = \sqrt{\frac{Q_1}{q_1}}$ 을 식 $n_1 = N_1 \times \frac{D}{d}$ 에 대입하면 회전수와 양수량의 관계를 다음과 같이 나타낼 수 있다.

$$n_1 = N_1 \times \sqrt{\frac{Q_1}{q_1}} \tag{8-11}$$

식 $n_1 = N_1 \times \sqrt{\frac{Q_1}{q_1}}$ 에 식 $N_1 = N\times\sqrt{\frac{H_1}{H}}$ 과 식 $Q_1 = Q\times\frac{N_1}{N} = Q\times\sqrt{\frac{H_1}{H}}$ 을 대입하면 다음과 같다.

$$n_1 = N\times \sqrt{\frac{H_1}{H}} \times \sqrt{\frac{Q_1}{q_1}\times \sqrt{\frac{H_1}{H}}} = N\times \left(\frac{H_1}{H}\right)^{3/4} \times \sqrt{\frac{Q}{q_1}} \qquad (8\text{-}12)$$

이 된다. 유량이 1 m^3/min의 물을 1 m만큼 양수하기 위해서 필요한 펌프의 회전수를 비속도(specific speed)라고 하므로 이 값을 대입하면 $N_s = N\times \left(\frac{1}{H}\right)^{3/4} \times \sqrt{\frac{Q}{1}}$ 이 된다. 따라서 비속도(N_s)는 다음과 같이 나타낼 수 있다.

$$N_s = \frac{N\times Q^{1/2}}{H^{3/4}} \qquad (8\text{-}13)$$

여기서, N_s : 비속도=비교회전도(RPM), N : 회전수

Q : 양수량(m^3/min), H : 펌프의 전 양정(m)

토출량이 많고, 양정이 작은 펌프일수록 비교회전수(비속도)는 크다.

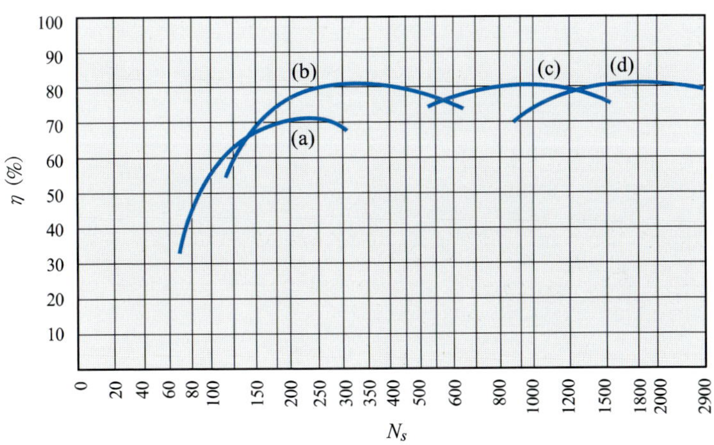

(a) 터빈 펌프 (b) 볼류트 펌프 (c) 사류 펌프 (d) 축류 펌프

그림 8-15. 펌프의 종류에 따른 비속도와 펌프의 효율 관계

표 8-6. 펌프의 종류에 따른 비속도 값

펌프의 종류	터빈 펌프	볼류트 펌프	사류 펌프	축류 펌프
비속도 범위	120 ~ 350	200 ~ 700	500 ~ 1500	1200 ~ 2500

핵심 체크 펌프의 비속도

$$N_s = \frac{N\times Q^{1/2}}{H^{3/4}}$$

여기서 N_s : 비속도=비교회전도(RPM), N : 회전수

Q : 양수량(m^3/min), H : 펌프의 전 양정(m)

예제 8-3

회전속도가 600 rpm이고 송출량이 10[m³/min]이며 전 양정이 15[m]인 3단 원심 펌프와 비속도가 같게 설계된 펌프가 송출량 30[m³/min]이고 전 양정 3[m] 일 때 펌프의 회전속도는 약 몇 [rpm]인가?

풀이 펌프의 비교회전도는 토출량이 1[m³/min]이고 양정이 1[m]가 되도록 설계할 경우 회전차의 분당 회전수를 의미한다.

$$N_s = \frac{N\sqrt{Q}}{\left(\frac{H}{n}\right)^{\frac{3}{4}}}$$

여기서, N_s : 비속도[rpm], N : 회전차 회전속도, Q : 토출량[m^3/min],

H : 펌프의 전 양정[m], n : 단수

주어진 조건에서

N(회전차 회전속도) = 600 rpm,

Q(토출량) = 10[m^3/min],

H(펌프의 전 양정) = 15[m],

단수(n) = 3단이므로

$$N_s = \frac{N\sqrt{Q}}{\left(\frac{H}{n}\right)^{\frac{3}{4}}} = \frac{600\ \text{rpm}\sqrt{10\ \text{m}^3/\text{min}}}{\left(\frac{15\ \text{m}}{3}\right)^{\frac{3}{4}}} = 567.5\ \text{rpm}$$ 가 된다.

비속도가 동일한 펌프가 송출량 30[m³/min]이고 전 양정 3[m]일 때 펌프의 회전속도는 다음과 같이 계산한다.

$$N_s = \frac{N\sqrt{Q}}{\left(\frac{H}{n}\right)^{\frac{3}{4}}} = \frac{N\text{rpm}\sqrt{30\ \text{m}^3/\text{min}}}{\left(\frac{3\ \text{m}}{3}\right)^{\frac{3}{4}}} = 567.5\ \text{rpm}$$ 이므로 이 값으로부터 회전속도 N(rpm)을 계산하면 다음과 같다.

$$N\text{rpm} = \frac{567.5\ \text{rpm}}{\sqrt{30\ \text{m}^3/\text{min}}} = 103.6\ \text{rpm}$$

5.2 펌프를 같은 회전수로 움직이는 경우의 상사의 법칙

펌프를 사용하는 경우 서로 다른 펌프의 경우에도 비속도가 같으면 펌프의 크기가 다

른 경우일지라도 펌프 사이에는 상사의 관계를 만족해야 한다. 따라서 두 개의 펌프 성능과 회전수, 회전차 직경과의 사이에 다음 관계가 성립한다.

① **토출량(Q)비** : 펌프가 같은 회전수로 작동하는 경우 펌프의 유량은 회전수(N)에 비례하고, 회전차의 직경(D)의 3승에 비례한다.

$$\frac{Q_2}{Q_1}=\left(\frac{N_2}{N_1}\right)^1\times\left(\frac{D_2}{D_1}\right)^3 \tag{8-14}$$

② **전 양정(H)비** : 두 개의 펌프가 상사의 관계를 만족하는 경우 펌프가 같은 회전수로 작동한다면 펌프의 전 양정은 회전수(N)의 제곱 및 회전차의 직경(D)의 제곱에 비례한다.

$$\frac{H_2}{H_1}=\left(\frac{N_2}{N_1}\right)^2\times\left(\frac{D_2}{D_1}\right)^2 \tag{8-15}$$

③ **동력(P)비** : 펌프의 동력은 회전수(N)의 3승에 비례하고, 회전차의 직경(D)의 5승에 비례한다.

$$\frac{P_2}{P_1}=\left(\frac{N_2}{N_1}\right)^3\times\left(\frac{D_2}{D_1}\right)^5 \tag{8-16}$$

$\therefore$ P : 소요동력, N : 펌프회전수, D : 회전차 외경

핵심체크 **펌프가 같은 회전수로 운전할 때 상사의 법칙(토출량 비)**

펌프의 유량은 회전수(N)에 비례하고, 회전차의 직경(D)의 3승에 비례한다.

$$\frac{Q_2}{Q_1}=\left(\frac{N_2}{N_1}\right)^1\times\left(\frac{D_2}{D_1}\right)^3$$

핵심체크 **펌프가 같은 회전수로 운전할 때 상사의 법칙(전 양정 비)**

펌프의 전 양정은 회전수(N)의 제곱 및 회전차의 직경(D)의 제곱에 비례한다.

$$\frac{H_2}{H_1}=\left(\frac{N_2}{N_1}\right)^2\times\left(\frac{D_2}{D_1}\right)^2$$

핵심 체크 펌프가 같은 회전수로 운전할 때 상사의 법칙(동력 비)

펌프의 동력은 회전수(N)의 3승에 비례하고, 회전차의 직경(D)의 5승에 비례한다.

$$\frac{P_2}{P_1}=\left(\frac{N_2}{N_1}\right)^3\times\left(\frac{D_2}{D_1}\right)^5$$

5.3 펌프를 다른 속도(회전수)에서 운전시키는 경우의 상사의 법칙

① 토출량 : 펌프의 유량은 회전수(N)에 비례한다.

$$Q_2 = Q_1 \times \left(\frac{N_2}{N_1}\right)^1 \tag{8-17}$$

② 전 양정 : 펌프의 전 양정은 회전수(N)의 제곱에 비례한다.

$$H_2 = H_1 \times \left(\frac{N_2}{N_1}\right)^2 \tag{8-18}$$

③ 동력 : 펌프의 동력은 회전수(N)의 3승에 비례한다.

$$P_2 = P_1 \times \left(\frac{N_2}{N_1}\right)^3 \tag{8-19}$$

핵심 체크 펌프가 다른 회전수로 운전할 때 상사의 법칙(토출량)

펌프의 유량은 회전수(N)에 비례한다. $Q_2 = Q_1 \times \left(\frac{N_2}{N_1}\right)^1$

핵심 체크 펌프가 다른 회전수로 운전할 때 상사의 법칙(전 양정)

펌프의 전 양정은 회전수(N)의 제곱에 비례한다. $H_2 = H_1 \times \left(\frac{N_2}{N_1}\right)^2$

핵심 체크 펌프가 다른 회전수로 운전할 때 상사의 법칙(동력)

동력 : 펌프의 동력은 회전수(N)의 3승에 비례한다. $P_2 = P_1 \times \left(\frac{N_2}{N_1}\right)^3$

예제 8-4

펌프가 유량이 3[m^3/min], 수두는 50[m]로 설정되어 1500[rpm]의 회전속도로 운전되고 있다. 사용 중 시설의 설계가 변경되어 수두 150[m]으로 요구 조건이 변경되었다면 기존의 펌프를 회전수만 변경하여 사용하고자 한다면 회전수를 몇 [rpm]으로 하여야되는가?

풀이 펌프를 다른 속도에서 운전시키는 경우

- 토출량 $Q_2 = Q_1 \times \left(\frac{N_2}{N_1}\right)^1$
- 전 양정 $H_2 = H_1 \times \left(\frac{N_2}{N_1}\right)^2$
- 축동력 $P_2 = P_1 \times \left(\frac{N_2}{N_1}\right)^3$ 에서 전 양정 $H_2 = H_1 \times \left(\frac{N_2}{N_1}\right)^2$ 에서

$150 = 50 \times \left(\frac{N_2}{1500}\right)^2$ 이므로 $\frac{150}{50} = \left(\frac{N_2}{1500}\right)^2 = 3$이 된다.

$N_2^2 = 3 \times 1500^2$ 이므로 $N_2 = \sqrt{3 \times 1500^2} = 2598$ rpm이 된다.

예제 8-5

펌프가 펌프의 상사성을 유지하면서 회전수는 변함없이 직경을 1.5배로 증가시킬 때 동력은 몇 배로 증가하는가?

풀이 펌프를 같은 속도에서 운전시키는 경우

- 동력 $P_2 = P_1 \times \left(\frac{N_2}{N_1}\right)^3 \times \left(\frac{D_2}{D_1}\right)^5$ 에서

$P_2 = P_1 \times \left(\frac{N_2}{N_1}\right)^3 \times \left(\frac{D_2}{D_1}\right)^5 = P_1 \times \left(\frac{1.5}{1}\right)^5 = 7.6P_1$

회전수는 변함없이 직경을 1.5배로 증가시킬 때 동력은 7.6배로 증가한다.

연습문제

01 수직으로 27 m가 떨어진 펌프의 토출압력계와 흡입압력계의 값이 각각 2.8 kg_f/cm^2과 $-1.35\ kg_f/cm^2$이며, 토출관과 흡입관의 직경이 같을 때 펌프의 전 양정은 몇 m인가?

해설 $\frac{\Delta P}{\gamma}+\Delta Z+\frac{\Delta u^2}{2g}=H$으로부터 양정을 계산하면 다음과 같다.

① 토출관과 흡입관의 직경이 같으므로 속도는 일정하게 유지된다.

$$\frac{\Delta u^2}{2g}=0$$

② 수직으로 27 m 떨어져 있으므로

$$\Delta Z=27\ \text{m}$$

③ 토출압력계와 흡입압력계의 압력이 각각 2.8 kg_f/cm^2과 $-1.35\ kg_f/cm^2$이므로

$$\frac{\Delta P}{\gamma}=\frac{\left[\frac{2.8\ kg_f}{cm^2}-\left(\frac{-1.35\ kg_f}{cm^2}\right)\right]\times\left[\frac{100\ cm}{1\ m}\right]^2}{\frac{1000\ kg_f}{m^3}}=41.5\ \text{m}$$

그러므로 $H=\frac{\Delta P}{\gamma}+\Delta Z+\frac{\Delta u^2}{2g}=41.5\ \text{m}+27\ \text{m}=68.5\ \text{m}$

02 유량이 2 m^3/min이고, 효율이 80%인 펌프를 사용하여 45 m의 거리를 유체를 수송하고자 한다. 이때 펌프의 동력은 몇 마력인가?

해설 펌프의 용량 $P(\text{kW})=\frac{0.163\times Q\times H}{\varepsilon}\times K$에서

따라서 주어진 조건으로부터 H=45 m이며, 유량 Q=2 m^3/min이므로

$$P(\text{kW})=\frac{0.163\times Q\times H}{\varepsilon}\times K=\frac{0.163\times\frac{2\ m^3}{min}\times 45\ m}{0.8}=18.33\ \text{kW}$$

동력의 단위에서 W의 값과 마력(Hp)의 관계로부터

$18.33\ \text{kW}=18.33\ \text{kW}\times\frac{1\ \text{Hp}}{0.745\ \text{kW}}=24.6\ \text{Hp}$가 된다.

03 송풍기의 풍력은 600 m^3/min이며, 전압은 75 mmAq, 효율은 65%, 그리고 전달계수는 1.1일 때 배연설비의 동력은 몇 kW인가?

해설 펌프의 용량 $P(\text{kW})=\frac{0.163\times Q\times H}{\varepsilon}\times K$에서

따라서 주어진 조건으로부터 H=75 mm=0.075 m이며, 유량 Q= 600 m^3/min이므로

$$P(\text{kW})=\frac{0.163\times Q\times H}{\varepsilon}\times K=\frac{0.163\times\frac{600\ m^3}{min}\times 0.075\ m}{0.65}\times 1.1=12.41\ \text{kW}$$

04 대기압이 1.1 kg_f/cm^2인 조건에서 물을 올리고 있는 수평 회전축 펌프에서 흡입 구축에 설치된 연성 압력계가 270 mmHg를 가리키고 있었다면 이 펌프의 이론 흡입 양정은 약 몇 [m]인가?

해설 펌프의 이론 흡입 양정(NPSH)은 다음과 같이 나타낸다.

$$NPSH=\frac{P}{\gamma}-\frac{P_V}{\gamma}-\frac{P_h}{\gamma}-h$$

여기서, P : 대기압[kg_f/cm^2], γ : 비중량, P_V : 포화증기압[kg_f/cm^2]

P_h : 흡입축 배관의 마찰손실[kg_f/cm^2], h : 흡입 실 양정[m]

주어진 조건에서 흡입축 배관의 마찰손실(P_h)과 흡입 실 양정(h)이 존재하지 않으므로

$$NPSH=\frac{P}{\gamma}-\frac{P_V}{\gamma}-\frac{P_h}{\gamma}-h=\frac{P}{\gamma}-\frac{P_V}{\gamma}$$

$NPSH=\frac{P}{\gamma}-\frac{P_V}{\gamma}$에 주어진 조건의 값을 대입해서 계산하면 다음과 같다.

$$NPSH=\frac{\frac{1.1\ kg_f}{cm^2}\times\left(\frac{100\ cm}{1\ m}\right)^2}{\frac{1000\ kg_f}{m^3}}-\frac{270\ mmHg\times\frac{\frac{1.033\ kg_f}{cm^2}\times\left(\frac{100\ cm}{1\ m}\right)^2}{760\ mmHg}}{\frac{1000\ kg_f}{m^3}}$$

$$NPSH\frac{P}{\gamma}-\frac{P_V}{\gamma}=11\ m-3.67\ m=7.33\ m$$

05 4단으로 된 다단 펌프가 유량이 2.5 m^3/min이고 회전수가 1500 rpm으로 45 m의 거리만큼 유체를 수송할 때 비회전속도는 몇 [rpm]인가?

해설 펌프의 비교 회전속도는 유량이 1 m^3/min인 물을 1 m만큼 이동시키는데 필요한 펌프의 회전수를 의미한다.

$$N_s=\frac{N\sqrt{Q}}{\left(\frac{H}{n}\right)^{\frac{3}{4}}}$$

여기서, N_s : 비속도[rpm], N : 회전차 회전속도, Q : 토출량[m^3/min]

H : 펌프의 전 양정[m], n : 단수

주어진 조건에서 N(회전차 회전속도)=1500rpm, Q(토출량)=2.5m^3/min

H(펌프의 전 양정)=45m, n(단수)=4

펌프의 비회전속도는 다음과 같다.

$$N_s=\frac{N\sqrt{Q}}{\left(\frac{H}{n}\right)^{\frac{3}{4}}}=\frac{1500\ rpm\sqrt{2.5\ m^3/min}}{\left(\frac{45\ m}{4}\right)^{\frac{3}{4}}}=386.09\ rpm$$

연습문제

06 송출량 15 m^3/min, 전 양정 24 m인 4단 원심 펌프가 회전수 750 rpm으로 운전하고 있다. 비속도가 동일한 펌프가 송출량 7.5 m^3/min, 전 양정 12 m일 때 펌프의 회전속도는 약 몇 [rpm]인가?

해설 주어진 조건에서 N(회전차 회전속도)=750 rpm, Q(토출량)=15[m^3/min], H(펌프의 전 양정)=24[m], 단수(n)=4단이므로 이 값을 이용하여 펌프의 회전속도를 계산할 수 있다.

$$N_s = \frac{N\sqrt{Q}}{\left(\frac{H}{n}\right)^{\frac{3}{4}}} = \frac{750\ \text{rpm}\sqrt{15\ \text{m}^3/\text{min}}}{\left(\frac{24\ \text{m}}{4}\right)^{\frac{3}{4}}} = 757.82\ \text{rpm}$$ 이 된다.

비속도가 동일한 펌프가 송출량 7.5[m^3/min], 전 양정 12[m]일 때 펌프의 회전속도는

$$N_s = \frac{N\sqrt{Q}}{\left(\frac{H}{n}\right)^{\frac{3}{4}}} = \frac{N\text{rpm}\sqrt{7.5\ \text{m}^3/\text{min}}}{\left(\frac{12\ \text{m}}{4}\right)^{\frac{3}{4}}} = 757.82\ \text{rpm}$$ 이므로

$$N\text{rpm} = \frac{757.82\ \text{rpm}\times\left(\frac{12\ \text{m}}{4}\right)^{\frac{3}{4}}}{\sqrt{7.5\ \text{m}^3/\text{min}}} = 630.69\ \text{rpm}$$

07 유량 3 m^3/min이고, 전 양정 80 m인 펌프의 회전수가 2500 rpm이 필요하다면 비속도 550 rpm에 속하는 다단 펌프를 사용할 경우 펌프의 단 수는 최소 몇 단을 사용 하여야 하는가?

해설 주어진 조건에서 N(회전차 회전속도)=2500 rpm, Q(토출량)=3[m^3/min], H(펌프의 전 양정)=80[m], 비속도 (N_s)=550[rpm]이므로 단수(n)은 다음과 같다.

$$N_s = \frac{N\sqrt{Q}}{\left(\frac{H}{n}\right)^{\frac{3}{4}}}$$ 에서 $$\left(\frac{H}{n}\right)^{\frac{3}{4}} = \frac{N\sqrt{Q}}{N_s}$$ 가 된다.

$$\left(\frac{H}{n}\right)^{\frac{3}{4}} = \frac{N\sqrt{Q}}{N_s} = \frac{2500\ \text{rpm}\sqrt{3\ \text{m}^3/\text{min}}}{550\ \text{rpm}} = 7.873$$ 이 되어

$$\left(\frac{H}{n}\right)^{\frac{3}{4}} = 7.873$$ 이므로 $$\left[\left(\frac{H}{n}\right)^{\frac{3}{4}}\right]^{\frac{4}{3}} = \frac{H}{n} = (7.873)^{\frac{4}{3}} = 15.662$$ 이 된다.

$$\frac{H}{n} = 15.662$$ 에서 $$n = \frac{H}{15.662} = \frac{80}{15.662} = 5.108$$

따라서 펌프의 최소 단수는 6단으로 하여야 한다.

08 수두는 25 m로 설정되어 1000 rpm의 회전속도로 운전되고 있는 펌프의 유량이 5 m^3/min이다. 사용 중 시설의 설계가 변경되어 수두 80 m으로 요구 조건이 변경되었다면 기존의 펌프를 회전수만 변경하여 사용하고자 한다면 회전수를 몇 [rpm]으로 하여야 되는가?

해설 펌프를 다른 속도에서 운전시키는 경우

토출량 $Q_2 = Q_1 \times \left(\frac{N_2}{N_1}\right)^1$, 전 양정 $H_2 = H_1 \times \left(\frac{N_2}{N_1}\right)^2$, 축동력 $P_2 = P_1 \times \left(\frac{N_2}{N_1}\right)^3$ 에서

전 양정 $H_2 = H_1 \times \left(\frac{N_2}{N_1}\right)^2$ 에서 $80 = 25 \times \left(\frac{N_2}{1000}\right)^2$ 이므로 $\frac{80}{25} = \left(\frac{N_2}{1000}\right)^2 = 3.2$이 된다.

$N_2^{\,2} = 3.2 \times 1000^2$이므로 $N_2 = \sqrt{3.2 \times 1000^2} = 1788.85$ rpm 이 된다.

09 펌프가 펌프의 상사성을 유지하면서 회전수는 변함없이 직경을 1.25배로 증가시킬 때 ① 동력은 ② 유량은 ③ 양정은 몇 배로 증가하는가?

해설 펌프를 같은 속도에서 운전시키는 경우

① 동력의 변화

– 동력 $P_2 = P_1 \times \left(\frac{N_2}{N_1}\right)^3 \times \left(\frac{D_2}{D_1}\right)^5$ 에서 $P_2 = P_1 \times \left(\frac{N_2}{N_1}\right)^3 \times \left(\frac{D_2}{D_1}\right)^5 = P_1 \times \left(\frac{1.25}{1}\right)^5$ $= 3.05P_1$

회전수는 변함없이 직경을 1.25배로 증가 시킬 때 동력은 3.05배로 증가한다.

② 유량의 변화

– 유량 $Q_2 = Q_1 \times \left(\frac{N_2}{N_1}\right)^1 \times \left(\frac{D_2}{D_1}\right)^3$ 에서

$Q_2 = Q_1 \times \left(\frac{N_2}{N_1}\right)^1 \times \left(\frac{D_2}{D_1}\right)^3 = Q_1 \times \left(\frac{1.25}{1}\right)^3 = 1.95Q_1$

회전수는 변함없이 직경을 1.25배로 증가시킬 때 유량은 1.95배로 증가한다.

③ 양정의 변화

– 전 양정 $H_2 = H_1 \times \left(\frac{N_2}{N_1}\right)^2 \times \left(\frac{D_2}{D_1}\right)^2$ 에서

$H_2 = H_1 \times \left(\frac{N_2}{N_1}\right)^2 \times \left(\frac{D_2}{D_1}\right)^2 = H_1 \times \left(\frac{1.25}{1}\right)^2 = 1.56H_1$

회전수는 변함없이 직경을 1.25배로 증가시키면 전 양정은 1.56배로 증가한다.

제 9 장 유량의 측정

09 유량의 측정

유체역학에서 배운 내용을 실제적으로 응용할 때 가장 많이 접하는 부분이 유체의 흐르는 양을 결정하는 것이다. 유체의 흐름에서 유량을 결정할 수 있으면 운동에 대한 이해가 가능하므로 유량을 측정해서 유체의 운동을 나타내는 방법을 주로 사용한다. 그러나 실제로 유량은 일정한 관경을 가진 관을 유체가 흐를 때 측정되는 유속으로 부터 유량을 계산하는 방법이 사용된다. 그러므로 실제적으로 유량의 측정은 유속의 측정과도 같은 의미를 가진다고 할 수 있다.

유량은 공정(process)의 특성을 이해하는데 중요한 변수의 하나이다. 외부적인 환경조건인 온도나 압력이 전체적인 공정의 상태나 제품의 질적인 면에 관계가 되는 것이라고 한다면, 유량은 주로 제품의 제조에 필요한 원료의 양이나 공정을 통해서 생성된 제품의 양을 다루는 내용이 된다. 그러므로 실제적인 공정에서는 유량을 변화시켜 양을 제어(control)하기 때문에 유량을 측정하는 것은 단순한 것 같으면서도 중요한 요소이다.

그러므로 여기에서는 유량을 측정하는 방법 및 유량을 측정하는 계측기에 대해서 살펴보고 더불어 유체역학을 공학적인 측면에서 어떻게 활용하는가에 대해서 살펴보기로 하자.

핵심체크 유체의 유량과 유속의 관계

- 유체의 유량(Q) 과 유속(u)의 관계는 다음과 같다. $Q = uA$
  여기서 A는 유체가 흐르는 관의 면적이다.

유체역학에서 유량은 계산에 의한 방법과 계측기를 이용해서 측정하는 방법이 있다. 이 중 가장 기초적인 계산에 의한 방법은 앞서 살펴본 연속 방정식($Q = uA$)을 사용한다. 또한 계측기를 이용하여 측정하는 방법에는 유량계를 사용하는 방법과 압력계를 사용하여 유량을 계산하는 방법이 널리 쓰이고 있다. 이 중에서 압력을 측정해서 유량을 산정하는 방법은 베르누이 방정식을 사용하여 나타낸다. 따라서 유체역학에서 유량을 측정하는 방법에 사용되는 이론은 연속 방정식과 베르누이 방정식에 기초한다고 할 수 있다. 즉, 베르누이 법칙에 의하면 유체가 흐르는 관의 직경이 감소하면 유속이 증가하고 압력이 감소함에 따라 압력차와 유량 사이에는 일정한 관계가 성립된다고 할 수 있다.

핵심체크 유체역학에서 유량 계산의 기초 이론

① 연속 방정식
유체의 유량(Q) 과 유속(u)의 관계는 다음과 같다. $Q=uA$
여기서 A는 유체가 흐르는 관의 면적이다.
② 베르누이 방정식

$$\frac{P_2-P_1}{\rho}+g(Z_2-Z_1)+\frac{1}{2}(u_2^2-u_1^2)=0$$

1 유량의 측정

가장 기초적인 유량의 측정은 통에 유체를 받으면서 그 시간을 측정하는 것이다. 즉 유량의 개념이 일정시간 동안에 흐른 유체의 부피이므로 단위로는 m^3/s 로 표시되며 차원으로는 $[L^3/T]$ 으로 표시된다.

핵심체크 유량의 단위와 차원

유량의 단위	m^3/s
유량의 차원	$[L^3/T]$

유체는 흐르는 물질로 그 특성이 매우 다양하므로 한 가지 유량계로 모든 유체의 유량을 측정하는 것은 현실적으로 매우 어려운 문제이다. 실제로 사용되고 있는 유량계는 원리가 다양하며 구조가 서로 다른 형태를 지니고 있다. 여기에서는 유체의 종류가 비압축성인 유체의 유량측정에 주로 사용되는 유량계에 대해서 살펴보기로 하자. 그

중에서도 가장 널리 사용되고 있는 용적 유량계와 차압식 유량계를 중심으로 해서 유량을 측정하는 방법 및 계기에 대해서 살펴보자.

유량계는 흐르는 유체의 유속을 측정하는 계기로 가정에 설치되어 있는 수도계량기나 가스계량기 등이 대표적인 유량계로 부피유량 또는 질량유량을 측정하는 원리로 되어 있다. 이는 앞서 살펴본 바와 같이 유체의 물성인 밀도와 유체가 흐르는 관의 면적(A)을 알면 서로 상관성을 지녀 쉽게 유량을 계산할 수 있기 때문이다. 유체 흐름을 측정하기 위해서 유량계를 사용하는 경우 단순하게 유체의 흐름 양을 측정하기 위한 것인지, 아니면 유체의 흐름 양을 측정해서 그 값을 이용해서 전체적인 공정을 제어하기 위한 목적인지 등과 같은 사용 목적이 명확하게 정해져야 한다. 그런 목적이 정해지면 측정하고자 하는 유체의 특성에 부합하는 유량계를 사용하여 유량을 측정하는 것이 합리적이다. 현재 공정에서 사용하고 있는 유량계는 그 종류가 매우 다양하며, 사용하는 용도도 서로 달라서 한가지로 특징지어서 설명하는 것이 어렵다. 따라서 가장 보편적으로 사용되고 있는 몇가지 유량계에 대해서 설명하고자 한다.

핵심 체크 유체의 유속과 부피유량 그리고 질량유량의 관계

종류	유속(u)	부피유량(Q)	질량유량(G)
단위	m/s	m/s	kg/s
차원	[L/T]	[L^3/T]	[M/T]
상관관계		$Q = uA$	$G = \rho uA$

유체는 압축성을 지닌 유체인 기체와 비압축성을 가진 유체인 액체로 구분되는데, 이들 유체의 종류에 따라 사용되는 유량계의 종류도 차이를 보인다. 액체의 유량측정에 주로 사용되고 있는 유량계로는 용적 유량계, 터빈 유량계와 더불어 차압식(Differential Pressure Type) 유량계가 널리 사용되고 있다. 기체의 유량측정에 주로 사용되고 있는 유량계로는 초음파 유량계, 질량 유량계와 더불어 차압식 유량계가 널리 사용되고 있다. 이처럼 차압식 유량계는 유체의 특성이 압축성이던 비압축성이던 모든 유체에 사용할 수 있는 유량계로 가장 널리 사용되는 유량계이다. 유량의 측정에 사용되는 유량계를 선정하기 위해서는 유량계의 사용 목적 및 측정하고자 하는 대상 유체의 기초적인 물성을 먼저 파악해야 한다. 그러기 위해서는 유체가 흐르는 관로의

형상이 어떻게 되어 있으며, 관로를 통해서 이동하는 유체의 흐름 상태는 어떤지, 그리고 관로를 이동하는 유체의 종류는 무엇인지 등에 대한 파악이 우선시 되어야 한다.

핵심체크 유량계의 종류

용적식 유량계	유체의 흐름에 의해 유량계에 있는 운동자를 회전시켜 유량을 측정하는 방식
터빈 유량계	유량계 중심부에 있는 로터가 회전하여 유체의 유속을 측정하는 설비
열식 질량 유량계	유체의 흐름에 의한 열대류 현상을 이용하여 유체의 유속을 측정하는 장치
차압식 유량계	유체가 흐를 때 발생하는 압력차를 이용하여 유량을 측정하는 장치

핵심체크 유량측정시 확인 사항

배관(pipe)의 조건	배관의 형상, 배관의 직관부
유체(fluid)의 조건	유체의 종류, 유체의 흐름 형태, 유체의 성상,
기타 물성	허용 압력

2 차압식 유량계

유체가 흐를 때 유체 자체의 유동에 의한 에너지를 가지는데, 이것이 압력차이로 나타나는 원리를 이용해서 압력차를 측정하는 장치를 차압식 유량계라고 한다. 즉, 유체가 흐를 때 흐르는 유체의 유량을 직접 측정하는 것이 용이하지 않기 때문에 압력차를 측정해서 이 값으로부터 유체의 유량을 결정하는 방법으로 유체의 유량을 측정하는 장치이다. 차압식 유량계를 설치할 경우에는 유체가 흐르는 관의 직선길이가 필요하다. 차압식 유량계를 설치할 때 필요한 직선길이가 충분하지 않은 경우 난류 등에 의해 정확한 측정이 어렵다. 차압식 유량계의 일반적인 장단점은 다음과 같다.

① 차압식 유량계의 장점

㉠ 구조가 간단하다.

㉡ 별도 보정없이 측정 값을 구할 수 있다.

㉢ 가격이 상대적으로 저렴하다.

㉣ 관의 직경이 큰 경우에도 경제적으로 사용할 수 있다.

㉤ 대부분의 유체의 측정에 사용이 가능하다.

② 차압식 유량계의 단점

㉠ 유체의 유동상태에 따라서 영향을 받는다.

㉡ 배관의 형태에 따라 영향을 받는다.

㉢ 기기의 노후화에 따른 오차의 영향에 대한 보정 값이 없다.

차압식으로 유량을 측정하는 방법은 앞서 살펴본 베르누이 방정식에 의하면 유체가 흐르고 있는 관의 직경을 변화시키면 유체의 유속과 압력이 변화하므로 차압 유량계 전후의 압력차와 유량과의 관계로부터 유량을 측정하는 장치이다. 이런 원리를 이용하여 유량을 측정하는 장치는 유체가 흐르는 관에 오리피스, 벤튜리관(Venturi Tube) 등과 같은 측정장치를 설치하여 유속에 따라 발생하는 압력차를 측정하는 방법이 가장 널리 사용되고 있다.

표 9-1. **주요 유량측정 원리의 비교**

종 류	차압식	용적식	면적식
원리	오리피스 전후에 발생하는 압력차를 활용하여 계측	계량실의 회전수를 이용하여 계측	유체 통과면적을 활용하여 계측
대상유체	액체, 기체, 증기	액체	점도가 낮은 액체, 기체, 증기

2.1 오리피스미터

오리피스(orifice)는 흐름의 측정 또는 유량조절을 위하여 사용되는 기기를 의미한다. 일정한 크기를 가진 배관을 통해 유체가 흐를 때 배관에서 관의 일부를 작게 하거나 크게 하면 유체는 유속의 변화 및 압력의 변화를 가져온다. 이처럼 유속과 압력의 관계를 이용해서 유속으로부터 유체의 흐름 양을 측정하는 장치를 오리피스라고 한다. 오리피스는 압력손실은 크지만 간단하며 저렴하기 때문에 가장 많이 사용되고 있는 유량계이다.

오리피스의 특징에 대해서 간단히 살펴보면 다음과 같다. 오리피스의 두께는 일반적으로 관의 직경을 D 라고 하면 $0.005D \sim 0.02D$ 사이가 되도록 설치한다. 이때 오리피스 구경의 각도는 30° ~ 40° 사이의 값으로 설정한다. 오리피스를 설치할 때 관속을 흐르는 유체의 온도가 높은 경우에는 유체의 온도에 의해 오리피스가 변형되는 것을 예방하기 위해 표 9-2 에서 보는 바와 같이 오리피스의 두께를 두껍게 해서 설치해야 한다.

표 9-2. **유체의 온도에 따른 오리피스의 두께(mm)**

관의 직경(mm)	100 mm 이하	100 ~ 180 mm	180 ~ 250 mm	250 mm 이상
320°C 이하	1.5 ~ 3.0 mm	3.0 ~ 5.0 mm	3.0 ~ 8.0 mm	8.0 ~ 13.0 mm
320°C 이상	6.0 mm	10.0 mm	13.0 mm	13.0 ~ 20.0 mm

그림 9-1에서 보는 바와 같이 일정한 크기를 가진 원통형 관을 통해 유체가 흐르는 관의 중심에 오리피스를 설치하여 오리피스 도입 전과 도입 후의 압력차이를 측정하였더니 높이 H 만큼의 차이가 발생하였다. 이때 발생하는 현상을 베르누이 방정식을 통해서 살펴보기로 하자.

오리피스가 설치된 배관에 유체가 흐르는 경우 오리피스에 의해 에너지가 손실되며, 압력의 감소를 가져온다. 이 때 발생하는 압력 손실을 오리피스 압력손실이라 하며, 이 값을 이용해서 유량을 측정하는 계측기가 오리피스이다.

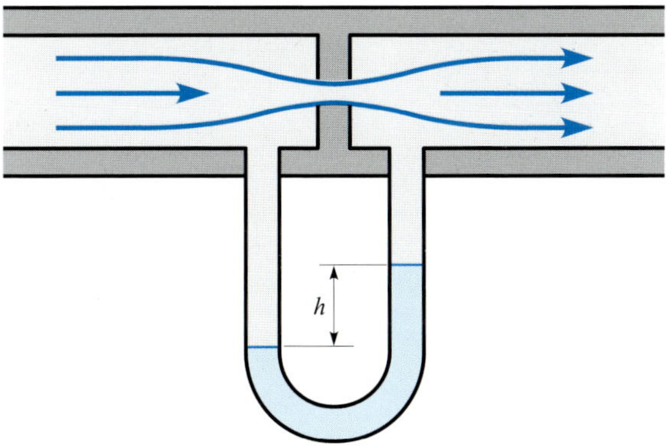

그림 9-1. **오리피스**

오리피스 전후 유체의 흐름에 의해 발생하는 에너지 관계는 다음과 같이 베르누이 식으로 나타낼 수 있다.

$$\frac{P_2 - P_1}{\rho} + g(Z_2 - Z_1) + \frac{1}{2}(u_2^2 - u_1^2) = 0 \qquad (9\text{–}1)$$

위식을 중력 가속도 g로 나누면

$$\frac{P_2 - P_1}{\rho g} + \frac{g}{g}(Z_2 - Z_1) + \frac{1}{2g}(u_2^2 - u_1^2) = 0 \qquad (9\text{–}2)$$

여기서 $\rho g = \gamma$이므로 위식을 다음과 같이 나타낼 수 있다.

$$\frac{P_2 - P_1}{\gamma} + (Z_2 - Z_1) + \frac{1}{2g}(u_2^2 - u_1^2) = 0 \qquad (9\text{–}3)$$

여기서 유체가 흐르는 관의 높이변화가 발생하지 않으므로 $(Z_2 - Z_1) = 0$이 되어

$$\frac{P_2 - P_1}{\gamma} + \frac{1}{2g}(u_2^2 - u_1^2) = 0 \qquad (9\text{–}4)$$

이 된다.

이식을 다시 정리하면

$$2g\left[\frac{P_2 - P_1}{\gamma}\right] = u_1^2 - u_2^2 \qquad (9\text{–}5)$$

가 된다.

연속 방정식

$$Q = u_1 A_1 = u_2 A_2 \qquad (9\text{–}6)$$

이므로 식 (9–6)을 식 (9–5)에 대입하면 다음과 같다.

식 (9–6)에서 $u_1 = \dfrac{Q}{A_1}$ 이고 $u_2 = \dfrac{Q}{A_2}$ 이므로 이 값을 식 (9–5)에 대입하면 다음과 같다.

$$2g\left[\frac{P_2 - P_1}{\gamma}\right] = \left(\frac{Q}{A_1}\right)^2 - \left(\frac{Q}{A_2}\right)^2 \qquad (9\text{–}7)$$

이 식을 정리하면

$$2g\left[\frac{P_2 - P_1}{\gamma}\right] = \frac{Q^2}{A_1^2} - \frac{Q^2}{A_2^2} = Q^2\left[\frac{A_2^2 - A_1^2}{A_1^2 A_2^2}\right] \qquad (9\text{–}8)$$

식(9–8)에서 유체의 유량을 계산하면 다음과 같다.

$$Q^2 = [\frac{A_1^2 A_2^2}{A_2^2 - A_1^2}] \times 2g[\frac{P_2 - P_1}{\gamma}] \tag{9-9}$$

$$Q = \sqrt{[\frac{A_1^2 A_2^2}{A_2^2 - A_1^2}]} \times \sqrt{2g[\frac{P_2 - P_1}{\gamma}]} \tag{9-10}$$

이 식으로부터 오리피스를 이용하여 측정된 유량은 다음과 같이 나타낼 수 있다.

$$Q = CA_o\sqrt{2g[\frac{P_2 - P_1}{\gamma}]} \tag{9-11}$$

여기서 C는 유량계수이며 A_o는 오리피스의 단면적이다.

압력차와 높이의 관계 $P_2 - P_1 = \gamma H$ 로부터 식 (9–11)은 다음과 같이 나타낼 수 있다.

$$Q = CA_o\sqrt{2g[\frac{P_2 - P_1}{\gamma}]} = CA_o\sqrt{2gH} \tag{9-12}$$

핵심 체크 오리피스로 측정된 유량

$$Q = CA_o\sqrt{2g[\frac{P_2 - P_1}{\gamma}]} = CA_o\sqrt{2gH}$$

예제 9-1

오리피스의 직경이 2 cm 이고, 측정된 수두가 0.8 m 이었다. 이때 사용된 오리피스의 유량계수가 0.5일 때 이 오리피스로 측정된 유량은 몇 m^3/s 인가?

풀이 오리피스를 이용하여 측정된 유량은 다음과 같이 나타낼 수 있다.

$$Q = CA_o\sqrt{2g[\frac{P_2 - P_1}{\gamma}]} = CA_o\sqrt{2gH}$$

여기서 수두가 0.8 m 이고 직경이 2 cm 이므로 이 값을 이용해서 계산하면 다음과 같다.

오리피스의 단면적 $A_o = \frac{\pi}{4}D^2 = \frac{\pi}{4}\times(0.02\ m)^2 = 3.14\times 10^{-4} m^2$

도입되는 유체의 유량은 $Q = CA_o\sqrt{2gH}$ 에서 H = 0.8 m 이고, 중력 가속도는 9.8 m/s^2 이며, 유량계수 0.5 그리고 오리피스의 단면적이 $3.14\times10^{-4}\ m^2$ 이므로

$Q = CA_o\sqrt{2gH}$ 에서

$Q = CA_o\sqrt{2gH} = 0.5\times3.14\times10^{-4} m^2\sqrt{2\times9.8\ m/s^2\times0.8\ m} = \frac{6.2\ \times10^{-4} m^3}{s}$ 가 된다.

예제 9-2

유량을 측정하기 위해 관에 오리피스를 설치하였다. 오리피스 전후 압력차이가 1.9 mmH_2O 일 때 유량이 20 m^3/h 이었다. 압력차가 1.3 mmH_2O 일 때 유량이 몇 m^3/h 가 되는가?

풀이 오리피스를 이용하여 측정된 유량은 다음과 같이 나타낼 수 있다.

$$Q = CA_o\sqrt{2g[\frac{P_2 - P_1}{\gamma}]} = CA_o\sqrt{2gH}$$

여기서 압력차이가 1.9 mmH_2O 일 때 유량이 20 m^3/h 이므로 이 값을 이용해서 계산하면 다음과 같다.

$Q = CA_o\sqrt{2g[\frac{P_2 - P_1}{\gamma}]} = CA_o\sqrt{2gH}$ 에서 H=1.9 mm=0.0019 m 이고, 중력 가속도는 9.8 m/s^2 이며, 유량 Q = 20 m^3/h 이므로

$Q = CA_o\sqrt{2g[\frac{P_2 - P_1}{\gamma}]} = CA_o\sqrt{2gH}$ 에서

$CA_o = \frac{Q}{\sqrt{2gH}} = \frac{20\ m^3/h}{\sqrt{2 \times 9.8\ m/s^2 \times 0.0019\ m}} = \frac{103.62\ m^2 \cdot s}{h}$ 가 된다.

이 값을 이용해서 압력차가 1.3 mmH_2O 일 때 유량을 계산하면 다음과 같다.

$$Q = CA_o\sqrt{2gH} = \frac{103.62\ m^2 \cdot s}{h}\sqrt{2 \times 9.8\ m/s^2 \times 0.0013\ m} = \frac{16.54\ m^3}{h}$$

예제 9-3

오리피스의 직경이 4 cm이고, 측정된 수두가 2.5 m 이다. 이 조건에서 유량이 4 L/s 라면 이 오리피스의 유량계수 C 는 얼마인가?

풀이 오리피스를 이용하여 측정된 유량은 다음과 같이 나타낼 수 있다.

$$Q = CA_o\sqrt{2g[\frac{P_2 - P_1}{\gamma}]} = CA_o\sqrt{2gH}$$

여기서 수두가 2.5 m 이고 유량이 4 L/s 이고, 직경이 4 cm 이므로 이 값을 이용해서 계산하면 다음과 같다.

오리피스의 단면적 $A_o = \frac{\pi}{4}D^2 = \frac{\pi}{4} \times (0.04\ m)^2 = 1.256 \times 10^{-3} m^2$

도입되는 유체의 유량은 $Q = \frac{4\ L}{s} \times \frac{1\ m^3}{1000\ L} = \frac{0.004\ m^3}{s}$

$Q = CA_o\sqrt{2gH}$ 에서 H = 2.5 m 이고, 중력 가속도는 9.8 m/s^2 이며, 유량 Q = 0.004 m^3/s 이므로

$Q = CA_o\sqrt{2gH}$ 에서

$C = \frac{Q}{A_o\sqrt{2gH}} = \frac{0.004\ m^3/s}{1.256 \times 10^{-3} m^2 \sqrt{2 \times 9.8\ m/s^2 \times 2.5\ m}} = 0.455$가 된다.

2.2 벤투리미터(Venturi-meter)

한쪽 끝이 좁은 관을 벤투리관(Venturi tube)이라고 하며, 유선형의 관을 이용해 유체가 흐르면서 발생하는 압력차를 측정하는 장치이다. 벤투리관은 오리피스에 비하여 구조가 복잡하고 고가임에도 불구하고 압력손실(Pressure Loss)이 작다는 특징을 가진다. 벤투리관은 오리피스를 사용할 수 있는 유체에 모두 적용이 가능하며, 고체를 포함하고 있는 유체나 슬러리(Slurry) 등에도 사용할 수 있다.

벤투리미터는 그림 9-2에서 보는바와 같이 관의 축소와 확대가 발생한다. 연속 방정식(uA = 일정)에 의하면 관의 확대와 축소와 같은 직경의 변화가 발생하면 유속의 변화가 발생하게 된다는 것을 알 수 있다. 따라서 벤투리미터는 유속이 변화하는 상태에서의 베르누이 관계라고 할 수 있다. 그러므로 앞서 계산된 베르누이 방정식을 이용하면 다음과 같이 나타낼 수 있다.

벤투리관은 오리피스에 비하여 구조가 복잡하며, 정확도는 오리피스에 비하여 약간 떨어지나 레이놀즈수의 변화에 따른 영향이 적기 때문에 오리피스 보다 넓은 레이놀즈 범위에서는 더 정확성이 높아진다.

핵심 체크 **벤투리미터**

관의 축소와 확대를 통하여 유입되는 유체의 압력차를 이용하여 유체의 흐름 양(Q)을 측정하는 장치

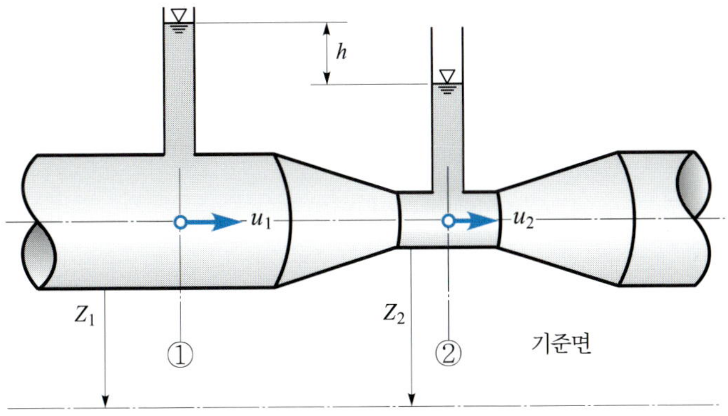

그림 9-2. 벤투리미터

그림 9-2 와 같은 계에서 유체의 흐름에 따른 에너지 관계식은 다음과 같다.

$\frac{\Delta P}{\rho} + g\Delta Z + \frac{\Delta u^2}{2} = 0$ 으로부터 각 항을 g로 나누면 다음과 같이 나타낼 수 있다.

$$\frac{\Delta P}{\rho g} + \Delta Z + \frac{\Delta u^2}{2g} = 0 \tag{9-13}$$

여기서 비중량(γ)과 밀도(ρ)의 관계 $\gamma = \rho g$로부터 이 값을 이용하여 식 (9-13)을 정리하면 다음과 같다.

$$\frac{\Delta P}{\gamma} + \Delta Z + \frac{\Delta u^2}{2g} = 0 \tag{9-14}$$

그림 9-2에서 보는 바와 같이 유체가 수평으로 흐른다면 관의 직경이 변화함에도 불구하고 유체가 흐르는 지점 ①과 지점 ② 에서의 높이 Z_1과 Z_2가 서로 같으므로 높이차는 발생하지 않는다. 따라서 식 (9-14)에 $Z_1 = Z_2$을 대입하면 압력(P)과 속도(u)의 항으로 나타낼 수 있다.

$$\frac{P_2 - P_1}{\gamma} + \frac{u_2^2 - u_1^2}{2g} = 0 \tag{9-15}$$

이 된다.

연속 방정식($Q = uA$)에 의하면 유체가 흐를 때 관의 직경의 변화와는 무관하게 각 단면을 통해서 흐르는 유체의 전체 유량(Q)은 항상 일정하다는 것을 알 수 있으므로 지점 ① 에서 Q_1과 지점 ② 에서의 Q_2는 유량 Q 로 일정하게 유지되므로 $Q_1 = Q_2 = Q$ 이 된다.

벤투리관을 통해서 흐르는 유체의 밀도는 서로 같으므로 이때 유량과 유속의 관계를 식으로 나타내면

$Q_1 = Q_2 = u_1 A_1 = u_2 A_2 = Q$이 된다.

이 식으로부터 유속은 다음과 같이 나타낼 수 있다.

$$u_1 = \frac{Q}{A_1}, \ u_2 = \frac{Q}{A_2}$$

여기서 계산된 유속 u_1 과 u_2 값을 식(9-15)에 대입하고 정리하면 다음과 같다.

$\frac{P_2 - P_1}{\gamma} + \frac{u_2^2 - u_1^2}{2g} = 0$ 또는 $\frac{P_1 - P_2}{\gamma} = \frac{u_2^2 - u_1^2}{2g}$ 에서 $u_1 = \frac{Q}{A_1}$ 이고 $u_2 = \frac{Q}{A_2}$

이므로

$$\frac{P_1 - P_2}{\gamma} = \frac{u_2^2 - u_1^2}{2g} = \frac{(\frac{Q}{A_2})^2 - (\frac{Q}{A_1})^2}{2g} = \frac{\frac{Q^2}{A_2^2} - \frac{Q^2}{A_1^2}}{2g} = \frac{Q^2}{2g}(\frac{1}{A_2^2} - \frac{1}{A_1^2})$$

(9–16)

이 값을 정리하면 다음과 같다.

$$\frac{P_1 - P_2}{\gamma} = \frac{Q^2}{2g}(\frac{A_1^2}{A_1^2 A_2^2} - \frac{A_2^2}{A_1^2 A_2^2}) = \frac{Q^2}{2g}(\frac{A_1^2 - A_2^2}{A_1^2 A_2^2}) \quad (9\text{–}17)$$

$\frac{P_1 - P_2}{\gamma} = \frac{Q^2}{2g}(\frac{A_1^2 - A_2^2}{A_1^2 A_2^2})$ 에서 압력차 $\Delta P(P_2 - P_1) = \gamma H$ 이고, $\frac{P_1 - P_2}{\gamma}$ 는 압력수두차 H이므로 식 (9–17)은 다음과 같이 나타낼 수 있다.

$$\frac{Q^2}{2g}(\frac{A_1^2 - A_2^2}{A_1^2 A_2^2}) = H \quad (9\text{–}18)$$

식 (9–18)을 정리해서 유량 Q의 값을 나타내면 다음과 같다.

$$Q^2(\frac{A_1^2 - A_2^2}{A_1^2 A_2^2}) = 2gH \quad (9\text{–}19)$$

$$Q^2 = \frac{2gH}{(\frac{A_1^2 - A_2^2}{A_1^2 A_2^2})} = \frac{2gH(A_1^2 A_2^2)}{(A_1^2 - A_2^2)} \quad (9\text{–}20)$$

가 된다.

관의 축소와 확대가 진행되는 벤투리미터를 통하여 이동하는 유체의 흐름 양(Q)는 다음과 같다.

$$Q = \frac{A_1 A_2}{\sqrt{A_1^2 - A_2^2}} \sqrt{2gH} \quad (9\text{–}21)$$

가 된다.

핵심 체크 벤투리미터로 측정된 유량

$$Q = \frac{A_1 A_2}{\sqrt{A_1^2 - A_2^2}} \sqrt{2gH}$$

핵심 체크 토리체리의 법칙과 벤투리미터에 의한 유량(Q)

토리체리의 법칙	벤투리미터
$Q = \sqrt{2gH}$	$Q = \dfrac{A_1 A_2}{\sqrt{A_1^2 - A_2^2}} \sqrt{2gH}$

예제 9-4

물이 흐르는 원통형 관의 지점 "1"에서 관의 지름은 20 cm 이고, 지점 "2"에서 관의 지름은 10 cm 일 때 여기에 벤투리관을 설치하였다. 벤투리에 설치된 압력 측정장치에서 수은의 높이차가 15 cm 이다. 이때 흐르는 유체의 유량[m³/s]을 계산하여라.

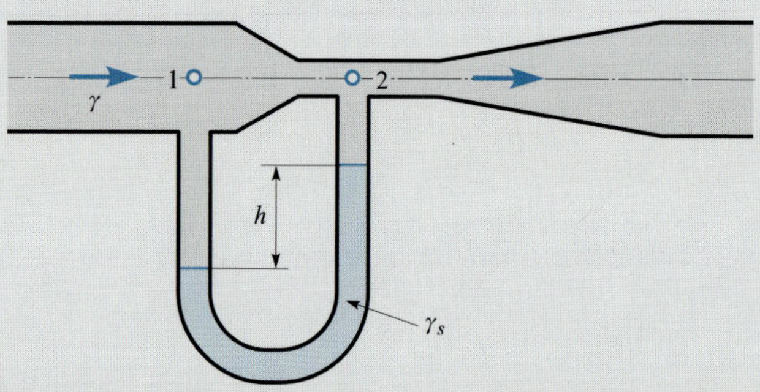

풀이 벤투리관을 이용해서 측정된 유속 및 유량은 다음과 같이 나타낼 수 있다.

$$Q = \frac{A_1 A_2}{\sqrt{A_1^2 - A_2^2}} \sqrt{2gH}$$

지점 "1"에서의 면적 $A_1 = \frac{\pi}{4} D_1^2 = \frac{\pi}{4} \times (0.2\ m)^2 = 0.0314\ m^2$

지점 "2"에서의 면적 $A_2 = \frac{\pi}{4} D_2^2 = \frac{\pi}{4} \times (0.1\ m)^2 = 7.85 \times 10^{-3} m^2$

이 값으로부터 $\dfrac{A_1 A_2}{\sqrt{A_1^2 - A_2^2}}$ 를 계산하면

$$\frac{A_1 A_2}{\sqrt{A_1^2 - A_2^2}} = \frac{7.85 \times 10^{-3} \times 0.0314}{\sqrt{(0.0314)^2 - (7.85 \times 10^{-3})^2}} = \frac{2.465 \times 10^{-4}}{0.03} = 0.082\ \text{m}^2$$

액주는 수은으로 15 cm 이므로 이 값으로부터

$$\sqrt{2gH} = \sqrt{2gH(\frac{13.6\gamma_w}{\gamma_w} - 1)} = \sqrt{2\times\frac{9.8\ \text{m}}{\text{s}^2}\times0.15\ \text{m}\times(\frac{13.6\gamma_w}{\gamma_w}-1)} = \frac{6.08\ \text{m}}{\text{s}}$$

따라서 유량은 $Q = \frac{A_1A_2}{\sqrt{A_1^2 - A_2^2}}\sqrt{2gH}$ 으로부터

$$Q = \frac{A_1A_2}{\sqrt{A_1^2-A_2^2}}\sqrt{2gH} = (0.082\ \text{m}^2)\times(\frac{6.08\ \text{m}}{\text{s}}) = \frac{0.498\ \text{m}^3}{\text{s}}.$$

3 피토관

피토관(Pitot Tube)은 유체흐름의 총압과 정압의 차이를 측정하고 유속을 측정하는 장치이다. 피토관을 유체의 흐름 방향으로 놓으면 그림 9-3에서 보는바와 같이 정면에 뚫은 구멍 A에서는 유체의 정압과 동압을 더한 전압이 측정되고, 측면 구멍에는 정압이 걸리므로 양쪽의 압력차를 측정함으로써 베르누이의 정리에 따라 흐름의 속도를 측정할 수 있다. 피토관은 유체가 흘러가는 방향으로 나 있는 측정 부분과 그것과 90° 방향에 있는 정압(Static) 측정 부분사이의 압력차이로부터 유체의 속도를 측정하는 장치이다. 따라서 피토관은 사용할 때 유속이 측정되므로 유체가 흐르는 배관 내의 평균 유속점에 설치해서 측정해야 한다. 피토관은 다른 측정장치에 비해 설치가 용이하며, 압력손실이 발생하지 않는다는 장점을 가지고 있다.

핵심체크 **피토관**

유체흐름의 총압과 정압의 차이를 측정하고 유속을 측정하는 장치

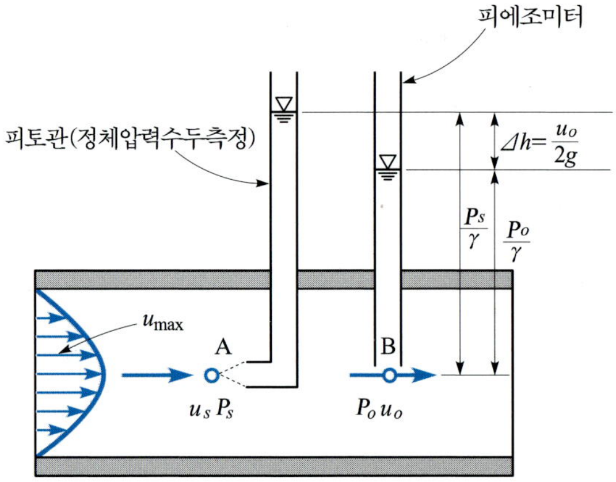

그림 9-3. 피토관을 이용한 압력 측정

그림 9-3에서 보는 바와 같이 유체의 정압과 동압이 측정되는 지점 A에서는 압력이 P_s이고 유속이 u_s인 흐름이 형성되며, 유체의 정압이 측정되는 B 지점에서는 압력이 P_o이고 유속이 u_o인 상태로 유지되고 있다.

A 지점과 B 지점에서 유체의 흐름에 베르누이 관계식을 적용하면 다음과 같다.

$\frac{P_o - P_s}{\rho} + g(Z_o - Z_s) + \frac{(u_o^2 - u_s^2)}{2} = 0$에서 지점 A와 B가 수평관계를 유지 하므로

높이차가 발생하지 않아서 $Z_o = Z_s$가 되어 베르누이 방정식은 다음과 같이 표현된다.

$$\frac{P_o - P_s}{\gamma} + \frac{(u_o^2 - u_s^2)}{2g} = 0 \qquad (9\text{–}22)$$

A 지점으로부터 피토관의 개구부까지는 흐름이 정체된 상태이므로 A 지점에서의 유속은 거의 0의 값을 가진다. 따라서 A 지점에서의 유속 $u_s = 0$이라고 할 수 있으므로 식 (9–22)은 다음과 같다.

$$\frac{P_o - P_s}{\gamma} + \frac{(u_o^2)}{2g} = 0 \qquad (9\text{–}23)$$

식 (9–23)을 정리하면 다음과 같다.

$$\frac{P_s - P_o}{\gamma} = \frac{u_o^2}{2g} \qquad (9\text{–}24)$$

식 (9-24)로부터 피토관을 흐르는 유체의 유속(u_o)은 다음과 같다.

$$u_o^2 = 2g\left(\frac{P_s - P_o}{\gamma}\right)$$

$$u_o = \sqrt{2g\left(\frac{P_s - P_o}{\gamma}\right)} \qquad (9\text{-}25)$$

여기서 $\Delta P = g\rho\Delta h = \gamma\Delta h$ 이다.

그러므로 식 (9-25)는 다음과 같다. $u_o = \sqrt{2g\Delta h}$

핵심체크 피토관으로 측정된 유속(u)

$$u_o = \sqrt{2g\left(\frac{P_s - P_o}{\gamma}\right)} = \sqrt{2g\Delta h}$$

핵심체크 피토관으로 측정된 유량(Q)

$$Q = Au_o = A\sqrt{2g\left(\frac{P_s - P_o}{\gamma}\right)} = A\sqrt{2g\Delta h}$$

핵심체크 유량계에 따른 유량(Q)

오리피스미터	벤투리미터	피토관
$Q = CA_o\sqrt{2g\left[\frac{P_2 - P_1}{\gamma}\right]}$	$Q = \frac{A_1A_2}{\sqrt{A_1^2 - A_2^2}}\sqrt{2gH}$	$Q = A\sqrt{2g\Delta h}$

예제 9-5

유속을 측정하기 위하여 아래 그림과 같이 피토관을 설치한 공정이 있다.

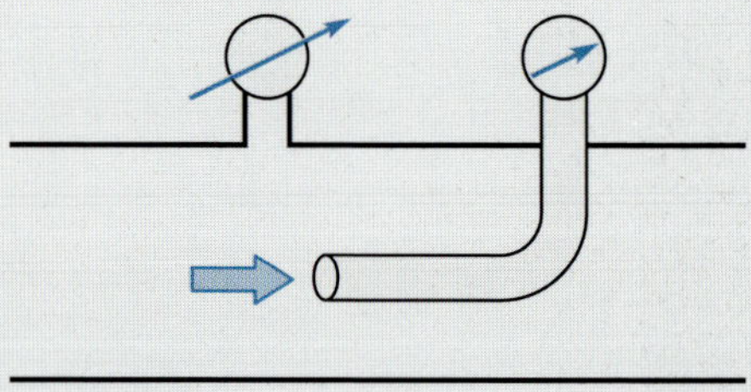

물의 흐름 방향은 화살표 방향으로 직경 75 mm의 배관에 압력계와 피토계가 설치되어 있다. 압력계와 피토계의 지시바늘이 각각 3.5 kg_f/cm^2 과 3.9 kg_f/cm^2 을 가리키고 있다면 이때 이 흐름의 유속은 몇 m/s 인가 ?

풀이 피토관을 유체의 흐름 방향으로 놓으면 정면에 뚫은 구멍에서는 유체의 정압과 동압을 더한 전압이 측정되고, 측면 구멍에는 정압이 걸리므로 양쪽의 압력차를 측정함으로써 베르누이의 정리에 따라 흐름의 속도를 측정할 수 있다. 따라서 피토계는 전압을 측정하고 압력계는 정압을 측정한다고 할 수 있다.

즉, 압력계에서 측정된 3.5 kg_f/cm^2 은 정압이고, 피토계에서 측정된 3.9 kg_f/cm^2 은 전압이 된다.

전압 = 정압 + 동압 이므로 유속과 관련 있는 동압을 계산하면 다음과 같다.

동압 = 전압 − 정압 = 3.9 kg_f/cm^2 − 3.5 kg_f/cm^2 = 0.4 kg_f/cm^2

속도수두에 의하면 물의 경우 1 kg_f/cm^2 가 10 m가 되므로 0.4 kg_f/cm^2 = 4 m가 된다.

따라서 유속과 높이의 관계 $U_o = \sqrt{2g\Delta h}$ 로부터 유속을 구할 수 있다.

$$u_o = \sqrt{2g\Delta h} = \sqrt{2 \times \frac{9.8\ \text{m}}{\text{s}^2} \times 4\ \text{m}} = \frac{8.854\ \text{m}}{\text{s}}$$

예제 9-6

관속을 흐르는 물의 유속을 측정하기 위해 피토관을 설치하였다. U자관의 수은주의 높이가 10 cm 일 때 물의 유속을 계산하여라.

풀이 피토관을 흐르는 유체의 유속(u_o)은 다음과 같다.

$$u_o^2 = 2g\left(\frac{P_s - P_o}{\gamma}\right) \quad \text{이므로}$$

$$u_o = \sqrt{2g\left(\frac{P_s - P_o}{\gamma}\right)} = \sqrt{2gH\left(\frac{\gamma_{Hg}}{\gamma_w} - 1\right)}$$

$$u_o = \sqrt{2g\left(\frac{P_s - P_o}{\gamma}\right)} = \sqrt{2 \times \frac{9.8\ \text{m}}{\text{s}^2} \times 0.1\ \ \text{m} \times \left(\frac{13.6}{1} - 1\right)} = \frac{4.97\ \text{m}}{\text{s}}$$

4 기타 유량계

4.1 용적식 유량계

용적식 또는 부피식 유량계는 일정시간 동안 흐른 유체의 체적이나 질량의 총량을 계측할 때 주로 사용하는 유량계이다. 용적식 유량계는 측정용기 내로 유체를 연속적으로 이동시켜서 흐르는 유체의 전체량을 측정하는 것을 기본 원리로 한다.

유량을 측정하고자 하는 용기와 그 용기 내부에 있는 운동체 사이에 일정한 공간을 만들어서 그 유속으로 유체를 계속 흐르게 하고 운동체의 회전 횟수를 측정하여 적산된 유량을 측정하는 방법이다. 즉, 유량을 측정하기 위해 설치된 공간 안으로 유입되는 유체 일부분을 가두어 유량계의 방출부로 보내고, 이때 발생되는 충전 및 방출의 사이클 횟수를 적산해서 전체 유량을 결정한다.

용적식 유량계의 측정원리는 회전자와 피스톤 등의 가동부와 그것을 둘러싼 케이스 사이에 형성되는 일정 용적의 공간부를 두는 모양으로 그 안에 유체를 가득 채워 그것을 연속적으로 유출구로 내보내는 구조로, 계량 회수로부터 용적유량을 측정한다. 그러므로 용적식 유량계는 원리적으로 적산형 유량계이다. 유량계의 설치를 위해 관로에 직관부를 필요로 하지 않는다. 용적식 유량계의 경우 유로에 가동부가 있으므로 회전자와 케이스간에 고체가 위에 끼지 않도록 유량계 입구에는 반드시 여과기를 설치할 필요가 있다.

용적식 유량계의 종류로는 로터리 피스톤(Rotary Piston)형, 로터리 베인형, 오벌기어(Oval Gear)형, 루츠(Roots)형, 건식 및 습식 가스미터 등이 있다.

용적식 유량계의 일반적인 장단점은 다음과 같다.

① 용적식 유량계의 장점

㉠ 정확성이 뛰어나며, 측정결과에 대한 신뢰도가 높다.

㉡ 측정하고자 하는 액체의 종류 및 성질에 영향을 받지 않는다.

㉢ 점도가 높거나 점도의 변화가 큰 액체의 측정에서도 오차가 적다.

㉣ 측정에 직관부분을 필요로 하지 않는다.

㉤ 유량의 측정 범위가 비교적 넓다.

② 용적식 유량계의 단점

㉠ 측정하는 액체에 고체 입자가 들어가면 고장의 우려가 있다.

㉡ 구조가 복잡하며 비교적 고가이다.

㉢ 압력손실이 크다.

③ 용적식 유량계 설치 시 주의할 사항

㉠ 기포의 발생이 우려되는 부분에는 설치하지 않는다.

㉡ 유량계의 전후에 밸브를 설치한다.

㉢ 유량계의 점검이 가능하도록 우회(By-Pass) 배관을 설치한다.

㉣ 유량계의 흐름 방향과 유체의 흐름 방향이 일치되도록 설치한다.

4.2 면적식(Variable Area Type) 유량계

면적식 유량계는 외관상으로는 유리나 플라스틱 재질의 수직으로 경사진 원추형 투명 튜브처럼 되어 있으며, 튜브 안에 중력을 이용하여 액체에 뜨는 플로트(float)를 설치하여 플로트가 자유롭게 움직이면서 플로트의 위치가 유량으로 표시된 유량계이다. 면적식 유량계는 수직으로 된 테이퍼튜브(Tapered Tube)와 그 안을 자유롭게 수직운동하는 플로트로 구성되어 있다. 일반적으로 측정하고자 하는 유체는 유량계의 아랫부분으로 들어와서 위 부분으로 유출된다. 이때 유체의 흐르는 힘에 의해 플로트가 이동하며 유량을 측정하는 장치이다.

이러한 면적형 유량계는 간단하고, 압력손실이 적으며 경제적이라 널리 사용되고 있다. 면적식 유량계는 차압식 유량계에 비해 적은 유량, 고점도의 유량측정이 가능하다. 면적식 유량계는 차압식 유량계와는 달리 배관의 형상에 큰 영향을 받지 않으며, 측정하고자 하는 배관이 직관부일 필요도 없다.

연습문제

01 상수도 설비에 주로 사용되는 유량계는 어떤 형식의 유량계인가?

① 유속식 유량계 ② 차압식 유량계
③ 면적식 유량계 ④ 용적식 유량계

해설 수도설비에 사용되는 유량계는 일정한 크기의 관을 통해서 공급되는 액체의 유속을 알면 계산되는 유속식 유량계이다. ①

02 유량계의 종류에 대한 다음의 관계중 올바르지 않은 것은 어느 것인가?

① 로터미터 – 면적식 유량계 ② 오리피스 – 차압식 유량계
③ 루츠미터 – 면적식 유량계 ④ 오벌형 – 용적식 유량계

해설 차압식 유량계 – 오리피스, 벤투리, 노즐식
면적식 유량계 – 로터미터
용적식 유량계 – 로터리 피스톤형, 로터리 베인형, 오벌기어형, 루츠형 등 ③

03 다음의 유량계 중에서 용적식 유량계가 아닌 것은 어느 것인가?

① 로타리형 유량계 ② 피토우관식 유량계
③ 루츠형 유량계 ④ 오벌형 유량계

해설 용적식 유량계의 종류는 로터리 피스톤형, 로터리 베인형, 오벌기어형, 루츠형 등이 있다. ②

04 피토관(pitot tube)은 무엇을 측정하는 장치인가?

① 점도 측정장치 ② 유속 측정장치
③ 압력 측정장치 ④ 온도 측정장치

해설 피토관은 정압과 액체의 높이차를 이용하여 유속을 측정하는데 사용하는 장치이다. ②

05 다음의 유량계 중에서 용적식 유량계가 아닌 것은 어느 것인가?

① 로터리형 유량계 ② 원판형 유량계
③ 피스톤형 유량계 ④ 드럼형 유량계

해설 유량계 중에서 부피 유량계는 오벌형 유량계, 피스톤형 유량계, 원판형 유량계, 로터리형 유량계 등이 있다. ④

06 다음의 유량계 중에서 순간형 유량계가 아닌 것은 어느 것인가 ?

① 오리피스 ② 오벌형 ③ 벤튜리 ④ 피토우관

해설 유량계 중에서 순간형 유량계는 유속을 측정하고 유속이 통과한 단면적 값을 이용해서 연속 방정식으로부터 유량을 계산하는 유량계로 종류로는 차압식 유량계, 면적식 유량계, 피토관등이 있다.

②

07 오리피스는 어떤 형식의 유량계 인가 ?

① 면적식 유량계 ② 부피식 유량계
③ 터빈식 유량계 ④ 차압식 유량계

해설 유량계의 종류에는 차압식 유량계, 면적식 유량계, 부피식 등이 있다. ④

08 벤투리미터(venturi meter)는 무엇을 측정하는 장치인가 ?

① 유량과 압력 측정장치 ② 유량과 유속 측정장치
③ 압력과 액체높이차 측정장치 ④ 액체의 점도 측정장치

해설 벤투리미터는 관의 직경변화에 따른 압력차를 이용해서 유속을 구하여 이를 연속 방정식을 활용하여 유량을 측정하는 장치이다. ①

09 유량계수가 0.6이고 직경이 3 cm 인 오리피스를 설치하여 유체의 유량을 측정하고자 한다. 이때 측정된 수두가 1.2 m 이었다. 이때 유량은 몇 L/s 인가 ?

해설 오리피스를 이용하여 측정된 유량은 다음과 같이 나타낼 수 있다.

$$Q= CA_o\sqrt{2g[\frac{P_2- P_1}{\gamma}]} = CA_o\sqrt{2gH}$$

여기서 수두가 1.2 m 이고 직경이 3 cm이므로 이 값을 이용해서 계산하면 다음과 같다.

오리피스의 단면적 $A_o = \frac{\pi}{4}D^2 = \frac{\pi}{4}\times(0.03\ \text{m})^2 = 7.065\times 10^{-4}\text{m}^2$

도입되는 유체의 유량은 $Q= CA_o\sqrt{2gH}$ 에서 H=1.2 m이고, 중력 가속도는 9.8 m/s^2 이며, 유량계수 0.6 그리고 오리피스의 단면적인 7.065×10^{-4} m^{2}이므로

$Q= CA_o\sqrt{2gH}$ 에서

$$Q = CA_o\sqrt{2gH} = 0.6\times 7.065\times 10^{-4}\text{m}^2\sqrt{2\times 9.8\ \text{m/s}^2\times 1.2\ \text{m}} = \frac{2.06\times 10^{-3}\text{m}^3}{\text{s}}$$ 가 된다.

그러므로 유량을 단위환산하면 $Q = \frac{2.06\times 10^{-3}\text{m}^3}{\text{s}}\times\frac{1000\ \text{L}}{1\ \text{m}^3} = \frac{2.06\ \text{L}}{\text{s}}$

10 유량을 측정하기 위해서 관에 오리피스를 설치하였다. 오리피스 전후 압력차이가 50 kPa 일 때 유량이 2 m^3/h 이었다. 압력차가 15 kPa 일 때 유량이 몇 m^3/h 가 되는가?

해설 오리피스를 이용하여 측정된 유량은 다음과 같이 나타낼 수 있다.

$$Q = CA_o\sqrt{2g[\frac{P_2 - P_1}{\gamma}]} = CA_o\sqrt{2gH}$$

여기서 압력차이가 50 kPa이므로 이 값을 수두로 환산하면 다음과 같다.

$50\ \text{kPa} \times \dfrac{10.336\ \text{m}\,H_2O}{101.3\ \text{kPa}} = 5.1\ \text{m}\ H_2O$ 가 된다. 이 때 유량이 2 m^3/h 이므로 이 값을 이용해서 계산하면 다음과 같다.

$Q = CA_o\sqrt{2gH}$ 에서 $H = 5.1\text{m}$ 이고, 중력 가속도는 9.8 m/s^2 이며, 유량 $Q = 2\ m^3/h$ 이므로

$Q = CA_o\sqrt{2gH}$ 에서 $CA_o = \dfrac{Q}{\sqrt{2gH}} = \dfrac{2\ m^3/h}{\sqrt{2\times 9.8\ m/s^2 \times 5.1\ m}} = \dfrac{0.2\ m^2\cdot s}{h}$ 가 된다.

이 값을 이용해서 압력차가 15 kPa일 때 유량을 계산하면 다음과 같다.
압력차이가 15 kPa이므로 이 값을 수두로 환산하면 다음과 같다.

$15\ \text{kPa} \times \dfrac{10.336\ \text{m}\,H_2O}{101.3\ \text{kPa}} = 1.53\ \text{m}\ H_2O$가 된다. 이 때 유량을 계산하면 다음과 같다.

$$Q = CA_o\sqrt{2gH} = \frac{0.2\ m^2\cdot s}{h}\sqrt{2\times 9.8\ m/s^2 \times 1.53\ m} = \frac{1.095\ m^3}{h}$$

11 직경이 50 cm 인 원통형 관의 중심에 직경 10 cm 의 오리피스가 설치되어 있다. 오리피스 전후의 압력차이가 액주로 3 m를 나타내고 있다. 이 오리피스의 유량계수가 0.75 일 때 유량은 몇 m^3/h 가 되는가?

해설 오리피스를 이용하여 측정된 유량은 다음과 같이 나타낼 수 있다.

$$Q = CA_o\sqrt{2g[\frac{P_2 - P_1}{\gamma}]} = CA_o\sqrt{2gH}$$

$Q = CA_o\sqrt{2gH}$ 에서 $H = 3\ m$ 이고, 중력 가속도는 9.8 m/s^2 이며, 유량계수 $C = 0.75$

오리피스의 단면적 $A_o = \dfrac{\pi}{4}D^2 = \dfrac{\pi}{4}\times(0.1\ m)^2 = 7.85\times 10^{-3}m^2$ 과 같다.

$$Q = CA_o\sqrt{2gH} = 0.75\times 7.85\times 10^{-3}m^2\sqrt{2\times 9.8\ m/s^2\times 3\ m} = \frac{0.045\ m^3}{s}$$

도입되는 유체의 유량은 $Q = \dfrac{0.045\ m^3}{s}\times\dfrac{3600\ s}{1\ h} = \dfrac{162\ m^3}{h}$

연습문제

12 유량을 측정하기 위한 실험에서 직경이 3 cm 인 오리피스를 설치하였다. 이 오리피스를 이용하여 실험한 결과 측정된 수두는 0.5 m 이며 유량이 2.5 L/s 로 확인 되었다. 이때 사용된 오리피스의 유량계수 C는 얼마인가 ?

해설 오리피스를 이용하여 측정된 유량은 다음과 같이 나타낼 수 있다.

$$Q= CA_o\sqrt{2g[\frac{P_2-P_1}{\gamma}]} = CA_o\sqrt{2gH}$$

여기서 수두가 0.5 m 이고 유량이 2.5 L/s 이고, 직경이 3 cm 이므로 이 값을 이용해서 계산하면 다음과 같다.

오리피스의 단면적 $A_o = \frac{\pi}{4}D^2 = \frac{\pi}{4}\times(0.03\ \text{m})^2 = 7.065\times10^{-4}\text{m}^2$

도입되는 유체의 유량은 $Q = \frac{2.5\ell}{\text{s}}\times\frac{1\ \text{m}^3}{1000\ \text{L}} = \frac{0.0025\ \text{m}^3}{\text{s}}$

$Q= CA_o\sqrt{2gH}$ 에서 H=0.5 m 이고, 중력 가속도는 9.8 m/s^2 이며, 유량 Q=0.0025 m^3/s 이므로

$Q= CA_o\sqrt{2gH}$ 에서

$$C = \frac{Q}{A_o\sqrt{2gH}} = \frac{0.0025\ \text{m}^3/\text{s}}{7.065\times10^{-4}\text{m}^2\sqrt{2\times9.8\ \text{m/s}^2\times0.5\ \text{m}}} = 1.13$$ 이 된다.

13 그림과 같은 벤튜리관에 물이 흐르고 있다. 이때 지점 "1" 에서 관의 지름은 10 cm 이고, 지점 "2" 에서 관의 지름은 4 cm 이다. 벤튜리에 설치된 압력 측정장치에서 수은의 높이차가 10 cm 이다. 이 조건에서 지점 "1" 과 지점 "2" 에서의 유속[m/s] 및 유량[m^3/s]을 계산하여라.

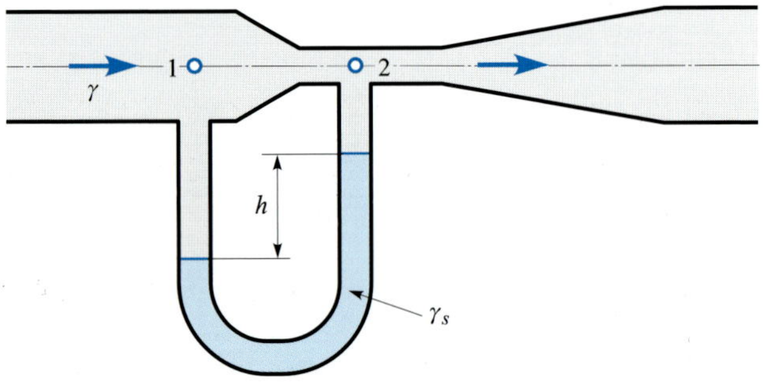

해설 벤튜리관을 이용해서 측정된 유속 및 유량은 다음과 같이 나타낼 수 있다.

$$Q = \frac{A_1A_2}{\sqrt{A_1^2-A_2^2}}\sqrt{2gH}$$

지점 "1"에서의 면적 $A_1 = \frac{\pi}{4}D_1^2 = \frac{\pi}{4}\times(0.1\ \text{m})^2 = 7.85\times10^{-3}\text{m}^2$

지점 "2"에서의 면적 $A_2 = \frac{\pi}{4} D_2^2 = \frac{\pi}{4} \times (0.04\ \text{m})^2 = 1.256 \times 10^{-3} \text{m}^2$

이 값으로부터 $\frac{A_1 A_2}{\sqrt{A_1^2 - A_2^2}}$ 를 계산하면

$$\frac{A_1 A_2}{\sqrt{A_1^2 - A_2^2}} = \frac{7.85 \times 10^{-3} \times 1.256 \times 10^{-3}}{\sqrt{(7.85 \times 10^{-3})^2 - (1.256 \times 10^{-3})^2}} = \frac{9.86 \times 10^{-6}}{7.75 \times 10^{-3}} = 1.27 \times 10^{-3} \text{m}^2$$

액주는 수은으로 10 cm 이므로 이 값으로부터

$$\sqrt{2gH} = \sqrt{2gH(\frac{13.6\gamma_w}{\gamma_w} - 1)} = \sqrt{2 \times \frac{9.8\ \text{m}}{\text{s}^2} \times 0.1\ \text{m} \times (\frac{13.6\gamma_w}{\gamma_w} - 1)} = \frac{4.97\ m}{s}$$

따라서 유량은 $Q = \frac{A_1 A_2}{\sqrt{A_1^2 - A_2^2}} \sqrt{2gH}$ 으로부터

$$Q = \frac{A_1 A_2}{\sqrt{A_1^2 - A_2^2}} \sqrt{2gH} = (1.27 \times 10^{-3} \text{m}^2) \times (\frac{4.97\ \text{m}}{\text{s}}) = \frac{6.31 \times 10^{-3} \text{m}^3}{\text{s}}$$

연속 방정식 $Q = uA$ 로부터 각 지점 "1" 과 "2" 에서의 유속을 구하면 다음과 같다.

지점 "1"에서의 면적 $A_1 = \frac{\pi}{4} D_1^2 = \frac{\pi}{4} \times (0.1\ m)^2 = 7.85 \times 10^{-3} m^2$ 이므로 지점 "1"에서의 유속은 다음과 같다.

$$u_1 = \frac{Q}{A_1} = \frac{\frac{6.31 \times 10^{-3} \text{m}^3}{s}}{7.85 \times 10^{-3} \text{m}^2} = \frac{0.804\ \text{m}}{\text{s}}$$

지점 "2"에서의 면적 $A_2 = \frac{\pi}{4} D_2^2 = \frac{\pi}{4} \times (0.04\ m)^2 = 1.256 \times 10^{-3} m^2$ 이므로 지점 "2"에서의 유속은 다음과 같다.

$$u_2 = \frac{Q}{A_2} = \frac{\frac{6.31 \times 10^{-3} m^3}{s}}{1.256 \times 10^{-3} m^2} = \frac{5.02\ m}{s}$$

14 직경이 20 cm 인 원통형 수송관에 흐르는 유체의 유속을 측정하기 피토관(pitot tube)을 수송관 중앙에 설치하였다. 피토관에서의 정압관과의 수면차이가 0.5 m 로 측정되었다면 수송관 내부를 흐르는 유체의 유속은 몇 m/s 인가?

해설 피토관을 흐르는 유체의 유속(u)은 다음과 같다.

$u = \sqrt{2g(\frac{\Delta P}{\gamma})} = \sqrt{2g\Delta h}$ 와 같다. 따라서 $u = \sqrt{2g\Delta h}$ 에서

$u = \sqrt{2g\Delta h} = \sqrt{2 \times 9.8\ \text{m/s}^2 \times 0.5\ \text{m}} = 2.14\ \text{m/s}$ 이다.

연습문제

15 그림과 같이 직경이 D 인 수송관을 통해 유체가 흐르는 방향으로 수송관 내부 중심에 피토관을 설치하였다. A 지점에서 유체의 유속을 구하는 식은 어떻게 표현되는가 ?

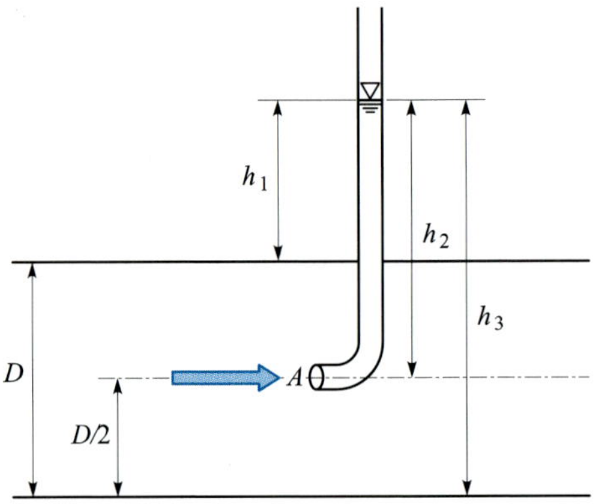

해설 피토관을 흐르는 유체의 유속(u_o)은 다음과 같다.

$u_o^2 = 2g(\frac{P_s - P_o}{\gamma})$ 이므로 $u_o = \sqrt{2g(\frac{P_s - P_o}{\gamma})} = \sqrt{2g\,\Delta h}$ 와 같다. 피토관을 설치한 경우 수면의 높이 Δh는 수면으로부터 피토관을 통해 상승된 액체의 상승수면까지의 높이이므로 본 그림에서는 Δh는 H_1이 된다. 따라서 $u_o = \sqrt{2g\,H_1}$ 으로 표시된다.

16 그림과 같이 유체가 흐르는 방향으로 수송관 내부에 수직관 1 과 끝을 구부린 관 2 를 넣었다. 관내 유체의 유속을 측정하였더니 3.5 m/s 로 측정 되었다. 관 1 과 관 2 사이 유체의 수면의 높이차이는 몇 m 인가 ?

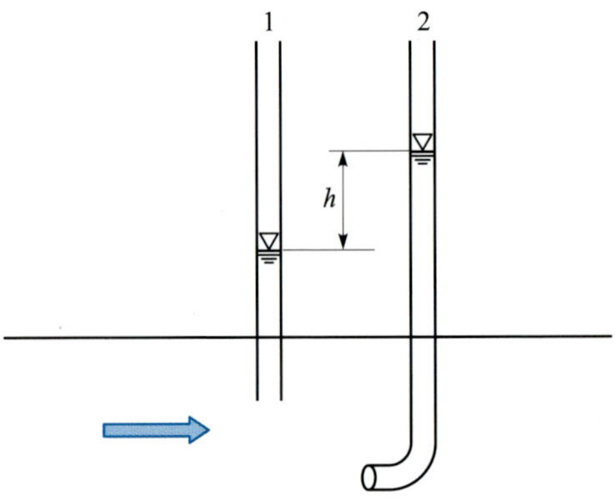

해설 피토관을 흐르는 유체의 유속(u_o)은 다음과 같다.

$u_o^2 = 2g(\frac{P_s - P_o}{\gamma})$ 이므로 $u_o = \sqrt{2g(\frac{P_s - P_o}{\gamma})} = \sqrt{2g\Delta h}$ 와 같다.

따라서 $u = \sqrt{2g\Delta h}$ 에서 $u^2 = 2g\Delta h$ 이므로 $\frac{u^2}{2g} = \Delta h$가 된다.

$\Delta h = \frac{u^2}{2g} = \frac{(3.5\ \text{m/s})^2}{2 \times 9.8\ \text{m/s}^2} = 0.625\ \text{m}$가 된다.

참고문헌

1. 김진명 외, 『알기쉬운 열유체역학』, 기전연구사, 2012.
2. 박정우 외, 『쉽게 배우는 열유체역학』, 미전사이언스, 2013.
3. 박찬원 외, 『유체역학』, 신광문화사, 1996.
4. 이동일 외, 『이동조작』, 청문각, 1996.
5. 이상도 , 『수리수문학』, 예문사, 2014.
6. 이수경 외, 『소방유체역학』, 신광문화사, 2012.
7. 이승목 외, 『기초유체역학』, 신광문화사, 2010.
8. 이승철, 『소방유체역학』, 도서출판 동화기술, 2008.
9. 이종순 외, 『신편유체기계』, 도서출판 동명사, 2010.
10. 이재수, 『토목유체역학』, 도서출판 구미서관, 2014.
11. 이화영 외, 『단위조작』, 도서출판 희중당, 1997.
12. 임진근 외, 『수리수문학』, 성안당, 2014.
13. 유주식, 『알기 쉽게 설명한 핵심 기초 유체역학』, 홍릉과학출판사, 2012.
14. 정신택, 『유체정역학』, 도서출판 구미서관, 2012.
15. 홍영호 외, 『화학공정계산』, 도서출판 동화기술, 2012.
16. 홍영호 외, 『소방유체역학』, 도서출판 동화기술, 2014.
17. 허원회 외, 『유체역학』, 성안당, 2014.
18. 허광선 외, 『단위조작 실험』, 보문당, 1996.
19. J.J. McKetta, 『Unit Operations Handbook』, Marcel Dekker, 1993.

찾아보기

기초유체역학 정가 16,000원

저자 : 홍영호

발행인 : 임정대
발행처 : 도서출판 **화수목**

발행 : 2016년 3월 7일 초판 1쇄
2018년 1월 23일 초판 2쇄

등록 : 제2014-000166호

주소 : 서울시 마포구 신촌로 2길 5-15
전화 : 02-338-9119
팩스 : 02-335-2201

ISBN : 979-11-86290-48-4 (93530)